...cuyère
(...ygaeidés)

...rrit de préférence sur les pieds de dompte-
...tre toxiques pour la plupart des animaux.
...ontient de ce fait des toxines. Cela se traduit
...nnante, qui fait fonction d'avertissement. Les
...nt dépendantes de cette plante, tandis que
...t les adultes sucent la sève d'autres plantes.
...ands rassemblements au sol ou sous une
...rintemps, il n'est pas rare de voir ces individus prendre des bains de soleil
étroitement agglutinés.

Répartition Surtout sur les lisières ensoleillées et les pelouses sèches. Commune dans le sud de son aire, plus rare au nord.
Photo ci-dessus : punaises écuyères prenant le soleil en groupe dense.

> Ailes complètes.
> Point blanc sur la partie membraneuse de l'aile.
> Suce le plus souvent le dompte-venin.

L'espèce parente, la punaise à damier (*Spilostethus saxatilis*) est nettement plus rare : elle a deux bandes longitudinales sur le pronotum et pas de tache blanche sur les ailes. Elle vit sur de nombreuses espèces de plantes, dont également le dompte-venin.

larve de punaise écuyère

La photo du haut de la colonne externe illustre un aspect particulier de l'espèce, par exemple un comportement.

Répartition
Figurent ici des Informations sur le biotope et l'aire de présence.

Photo ci-dessus : légende de la photo du haut de page.

Courte information sur trois critères très faciles à retenir.

Illustration de la larve ou d'un autre stade de développement, avec une légende.

Illustration et description d'une espèce similaire ou proche, pour comparaison.

71

...asclépiade
... (lygaeidés)

grand groupe de punaises de l'asclépiade adultes sur une feuille de dompte-venin

Répartition Lisières ensoleillées et pelouses sèches. Assez commune dans les régions méditerranéennes, au nord des Alpes et dans les lieux où le climat s'y prête.

> Tache blanche à l'angle intérieur de l'aile membraneuse.
> 2 triangles noirs sur le pronotum.
> Ne se métamorphose que sur le dompte-venin.

triangle noir sur le pronotum

tache blanche dans l'angle intérieur de la membrane alaire

rassemblement de larves sur la plante nourricière

Code couleur
Chacun des neuf principaux groupes d'insectes est caractérisé par une couleur différente (voir aussi p. 1).

À la place de l'information apportée dans le haut de la colonne sur un aspect particulier de l'espèce, il peut être proposé une photo de l'insecte dans son biotope naturel (dans ce cas, sans légende).

Anatomie et métamorphose des insectes

Contrairement à beaucoup d'autres animaux, les insectes possèdent une sorte de « squelette » externe qui recouvre tout leur corps, y compris les pattes, les antennes et autres appendices. Pour que les mouvements demeurent possibles, cette couverture externe de chitine est subdivisée en plusieurs anneaux, qui correspondent à autant d'éléments de base. Le corps est ainsi composé de trois parties, elles-mêmes constituées de plusieurs segments assemblés entre eux : la tête, le thorax et l'abdomen.

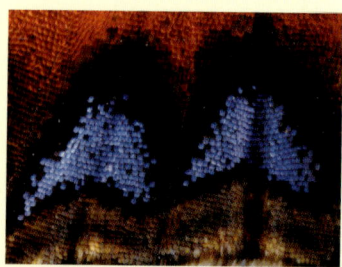

Chez les papillons, les ailes sont recouvertes de minuscules écailles multicolores. Ici, détail d'une aile de petite tortue (*Aglais urticae*).

La tête

Cette partie antérieure du corps porte les antennes et les pièces buccales. Les premières sont le plus souvent composées de nombreux articles, dont celui qui porte les organes du goût et de l'odorat. Afin d'améliorer le captage des odeurs, sa surface est souvent considérablement augmentée, par exemple en prenant la forme d'un peigne, d'une feuille ou par élongation des différents segments des antennes. Les pièces buccales sont composées d'une lèvre supérieure (le labre), d'une paire de pinces supérieures (les mandibules), d'une paire de pinces inférieures (les maxilles) et d'une lèvre inférieure (le labium), originellement composée de deux parties qui sont soudées entre elles. Ces six éléments constitutifs des pièces buccales peuvent être transformés de manière variable au sein de l'ordre des insectes, mais en conservant une structure de base semblable. Chez les insectes primitifs, on trouve en général des pièces buccales tranchantes permettant de découper la nourriture solide. Chez les espèces plus évoluées, la tendance consiste à développer des organes permettant de piquer, sucer ou lécher, destinés à prélever de la nourriture liquide comme du nectar, du sang ou la sève des plantes. Dans de nombreux cas, les pièces buccales sont atrophiées chez les adultes, ce qui fait qu'ils vivent entièrement sur les réserves accumulées pendant le stade larvaire. Les autres organes importants de la tête sont les yeux, disposés par deux et qui consistent en facettes composées de quelques milliers de cellules oculaires (ommatidies) regroupées ensemble. Chacune de ces cellules oculaires livre un pixel, ce qui fait que l'image finale ressemble à une photo à gros grains. En plus des

iko Bellmann — De quel insecte s'agit-il ?

Comment est conçu cet ouvrage ? 2
Anatomie et métamorphose 4
Les ordres d'insectes 8

Insectes primitifs (collemboles, etc.) — 18

Éphémères, perles et libellules — 20

Orthoptères (criquets, etc.) et blattes — 38

Poux et punaises — 60

Neuroptères, au sens large — 88

Coléoptères et stylops — 92

Mécoptères, diptères et puces — 144

Hyménoptères (abeilles, guêpes, etc.) — 166

Phryganes et papillons — 190

Index — 246

Comment est conçu cet ouvrage ?

Chaque page présente deux espèces différentes. Au total, ce sont 436 espèces d'insectes qui sont illustrées dans le guide, ainsi que quelques espèces proches supplémentaires. Cela ne représente toutefois que 1 % des 50 000 espèces indigènes actuellement connues en Europe tempérée. Les espèces qui ne sont identifiables que par des spécialistes ont été exclues du guide ou ne sont traitées qu'au niveau du genre, c'est-à-dire, la catégorie systématique juste au-dessus de l'espèce. Dans de tels cas, l'insecte est cité sous la forme « *Hydropsyche* sp. », par exemple (« sp. » pour *species*, espèce indéterminée). On exprime ainsi qu'il appartient au genre *Hydropsyche*, sans que l'on soit en mesure d'aller jusqu'à l'espèce. Dans le choix des insectes présentés, sont privilégiés ceux qui sont les plus faciles à identifier grâce à une illustration. De plus, il a été décidé de présenter quelques groupes d'insectes plus difficiles, en mettant l'accent sur une espèce typique.

Nom français

Nom scientifique et, entre parenthèses, **nom de la famille**

Taille (L longueur du corps hors appendices, p. ex. l'ovipositeur ; E envergure des ailes.)

Période d'émergence des adultes

Informations générales Sont présentés ici les principaux critères d'identification, la biologie, la nourriture de l'espèce et diverses autres informations.

Silhouette Le dessin schématique indique l'appartenance de l'espèce à l'un des neuf groupes d'insectes (voir aussi p. 1).

La description des espèces présentées est complétée par plusieurs photos mettant l'accent sur des comportements particuliers, sur les différences sexuelles, les nids, etc.

Note du traducteur. Les noms français des espèces présentées dans cet ouvrage sont ceux retenus par le Muséum national d'histoire naturelle de Paris dans son référentiel taxonomique (« taxref » du site internet http://inpn.mnhn.fr/accueil/donnees-referentiels). Toutefois, dans les nombreux cas où il n'existe pas de nom vernaculaire référencé dans la base de données du Muséum, les noms proposés sont issus de divers sites ou forums Internet. Bien que ces sources ne soient pas toutes scientifiquement validées, elles permettent d'offrir au lecteur un nom français pour la majorité des espèces, au lieu de se limiter à la nomenclature scientifique, comme c'est trop souvent le cas pour les insectes.

yeux à facettes, on trouve souvent deux ou trois yeux isolés (ocelles) sur le front. Ils ne servent toutefois pas à la vision, mais à la perception du rythme circadien qui règle l'activité journalière.

Le thorax

Il est composé de trois parties fusionnées : le thorax antérieur (prothorax), le thorax médian (mésothorax) et le thorax postérieur (métathorax). Chez beaucoup d'insectes (par exemple, les coléoptères et les punaises), la plaque dorsale du prothorax est particulièrement développée : on l'appelle pronotum. Celle du mésothorax, de forme souvent triangulaire d'où son nom écusson (scutellum), se trouve à la base des ailes antérieures, en particulier chez les coléoptères et les punaises. Le thorax porte les organes de locomotion, à savoir trois paires de pattes et deux paires d'ailes le plus souvent. Les pattes sont composées de cinq parties : en partant du corps, on trouve successivement la hanche (coxa), l'articulation de la cuisse (trochanter), la cuisse (fémur), l'attelle (tibia) et le pied (tarse), celui-ci constitué de un à cinq segments dont le dernier porte souvent deux griffes. Les deux paires d'ailes sont le plus souvent actionnées indirectement par les muscles qui compressent alternativement le thorax de haut en bas et d'avant en arrière. Il n'y a que chez les libellules que les muscles sont directement implantés sur les ailes, ce qui explique pourquoi ces acrobates aériens peuvent mouvoir leurs deux paires d'ailes indépendamment l'une de l'autre. Parmi les différents ordres d'insectes, les ailes ont des formes et des tailles très diverses, depuis la transformation de l'une des deux paires en une solide carapace de protection (les élytres) chez les coléoptères, jusqu'à leur atrophie en minuscules stabilisateurs chez les mouches et moustiques.

L'abdomen

Il porte les organes les plus importants pour les fonctions vitales, notamment le cœur qui a la forme d'un tuyau flexible et qui transporte le liquide sanguin vers l'avant de l'insecte (le flux de retour s'effectue spontanément à travers le corps), mais aussi, l'intestin et les organes sexuels. Un autre organe important est bien sûr le système trachéen qui permet la respiration : de fins tuyaux parcourent tout l'organisme et transportent l'air depuis des ouvertures sur les côtés du corps (les stigmates) jusqu'aux différents tissus corporels. Chez les insectes adultes, l'abdomen ne porte aucun organe locomoteur. Les collemboles constituent cependant une exception : ils possèdent une fourche de saut spéciale, qui leur permet d'effectuer de grands bonds. L'abdomen peut aussi porter des annexes, telles que des pinces servant à saisir le partenaire lors de l'accouplement ou un organe particulier servant à la

Anatomie et métamorphose

ponte des œufs (l'ovipositeur). Les larves possèdent souvent des pattes supplémentaires sur l'abdomen, ainsi que des branchies trachéennes externes chez celles qui vivent dans l'eau.

Métamorphose

En raison de leur enveloppe extérieure rigide, les insectes ne peuvent grandir que par étapes et seulement juste après une mue, lorsque l'enveloppe corporelle est encore molle. Aussi leur développement est-il toujours lié à une succession de mues. Selon les espèces, une larve qui sort ment l'insecte adulte ou imago (plusieurs imagos). Les insectes à métamorphose complète (dits holométaboles) passent d'abord par un stade de repos appelé nymphe (chrysalide chez les papillons), au cours duquel la larve connaît une transformation profonde pour évoluer en adulte. Chez les insectes hémimétaboles, les larves sont souvent déjà semblables aux imagos, hormis l'absence d'ailes, notamment lorsqu'elles ont presque le même mode de vie que leurs parents. C'est le cas par exemple des punaises. Les ébauches d'ailes

Métamorphose incomplète de la punaise verte

de l'œuf réalise entre deux et plus de dix mues pour atteindre sa taille maximale lors du dernier stade larvaire. Ensuite, chez les insectes à transformation ou métamorphose incomplète (dits hémimétaboles) survient une mue donnant directe- se développent aux stades les plus âgés, mue après mue. Chez les insectes hémimétaboles pour lesquels le mode de vie des larves et des imagos diffèrent, comme les libellules et leurs larves aquatiques, cela se passe autrement : dans ce

cas, les deux n'ont que peu de ressemblances. Chez les insectes holométaboles, les larves et les imagos diffèrent également beaucoup. Enfin, une particularité est à noter chez les éphémères, insectes volants les plus primitifs : fait unique dans le monde des insectes, ils passent par un stade subimago intermédiaire, également ailé, avant de devenir pleinement imago. À ce stade, ils sont déjà capables de voler, mais ils ne sont pas complètement développés et leurs ailes sont de couleur laiteuse. Ce n'est qu'à la mue suivante, la dernière, que les ailes prennent l'aspect final vitreux et transparent de l'adulte parfait.

Métamorphose complète de la thècle du bouleau

Les ordres d'insectes

Collemboles
(Collembola, p. 18)

Les collemboles et les quatre autres ordres qui suivent sont classés parmi les insectes primitifs. Ils sont totalement dépourvus d'ailes et ils ne peuvent pas être rattachés à un ancêtre ailé. Les collemboles possèdent une caractéristique particulière : un organe de saut qui est replié sous l'abdomen au repos et qui leur permet d'effectuer de grands bonds. Comme chez les deux ordres suivants, les pièces buccales sont cachées dans la capsule céphalique en position de repos.

Archéognathes
(Archaeognatha, p. 19)

Chez les représentants de cet ordre primitif, de même que chez tous les groupes d'insectes qui suivent, les pièces buccales se trouvent toujours en dehors de la capsule céphalique. Elles n'ont qu'une articulation avec la tête, alors que chez les insectes plus évolués il y en a deux. Leur petit corps fin est le plus souvent bariolé et porte trois filaments caudaux à l'extrémité du corps, tenus serrés au repos. Ces insectes peuvent effectuer de grands sauts et ils se nourrissent surtout d'algues et de lichens.

Diploures
(Diplura, p. 18)

Ces animaux très graciles ont un corps blanchâtre allongé, dont l'extrémité postérieure est pourvue, selon le sous-ordre auquel ils appartiennent, d'une paire de cerques composée de nombreux articles servant de capteurs, ou d'une paire de cerques non divisée ayant la forme d'une pince. Ils se nourrissent principalement de plantes, mais aussi de restes de petits insectes.

Zygentomes
(Zygentoma, p. 19)

Les lépismes (ou poissons d'argent) ressemblent aux archéognathes, mais ils sont incapables de sauter. Au repos, leurs filaments caudaux sont tenus resserrés. Leur corps allongé, le plus souvent unicolore, est densément recouvert d'écailles. Les quelques rares espèces indigènes vivent principalement dans les bâtiments ou dans les nids de fourmis, où ils se nourrissent de restes alimentaires et de déchets.

Éphéméroptères (Ephemeroptera, p. 20)

Les larves de cet ordre et des deux suivants vivent dans l'eau. Contrairement aux autres insectes, les éphémères ont deux stades ailés : l'adulte parfait (imago) et le stade qui précède, que l'on dénomme « subimago » (presque adulte). Les larves portent trois appendices filiformes au bout de l'abdomen, exceptionnellement deux. Elles respirent à l'aide de branchies trachéennes disposées sur les côtés de l'abdomen. Les adultes ont également trois, plus rarement deux, appendices filiformes.

Plécoptères (Plecoptera, p. 22)

Les larves aquatiques des perles n'ont que deux appendices filiformes au bout de l'abdomen. Elles respirent grâce à des branchies trachéennes en tubes ou en touffes, disposées sur le thorax, et non sur les côtés de l'abdomen, ou simplement par la peau. Les adultes ne sont pas très différents des larves, hormis la présence d'ailes (celles-ci peuvent être réduites). Chez certaines espèces, les filaments caudaux sont très courts.

Odonates (Odonata, p. 24)

Il existe deux sous-ordres d'Odonates : les anisoptères, libellules aux gros yeux semi-hémisphériques se rejoignant au milieu de la tête (ou qui sont tout au plus séparés par l'équivalent de leur diamètre), et dont les ailes antérieures et postérieures diffèrent et sont tenues à plat au repos ; les zygoptères, petites libellules qui ont une tête large aux yeux très écartés, et des ailes antérieures et postérieures identiques, tenues le plus souvent jointives au repos. Leurs larves diffèrent également : dodues avec un éventail de cinq épines pointues à l'extrémité de l'abdomen pour les premières, très minces et avec trois appendices foliacés au bout de l'abdomen pour les autres.

Blattidés (Blattodea, p. 38)

Les blattes constituent avec les six ordres suivants, le groupe des orthoptères. Ils ont en commun des pièces buccales broyeuses et des ailes antérieures qui sont renforcées et plus étroites que les ailes postérieures. Les blattes sont souvent confondues avec les coléoptères, dont elles diffèrent cependant par les nervures encore visibles sur les

Les ordres d'insectes

ailes antérieures et par l'existence d'une paire de courts cerques à l'abdomen.

Dermaptères (Dermaptera, p. 39)

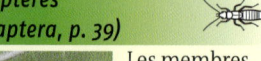

Les membres de cet ordre, appelés forficules, sont surtout reconnaissables à la paire de cerques en forme de pinces qu'ils possèdent à l'abdomen (à comparer cependant aux cerques bifides des diploures). Leurs ailes antérieures sont réduites à des ébauches protectrices, sous lesquelles sont soigneusement pliées les ailes antérieures membraneuses.

Isoptères (Isoptera, p. 39)

Seuls les adultes de ces insectes coloniaux portent temporairement des ailes. Les autres individus, de couleur blanchâtre, restent toute leur vie à un stade larvaire. Les termites, animaux, surtout présents sous les tropiques, ont été accidentellement introduits en Europe centrale et ils peuvent aussi s'y maintenir certaines années. En région méditerranéenne, certaines espèces sont naturalisées.

Mantoptères (Mantodea, p. 40)

Les membres de cet ordre d'insectes surtout présent en région tropicale (une seule espèce en Europe centrale, la mante religieuse) sont reconnaissables à l'allongement de la partie antérieure de leur thorax et à leurs pattes ravisseuses munies de solides éperons. D'autres ordres d'insectes possèdent des pattes ravisseuses (voir p. 91).

Embioptères (Embioptera, p. 41)

Chez les embioptères, le premier segment de la patte antérieure est renflé en ampoule : on y trouve des glandes à filer, avec lesquelles les animaux fabriquent des fourreaux correspondant à des tuyaux flexibles dans lesquels ils se tiennent le plus souvent. Ce groupe pauvre en espèces, originaire de régions plus chaudes, ne compte que de rares représentants en région méditerranéenne et aucun en Europe centrale.

Phasmoptères (Phasmatodea, p. 41)

Principalement présent sous les tropiques : seules quelques phasmes atteignent la région méditerranéenne. Leur corps étroit ressemble à une brindille, munie de longues jambes fines : les phasmes se déplacent assez lentement et sont difficiles à repérer dans la végétation. En régions tropicales, au cœur de leur zone de présence, il existe des espèces qui ressemblent à s'y méprendre à des feuilles.

Orthoptères (Saltatoria, p. 42)

Sauterelles et criquets sont de loin le groupe d'orthoptères le plus riche en espèces. Ils possèdent le plus souvent un corps compressé latéralement et, presque toujours, des pattes postérieures adaptées au saut présentant des cuisses renflées. À l'extrémité de l'abdomen se trouve un appendice unique, arqué. Dans le sous-ordre des ensifères (à longues antennes), ces dernières sont souvent bien plus longues que le corps, alors que, dans le sous-ordre des caelifères (à antennes courtes), elles sont plus courtes. Tandis que les premiers produisent leurs sons en frottant les ailes antérieures l'une contre l'autre, les seconds stridulent en frottant le fémur postérieur sur les ailes.

Psocoptères (Psocoptera, p. 60)

Ce groupe et les cinq suivants forment les poux et les hémiptères. La majorité des espèces possède des pièces buccales adaptées à piquer et sucer. Les psoques ont encore des pièces buccales broyeuses, mais leur mandibule inférieure en partie en forme de stylet traduit un début d'adaptation au mode de vie d'insecte piqueur-suceur. Les petites espèces ont souvent une grosse tête et leurs ailes, quand elles en ont, sont ornées d'un réseau de nervures et repliées en dièdre au repos. Les psoques se nourrissent de mycélium, d'algues et de lichens.

Thysanoptères (Thysanoptera, p. 60)

Les thrips possèdent un corps et des ailes très étroits, ces dernières étant frangées de longues soies. Au lieu d'être munis de griffes, leurs tarses sont renflés en vésicules. Avec leur rostre de succion, ils piquent surtout des plantes. Il existe également des espèces prédatrices qui piquent et sucent d'autres insectes.

Les ordres d'insectes

Phthiraptères
(Phthiraptera, p. 61)

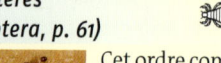

Cet ordre comporte deux sous-ordres. Le premier (sous-ordre des mallophages) vit principalement dans le pelage et le plumage des animaux sauvages et des oiseaux. Le corps de ses représentants est fortement aplati et dépourvu d'ailes. leurs pièces buccales sont broyeuses et rarement pointues. Le second, celui des poux aptères (sous-ordre des anoploures), regroupe des insectes au corps également très aplati, aux pièces buccales leur permettant de piquer et de sucer : ils vivent exclusivement en aspirant le sang des mammifères. Pour se maintenir aux poils, ils ont des pattes crochues.

Hétéroptères
(Heteroptera, p. 62)

Les punaises sont souvent confondues avec les coléoptères. Elles s'en différencient nettement par leurs pièces buccales piqueuses et suceuses, ainsi que par la construction particulière de leurs ailes antérieures : celles-ci ne sont renforcées que dans leur partie antérieure, tandis que la postérieure est membraneuse comme les ailes postérieures. Avec les cigales et les pucerons, ils sont réunis parmi les hémiptères.

Chez ceux-ci, les pièces buccales supérieures et inférieures sont transformées en un rostre piqueur qui est caché par la lèvre inférieure, de forme tubulaire, au repos. Beaucoup d'espèces sucent des plantes, d'autres des insectes, mais il n'y en a que très peu qui sucent du sang.

Hémiptères
(Cicadina, p. 78)

Contrairement aux punaises, leurs ailes antérieures ne sont pas subdivisées en deux parties. Au repos, elles sont aussi disposées en dièdre. Le rostre de succion est situé à l'arrière de la tête (à l'avant chez les punaises). Cigales et cicadelles sucent exclusivement des végétaux. Grâce à un organe de cymbalisation placé sur l'abdomen, la plupart des espèces émettent des sons assez forts (et des ultrasons chez beaucoup de cigales). Leurs tarses ont trois articles.

Sternorrhyncha
(Sternorrhyncha, p. 84)

Comme les cigales, dont ils sont proches, les pucerons ont un rostre de succion implanté à l'arrière de la tête. Mais leurs tarses ne comportent qu'un ou deux articles. On les subdivise en quatre sous-ordres : le groupe le plus connu des *aphidina* (pucerons proprement dits) a des

pattes normalement développées, tandis que chez le groupe des *psyllina* (psylles), proche des cigales, le fémur postérieur est renflé. Les *aleyrodina* (aleurodes) possèdent des ailes à nervures lâches et recouvertes d'une poudre blanche.
Chez les *coccina* enfin (cochenilles), les femelles adultes sont souvent immobiles tant elles sont carapaçonnées, tandis que les mâles possèdent des ailes antérieures totalement développées et des ailes postérieures transformées en petits bâtonnets en forme de massue (similaires aux stabilisateurs des diptères).

Mégaloptères (Megaloptera, p. 88)

Les sialis sont proches des deux ordres suivants et forment avec eux les névroptéroïdes. Ils représentent le groupe le plus primitif des insectes à métamorphose complète (holométaboles), auxquels appartiennent aussi tous les ordres mentionnés par la suite. Tous ceux qui ont été cités précédemment n'effectuent qu'une métamorphose incomplète (hemimétaboles). Les caractéristiques communes des neuroptères sont en général des ailes densément nervurées, disposées en dièdre au repos, et des pièces buccales broyeuses. Le petit nombre d'espèces de sialidés présentes chez nous a une couleur générale sombre et des larves qui mènent une vie aquatique. Celles-ci respirent grâce à de nombreuses branchies externes très divisées, ressemblant à des pattes, disposées sur les côtés de l'abdomen.

Raphidioptères (Raphidioptera, p. 88)

Avec leur prothorax allongé comme un long cou très mobile, les raphidies ne peuvent être confondues avec aucun autre insecte. Elles se nourrissent, tant à l'âge adulte qu'à l'état larvaire, d'autres petits insectes, ce qui leur vaut d'être considérées comme des insectes utiles.

Neuroptères (Planipennia, p. 89)

Cet ordre d'insectes nous mène vers des espèces dont les aspects sont très différents les unes des autres : certaines rappellent des libellules, d'autres des papillons ou même des mantes religieuses. Cependant, toutes présentent des ailes densément nervurées, tel un filet, et des antennes plus ou moins longues. Beaucoup possèdent en outre, d'une façon frappante, des yeux multicolores, métalliques et brillants.

Les ordres d'insectes

Coléoptères
(Coleoptera, p. 92)

Les coléoptères sont faciles à reconnaître à leurs ailes antérieures transformées en étuis cornés renforcés (élytres). Au repos, les ailes postérieures membraneuses, et plus grandes, sont repliées sous la couche protectrice des élytres. Il n'y a qu'elles qui soient utilisées pour le vol. Avant l'envol, les élytres sont relevés et les ailes postérieures se déploient pour le vol. Chez les six mille espèces d'Europe centrale, l'appareil buccal est de type broyeur.

Strepsiptères
(Strepsiptera, p. 144)

Le mode de vie parasite des stylops les a profondément transformés. Leurs plus proches parents sont les coléoptères. Les mâles ont les ailes antérieures en forme de massue, ce que l'on peut considérer comme une forme détournée des élytres des coléoptères. Leurs ailes postérieures forment un grand éventail déployé. Les femelles ont l'apparence de vers, sans la moindre trace de pattes ou d'ailes : elles passent toute leur vie accrochées à l'abdomen de leur hôte, le plus souvent une guêpe ou une abeille. Seule la partie antérieure du corps, telle une minuscule écaille, dépasse entre les anneaux de l'abdomen.

Mécoptères
(Megaloptera, p. 144)

Les mécoptères sont faciles à identifier à leur tête allongée comme un bec, au bout duquel se trouvent les pièces buccales broyeuses. Ils possèdent quatre ailes assez semblables, étroites et densément nervurées, mais qui peuvent être fortement atrophiées. Les quelques espèces de nos régions se nourrissent en partie de proies vivantes et en partie de cadavres ou de végétaux.

Diptères
(Diptera, p. 146)

Chez les diptères, seules les ailes antérieures sont normalement développées. Au contraire, les ailes postérieures sont réduites à de minuscules balanciers. Selon les espèces, l'appareil buccal s'est transformé en type piqueur-suceur ou en type suceur-lécheur. Souvent aussi, il est atrophié : chez les espèces concernées, les adultes ne se nourrissent pas. Le sous-ordre des moustiques (nématocères) possède une trompe très fine, constituée d'un assemblage de nombreux segments, et un corps très étroit. Le sous-ordre des mouches (brachycères) a une trompe courte, composée de cinq segments au maximum. Avec plus de sept mille espèces en Europe centrale, les diptères sont le deuxième ordre d'insectes en importance.

Siphonaptères
(Siphonaptera, p. 166)

Les puces possèdent un corps extrêmement aplati latéralement. Leur appareil buccal a évolué en rostre piqueur, en conformité avec leur mode de vie de type suceur de sang. Leurs pattes postérieures se sont développées en un organe de saut très efficace.

Hyménoptères
(Hymenoptera, p. 166)

Les hyménoptères possèdent deux paires d'ailes membraneuses dissemblables. Les ailes postérieures, plus petites, sont accrochées par une rangée de crochets au bord arrière des ailes antérieures, si bien que les deux paires sont couplées. Chez le sous-ordre des symphytes, l'abdomen fait suite au thorax sans rétrécissement. Chez le sous-ordre des apocrites, après le premier anneau de l'abdomen, on trouve un important rétrécissement appelé « taille de guêpe » qui permet une grande mobilité de l'abdomen.

Avec environ onze mille espèces, les hyménoptères (guêpes, abeilles, bourdons, fourmis, etc.) constituent l'ordre d'insectes le plus représenté dans nos régions.

Trichoptères
(Trichoptera, p. 190)

Les phryganes ressemblent à des papillons de nuit. Toutefois, contrairement à ceux-ci, ils n'ont pas d'écailles sur les ailes mais des poils sur la face supérieure. Au repos, les ailes sont disposées en toit. L'appareil buccal est réduit. Les larves de presque toutes les espèces se développent dans l'eau.

Lépidoptères
(Lepidoptera, p. 192)

Les papillons sont proches des trichoptères. Mais au lieu d'avoir les ailes garnies de poils, elles sont densément couvertes d'écailles. De l'ensemble de l'appareil buccal, il ne subsiste que les pièces inférieures qui sont constituées de deux demi-tubes accolés l'un à l'autre et qui forment un long organe de butinage enroulé en spirale au repos. Les larves, connues sous le nom de chenilles, possèdent une fausse paire de pattes supplémentaires à l'extrémité de l'abdomen. Elles se nourrissent de végétaux.

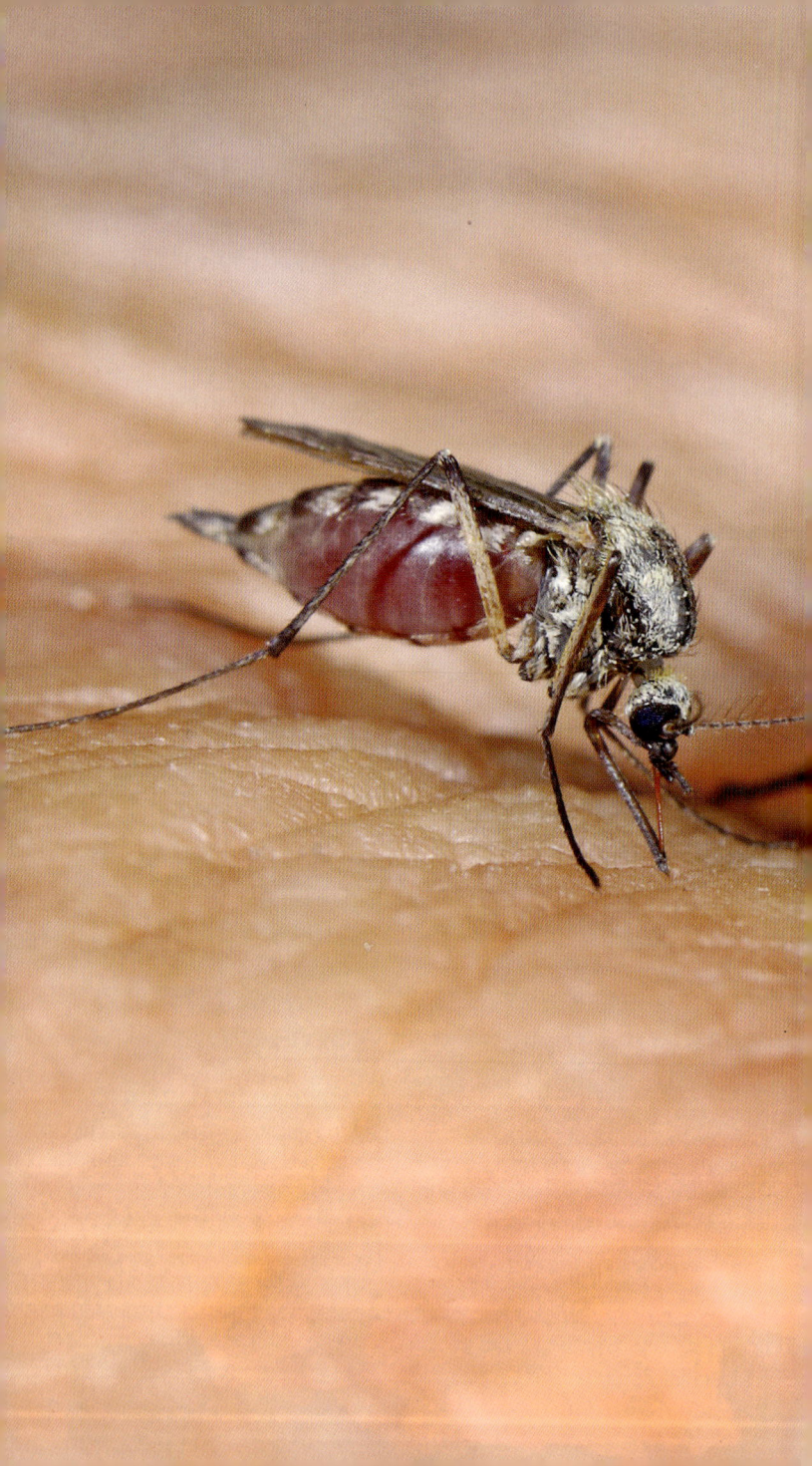

Les espèces d'insectes

Éphémère, mouche de mai
Ephemera danica (éphéméridés)
E 35–45 mm, mai-septembre

Répartition *Dans les rivières à eau pure, quasiment partout en Europe tempérée. Assez abondante.*

> **3 filaments caudaux à tous les stades.**
> **Ailes ponctuées de sombre.**
> **Larves au fond de l'eau.**

larve d'*Ephemera danica*

La larve vit au fond des cours d'eau, dans un trou du sol qu'elle a creusé elle-même. Elle se nourrit volontiers de débris végétaux. Comme chez tous les éphémères, à la fin de son développement, elle mue en un subimago déjà ailé (ailes teintées de crème), qui se transforme rapidement en un imago (ailes transparentes). Celui-ci ne vit que quelques jours, voire quelques heures seulement chez d'autres espèces.

pattes avant très longues (plus courtes chez la femelle)
ailes ponctuées de sombre
Mâle
3 filets caudaux très longs
ailes crème
mâle subimago
filaments caudaux plus courts

20

Éphémère jaune
Potamanthus luteus (éphéméridés)
E 25–30 mm, juin-août

Répartition *Dans les cours d'eau plus larges, encore suffisamment propres. Assez rare.*

> **Jaunâtre avec des yeux verts.**
> **Larve avec des branchies finement plumées.**
> **Cours d'eau propres.**

La larve se tient le plus souvent sur des grosses pierres immergées. Elle étale ses branchies trachéennes à plat et augmente ainsi la surface de contact. Elle se nourrit principalement des petites algues qui se développent à la surface des pierres. L'espèce a fortement diminué à cause de la pollution des eaux, et elle est menacée.

tête de l'éphémère jaune
yeux simples
yeux à facettes, verts

larve d'éphémère jaune

ailes teintées de crème
subimago
ailes teintées de jaunâtre
corps jaunâtre
3 filaments caudaux

Éphémère
Baetis rhodani (éphéméridés)
E 10–20 mm, mars-novembre

Les ailes postérieures de cette espèce sont minuscules (à peine un septième de la longueur des ailes antérieures). Les mâles ont d'étranges « yeux à turbans », composés de deux parties : la supérieure comporte de grosses facettes sensibles à la lumière, ce qui permet aux mâles de repérer les femelles au crépuscule. Les larves vivent dans les plantes aquatiques, souvent en grand nombre dans un espace restreint.

yeux à turbans d'un mâle de *Baetis*
partie supérieure, à facettes grossières
partie inférieure, normale

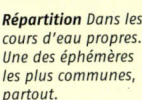

Répartition Dans les cours d'eau propres. Une des éphémères les plus communes, partout.

> Seulement 2 filaments caudaux chez l'imago et le subimago.
> Mâles avec des « yeux à turbans ».
> Larves dans les massifs de plantes aquatiques.

ailes opaques
mâle subimago en fin d'hiver sur la neige

larve de *Baetis rhodani*

Mâle
2 filaments caudaux seulement

Éphémère
Ecdyonurus sp. (éphéméridés)
E 25–35 mm, mai-septembre

Les éphémères du genre *Ecdyonurus* sont pour la plupart reconnaissables à leurs larves, dont le corps a une forme adaptée à la force du courant : le corps et les pattes sont aplatis, tandis que les folioles des branchies écartées latéralement offrent une excellente adaptation à la vie dans les eaux turbulentes des ruisseaux de montagne. Les nombreuses espèces, de coloration variable, sont très difficiles à distinguer (en photo, illustration d'une variante mouchetée présentée par différentes espèces).

tête du mâle
yeux à facettes, dont la partie supérieure est rugueuse et la partie inférieure lisse ; pas d'yeux à turbans

Répartition Dans les eaux pures des torrents de montagne et rivières tumultueuses, à différentes altitudes selon les espèces.

> Forme du corps de la larve adaptée aux courants rapides.
> Seule la larve a 3 filaments caudaux.
> Uniquement dans les eaux pures et rapides.

larve d'*Ecdyonurus* sp.

2 filaments caudaux
La larve de l'éphémère (*Epeorus sylvicola*) est très semblable : elle n'a que 2 filaments caudaux et vit souvent dans les mêmes ruisseaux.
Mâle

Perle

Dinocras cephalotes (plécoptères)
L 13–29 mm, mai-août

Répartition Surtout en montagne dans les cours d'eau propres et cailloteux, comme les eaux de source et les ruisseaux, absente des grands fleuves.

> 2 filaments caudaux.
> Ailes raccourcies chez les mâles.
> Ruisseaux purs de montagne.

Les femelles se tiennent souvent immobiles dans la végétation des berges et volent peu (les mâles, à courtes ailes, quasiment jamais). Les puissantes larves vivent le plus souvent dans les eaux dormantes, sous les pierres, et chassent d'autres animaux aquatiques qui peuvent avoir la même taille qu'elles. L'espèce n'est pas facile à distinguer d'autres espèces similaires (avant tout, d'après les détails de l'aile).

larve de *Dinocras cephalotes*

La perle (*Diura bicaudata*) est très semblable, mais nettement plus petite avec une longueur de 12-15 mm. Chez le mâle, les courtes ailes atteignent à peine la moitié de l'abdomen.

Femelle — filaments caudaux dépassant sous les ailes; marques rouges sur la tête, près des yeux

ailes atteignant à peu près le milieu de l'abdomen

Mâle — 2 longs filaments caudaux

Perle

Isoperla sp. (plécoptères)
L 7–15 mm, mai-octobre

Répartition Surtout en montagne, dans les grands ou petits cours d'eau selon les espèces, le plus souvent dans des eaux assez pures. Assez abondante.

> **Teinte jaunâtre sur les ailes et le corps.**
> **Se tient sur la rive des eaux courantes.**
> **Surtout en montagne.**

Les nombreuses espèces très semblables ne peuvent être distinguées avec certitude que d'après les caractéristiques des parties génitales. Les filaments bien développés de l'arrière du corps dépassent des ailes sur les côtés. Ces insectes qui volent peu se tiennent le plus souvent sur la végétation des berges et ne s'éloignent que rarement de l'eau. Les larves se trouvent le plus souvent sous les pierres, dans le lit du cours d'eau où elles se nourrissent surtout d'autres larves d'insectes aquatiques.

larve d'une espèce d'*Isoperla*

corps et ailes teintés de jaunâtre

filaments caudaux dépassant des ailes

Perle

Nemoura cinerea (plécoptères)
L 6–9 mm, mai-septembre

Cette espèce, qu'on ne peut différencier des autres que par les caractéristiques des parties génitales, est moins exigeante sur la qualité de l'eau que la plupart de ses congénères. À tel point, qu'elle est la seule espèce de cet ordre à pouvoir se maintenir dans des eaux assez polluées.

pas de filaments caudaux apparents

réseau de nervures formant des X

grappe d'œufs sous l'abdomen

femelle avec son paquet d'œufs, avant la ponte

Répartition Dans les eaux courantes, mais aussi dans les étangs et mares. Commune partout.

> **Filaments caudaux réduits.**
> **Aile antérieure pourvue de nervures en X.**
> **Perle indigène la plus abondante.**

fourreaux des ailes écartés de côté

larve d'une espèce de *Nemoura*

Perle

Leuctra sp. (plécoptères)
L 5–14 mm, février-octobre

Si les quelque vingt espèces appartenant à ce genre sont difficiles à distinguer les unes des autres, elles sont en revanche faciles à caractériser avec leur corps fin et leurs ailes enroulées tel un cigare, en position de repos. Les larves, également très fines, sont souvent présentes en grand nombre dans les rivières et ruisseaux de montagne. Contrairement aux larves du genre *Nemoura*, les fourreaux de leurs ailes sont disposés parallèlement. Elles ont une alimentation végétarienne.

ailes enroulées comme un cigare

filaments caudaux invisibles

Leuctra sp. sur la neige en fin d'hiver

nombreuses perles du genre *Leuctra* fraîchement écloses sur une rive

Répartition Surtout dans les ruisseaux purs de montagne. Quelques espèces aussi dans les rivières et lacs.

> **Ailes enroulées ensemble tel un cigare.**
> **Filaments caudaux très fortement réduits.**
> **Souvent abondante dans les eaux de montagne.**

larve d'une espèce de *Leuctra*

fourreaux des ailes tenus parallèlement

Caloptéryx éclatant
Calopteryx splendens (caloptérygidés)
E 60–70 mm, mai-septembre

Femelle

Répartition Se rencontre le long des eaux propres à courant plutôt faible. Devenu assez rare par endroits suite à la pollution des eaux.

> **Bande foncée sur l'aile chez le mâle.**
> **Aile teintée de verdâtre chez la femelle.**
> **Plutôt sur les grands cours d'eau.**

Les mâles occupent un territoire le long des berges des cours d'eau. Lors de la parade, ils recourbent l'extrémité de leur abdomen vers le haut afin de rendre visible la couleur blanche du dessous à la femelle, comme signal visuel. Après l'accouplement, la femelle se pose sur la végétation aquatique et pond ses œufs. À cette occasion, elle s'immerge souvent longuement. Pendant ce temps, le mâle monte continuellement la garde à proximité. Les larves aux jambes longues et très minces ont un développement qui dure apparemment deux ans.

ptérostigma blanchâtre

aile teintée de verdâtre

pas de ptérostigma

larve de caloptéryx éclatant

1er organe capteur presque deux fois plus long que les autres

branchie foliaire médiane plus large

bande sombre sur l'aile

Mâle

Caloptéryx vierge
Calopteryx virgo (caloptérygidés)
E 60–70 mm, mai-septembre

ptérostigma blanchâtre

aile teintée de brunâtre

Répartition Surtout sur les petits cours d'eau à courant rapide, souvent sur des ruisseaux ombragés. Déjà devenu bien rare par endroits.

> **Aile entièrement foncée chez le mâle.**
> **Aile teintée de brunâtre chez la femelle.**
> **Surtout sur les berges des ruisseaux à demi ombragés.**

Même si le caloptéryx vierge préfère des cours d'eau plus étroits et plus dynamiques que son espèce jumelle, les deux peuvent néanmoins se rencontrer sur les mêmes sites. Comme le caloptéryx splendide, au début de sa période de vol, il peut s'éloigner beaucoup des eaux qui l'ont vu naître. Le comportement de parade est le même chez les deux espèces, mais le mâle de caloptéryx vierge a une marque rouge carmin vif sous l'abdomen, caractéristique de l'espèce.

Femelle

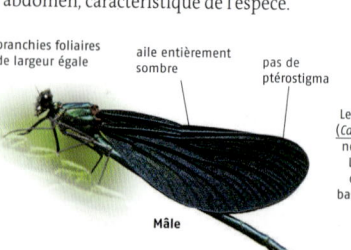

1er organe capteur à peine plus long que les autres

branchies foliaires de largeur égale

aile entièrement sombre

pas de ptérostigma

larve de caloptéryx vierge

Mâle

Le caloptéryx méditerranéen (*Calopteryx haemorrhoidalis*) ne vit qu'en Europe du Sud. Le mâle a les ailes teintées de brun foncé jusqu'à leur base transparente et le corps rouge métallique cuivré.

Leste fiancé
Lestes sponsa (lestidés)
E 40-50 mm, juin-octobre

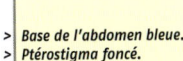

Au repos, les ailes sont tenues en diagonale par rapport au corps, comme chez tous les lestes. Lors de l'accouplement, le mâle remplit de sperme son organe de copulation situé à l'avant de l'abdomen et saisit une femelle. Celle-ci courbe son abdomen jusqu'à l'organe de copulation et forme « le tandem d'accouplement » en forme de cœur, typique de toutes les libellules. Les œufs sont pondus deux par deux, le plus souvent dans la tige d'un jonc.

portrait du mâle

ailes tenues de travers

Mâle

1ers segments de l'abdomen bleus

couleur de fond vert métallisé

tandem d'accouplement

Répartition Principalement sur des petites surfaces d'eau calme, souvent dans des tourbières. Presque partout assez commun.

> **Base de l'abdomen bleue.**
> **Ptérostigma foncé.**
> **Ponte dans les joncs.**

foliole latérale des branchies foliaires tenue perpendiculaire

larve de leste fiancé

Leste vert
Lestes viridis (lestidés)
E 50-55 mm, juillet-octobre

La ponte qui s'observe particulièrement en septembre s'effectue par paires dans des branches d'arbustes et d'arbres situés au bord de l'eau, surtout des saules. La femelle introduit les œufs sous l'écorce à l'aide de son vigoureux oviposuteur. Ils y passent l'hiver et, au printemps suivant, une pré-larve vermiforme sort par le trou percé lors de la ponte et se laisse choir dans l'eau. Là, elle mue un peu plus tard en une larve complètement formée.

ponte de 5 couples dans une branchette de saule

couleur vert métallisé à cuivré

ptérostigma clair

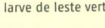

Répartition Dans des étangs et les mares. Presque partout assez commun.

> **Les deux sexes sont vert métallisé ou cuivrés.**
> **Ptérostigma clair.**
> **Ponte dans des branchettes.**

larve de leste vert

chez toutes les espèces de petites libellules, les yeux à facettes sont très écartés les uns des autres

Mâle
(même coloration chez la femelle)

Brunette hivernale
Sympecma fusca (lestidés)
E 45–50 mm, juillet–mai

Répartition Surtout des eaux dormantes de petite dimension, dont elle peut s'éloigner beaucoup ; peu rare dans la plupart des régions, mais passe facilement inaperçue. Photo ci-dessus : femelle.

Cette libellule insignifiante, dont les deux sexes ont la même coloration, passe l'hiver à l'état adulte. Pour cela, elle se pose à l'air libre sur des plantes proches du sol et peut être complètement recouverte de neige par moments. La ponte survient dès le printemps, à partir d'avril. Le couple se pose successivement sur des débris végétaux flottants, dans lesquels la femelle dépose ses œufs grâce à son ovipositeur. Les larves, de teinte assez pâle, deviennent adultes en deux-trois mois.

portrait

> Marques foncées à teinte cuivrée.
> Hiberne à l'état adulte.
> Pond dès la fin de l'hiver.

larve de brunette hivernale

mâle en hiver sur une tige enneigée

partie inférieure gris clair

Mâle

marques en obus, cuivre brillant, sur le dessus de l'abdomen

26

Pennipatte bleuâtre
Platycnemis pennipes (coenagrionidés)
E 40–50 mm, mai–septembre

Répartition Domaine alluvial des grandes rivières, dans les eaux calmes ou à courant lent coulantes. Assez commun. Photo ci-dessus : femelle.

Chez les deux sexes, l'espèce se distingue par des tibias particulièrement élargis sur les pattes arrière et médianes, frangés de soies hérissées et blancs dessous. Lors du vol de parade, les mâles laissent pendre celles-ci devant la femelle et attirent son attention grâce à ce signal. Lors de la ponte, la femelle se pose sur les plantes dans l'eau, avec le partenaire arrimé à elle, dressé verticalement. Parfois, de nombreux animaux se rassemblent au même endroit et se tiennent très près les uns des autres.
La larve est unique avec ses folioles de branchie se terminant par un filament.

> Mâle bleu, femelle brun clair ou verdâtre.
> Articles des pattes élargis.
> Ponte avec le mâle en position dressée.

larve de pennipatte bleuâtre

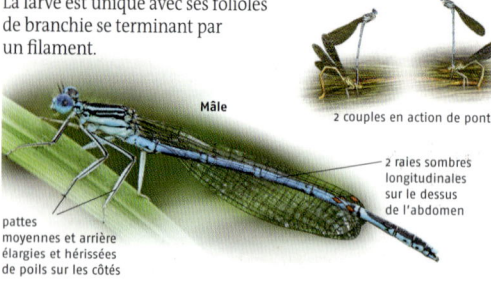

Mâle

2 couples en action de ponte

2 raies sombres longitudinales sur le dessus de l'abdomen

pattes moyennes et arrière élargies et hérissées de poils sur les côtés

Nymphe au corps de feu
Pyrrhosoma nymphula (coenagrionidés)
E 40–50 mm, avril-août

Cette petite libellule remarquable et très marquante est l'une des plus précoces dans le cycle annuel. Elle peut très facilement être confondue avec le cériagrion au corps de feu. La ponte s'effectue en couple chez les deux espèces, le mâle se tenant à proximité de la femelle comme chez les lestes ou accroché à elle en position dressée comme chez les demoiselles.
La larve est plus épaisse que chez les autres libellules de petite taille. Les folioles des branchies sont pointues et ne sont pas prolongées par un filament.

Répartition *Eaux dormantes ou à faible courant, riches en végétation aquatique. Pas rare dans la plupart des régions. Photo ci-dessus : chez la femelle, abdomen marqué de noir.*

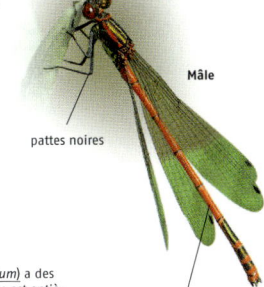

Mâle

pattes noires

abdomen rouge voyant, noir à l'arrière

> **Les deux sexes sont rouges.**
> **Pattes noires.**
> **Une des premières libellules printanières.**

Le cériagrion délicat (*Ceriagrion tenellum*) a des pattes claires. Chez le mâle, l'abdomen est entièrement rouge. L'espèce est fréquente dans le sud de l'Europe et rare en Europe centrale.

larve de nymphe au corps de feu

Ischnure élégante
Ischnura elegans (coenagrionidés)
E 35–45 mm, avril-août

La femelle d'ischnure élégante pond toujours ses œufs dans la végétation flottante sans être accompagné du mâle. Pour cela, elle préfère les heures de fin d'après-midi et les secteurs un peu cachés, de façon à ne pas être perturbée dans sa tâche par des mâles en quête de femelles. La larve est difficile à distinguer de celle d'autres coenagrionidés, mais elle a toujours un anneau foncé au-dessus de l'articulation du genou.

Mâle

Répartition *Tous types d'eaux dormantes. Partout abondante et dans la plupart des régions, libellule la plus commune. Photo ci-dessus : mâle et femelle en tandem d'accouplement.*

ptérostigma noir à l'intérieur, blanc à l'extérieur

seul le 8ᵉ segment de l'abdomen est bleu clair

> **Mâle bleu, femelle de coloration très variable.**
> **Tache bleu clair au bout de l'abdomen.**
> **La femelle pond seule.**

L'ischnure naine (*Ischnura pumilio*) est plus rare. Chez le mâle, la tache bleue de l'abdomen se trouve sur le neuvième segment et sur le dernier tiers du huitième.

larve d'ischnure élégante

Agrion jouvencelle
Coenagrion puella (coenagrionidés)
E 40–50 mm, mai–septembre

Répartition *Le plus souvent sur des eaux dormantes de petite surface. Une des petites libellules indigènes les plus communes. Photo ci-dessus: femelle.*

> Mâle bleu, femelle verdâtre.
> Mâle pourvu d'un «U».
> Ponte avec le mâle en position dressée.

Cette espèce très répandue a le même comportement de ponte que le pennipatte bleuâtre : le mâle se tient dressé verticalement sur sa partenaire, pendant que celle-ci pond ses œufs dans les débris de végétation flottante. De même, de nombreux couples se rassemblent sur des espaces restreints correspondant à des lieux de ponte favorables. La larve, sans signes distinctifs, est difficile à séparer des autres larves de demoiselles. Cependant, en utilisant une loupe, de nombreux points sombres typiques sont visibles sur la nuque.

L'agrion exclamatif (*Coenagrion pulchellum*) est nettement plus rare. Le mâle a un abdomen très fin (seulement 0,5 mm de large), principalement coloré de noir dessus.

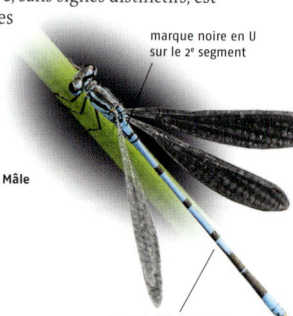

marque noire en U sur le 2ᵉ segment

Mâle

la majorité de l'abdomen est colorée en bleu

larve d'agrion jouvencelle

Portecoupe holarctique
Enallagma cyathigerum (coenagrionidés)
E 40–45 mm, mai–septembre

Répartition *De préférence sur des eaux dormantes de grande surface. Assez commun. Photo ci-dessus: couple avant la ponte.*

> Mâle bleu, femelle souvent brunâtre.
> Mâle pourvu d'une marque en forme de «timbale».
> Surtout sur les grandes étendues d'eau.

Les mâles de cette petite libellule commune se posent volontiers près du bord des plans d'eau, souvent à plusieurs l'un au-dessus de l'autre, sur des tiges qui émergent verticalement d'une surface d'eau ouverte. Comme ils se tiennent tous avec le corps presque perpendiculaire au support vertical, cela donne une image très caractéristique que l'on peut souvent reconnaître de loin. De même que chez la nymphe au corps de feu, la ponte s'effectue en couple, mâle et femelle ensemble ou séparés. Parfois, la femelle plonge, provoquant l'envol du mâle. La larve, de teinte pâle, a des folioles de branchie étonnamment larges.

marque noire en timbale sur le 2ᵉ segment

Mâle

bande noire sur un quart de la longueur des segments du milieu de l'abdomen

marques de l'abdomen en forme d'obus

Femelle

larve de portecoupe holarctique

Naïade aux yeux rouges

Erythromma najas (coenagrionidés)
E 40–50 mm, mai–août

Les mâles de la naïade aux yeux rouges se posent de préférence sur les feuilles flottantes des nénuphars jaunes, le plus souvent à l'écart des berges. Pour la ponte, le couple préfère le dessous des feuilles ou les bourgeons floraux de cette plante. À cette occasion, les deux adultes disparaissent souvent sous l'eau comme le font les couples de leste fiancé.

Répartition Presque uniquement sur des eaux avec nénuphar. Pas rare par endroits.

> **Mâle bleu clair et brun, avec des yeux rouges.**
> **Raies thoraciques interrompues chez la femelle.**
> **Sur des eaux avec nénuphars.**

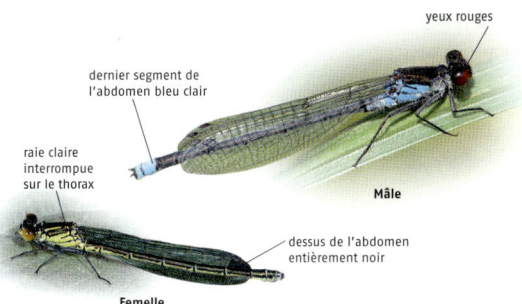

yeux rouges
dernier segment de l'abdomen bleu clair
raie claire interrompue sur le thorax
Mâle
dessus de l'abdomen entièrement noir
Femelle

larve de naïade aux yeux rouges

branchies foliaires bigarrées, obtuses et arrondies

Néhalennie précieuse

Nehalennia speciosa (coenagrionidés)
E env. 25 mm, mai–août

La plus petite libellule européenne se tient le généralement dans le dense labyrinthe des brins d'herbe et vole peu. De plus, comme elle est petite et rare, elle est très difficile à découvrir. Mais dans certains endroits favorables, elle peut être abondante. La larve ne dépasse pas 13 mm de long et possède des folioles de branchie arrondies avec une pointe fine.

Répartition Principalement dans les tourbières, avec de petits fossés et des peuplements de linaigrettes, laîches et trèfles d'eau. Dans l'ensemble très rare et menacée.

> **Plus petite libellule européenne.**
> **Mâle bleu avec le dos vert métallisé.**
> **Dans des tourbières intactes.**

dos vert métallisé
tandem d'accouplement
Mâle
bleu clair, devant une marque rétrécie

larve de néhalennie précieuse

Æschne bleue
Aeshna cyanea (aeschnidés)
E 90–100 mm, juin–novembre

les yeux sont jointifs au milieu de la tête

tête du mâle

Répartition Surtout sur des eaux dormantes de faible dimension, régulièrement autour des bassins des jardins ; en chasse, peut s'éloigner de l'eau. Commune partout.

> Abdomen du mâle marqué de bleu et vert.
> Jugée parfois un peu gênante.
> Régulière autour des bassins de jardins.

Les mâles cherchent intensément des femelles en train de pondre près des berges pour s'accoupler avec elles. Ils n'ont pas peur de l'homme et c'est la raison pour laquelle on les croit dangereux (des surnoms tels que « aiguilles du diable » ou « creveurs d'yeux » traduisent cette crainte infondée). La larve, en forme de cigare, a les yeux orientés vers l'avant et un palpe labial pour capturer ses proies.

Femelle

Mâle

taches vertes sur les segments antérieurs

taches bleues sur les segments postérieurs

larve d'æschne bleue

30

Grande Æschne
Aeshna grandis (aeschnidés)
E 90–100 mm, juin–octobre

Répartition Avant tout sur les grands étangs. Assez commune, bien qu'il y ait souvent peu d'individus sur le même plan d'eau.

> Corps et ailes brunâtres.
> Mâle marqué de jaune et de bleu.
> Femelle marquée uniquement de jaune.

Les mâles de cette grande libellule, presque impossible à confondre, volent sans cesse au-dessus de l'eau, faisant souvent des allers et retours près des berges, à la recherche de femelles occupées à pondre. Celles-ci se posent sur les débris de plantes flottants, volontiers aussi sur les bouts de bois vermoulus, afin d'y pondre. La larve ressemble à celle de l'æschne bleue, mais avec un palpe labial distinctement plus large et des dessins en général beaucoup plus contrastés.

femelle en action de ponte

ailes translucides yeux verts

abdomen sans marques claires

ailes teintées de brun

Mâle

marques bleues sur les côtés de l'abdomen

Également brune, la rare æschne isocèle (*Aeshna isoceles*) est une espèce typique de plaine. On la rencontre avant tout dans les bras morts riches en roseaux, ainsi que le long des ruisseaux à courant lent et des fossés.

larve de grande æschne

Anax empereur

Anax imperator (aeschnidés)
E 90–105 mm, juin–août

Les mâles de l'anax empereur sont très endurants en vol et ils patrouillent sans relâche au-dessus de l'eau, sans se poser. Ils se livrent régulièrement à des combats aériens avec d'autres espèces, qui sont presque toujours dominées, pour les chasser de leur territoire. Occasionnellement, il arrive qu'ils tuent et consomment un adversaire plus faible. La très vigoureuse larve se distingue de celles des Aeshna par ses yeux plus dirigés sur les côtés.

L'anax napolitain (*Anax parthenope*), quasiment de même taille, présente une tache bleu clair à l'avant de l'abdomen, le reste étant brun-gris à brunâtre violet.

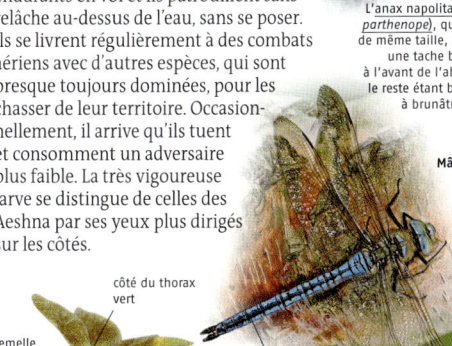

Mâle

côté du thorax vert

femelle en action de ponte

bande longitudinale sombre sur l'abdomen

abdomen bleu

Répartition En particulier à proximité des étangs et mares riches en végétation. Assez commun.

> Plus grande et plus forte libellule indigène.
> Thorax brun et abdomen bleu chez les deux sexes.
> Vol très endurant.

larve d'anax empereur

Æschne velue

Brachytron pratense (aeschnidés)
E 70–80 mm, mai–juillet

Le plus petit aeschnidé indigène ressemble beaucoup à l'æschne isocèle, avec laquelle il cohabite souvent. L'æschne velue se distingue de toutes les autres espèces de sa famille par ses poils bien visibles, en particulier sur le thorax. Généralement, le mâle ne vole pas aussi longtemps que les autres aeschnidés et il reste volontiers posé plus longtemps. La larve a de très petits yeux en forme de bouton et un corps dont le dessous est aplati, presque creusé. Grâce à cette particularité, elle peut se caler étroitement sur les tiges des plantes ou les bouts de bois flottants.

Répartition Surtout sur les berges bordées de roselières des eaux dormantes, en zones alluviales, en particulier en plaine. Peu commune.
Photo ci-dessus: femelle.

> Plus petit aeschnidé.
> Corps nettement poilu.
> Eaux riches en roseaux des zones alluviales.

Mâle

tandem d'accouplement

appendices assez longs

partie postérieure de l'abdomen mouchetée de bleu

larve d'æschne velue

Cordulégastre annelé
Cordulegaster boltonii (cordulégastridés)
E 85–95 mm, juin–août

Répartition Seulement près des cours d'eau étroits, souvent de minuscules ruisseaux; assez rare.

> Abdomen avec 2 raies jaunes.
> Yeux vert vif.
> Souvent sur des ruisselets.

Les mâles volent assidûment au-dessus des eaux où ils vivent, en montant et en descendant, mais ils finissent toujours par revenir à un perchoir. Les femelles possèdent un ovipositeur en forme d'épée qui dépasse de l'abdomen et grâce auquel elles pondent dans l'eau au cours d'un vol saccadé, en tendant l'abdomen vers le bas. Les œufs tombent ensuite sur le fond de l'eau. La larve allongée a une tête cubique et de très petits yeux en forme de bouton. Elle se développe en plusieurs années.

larve de cordulégastre annelé

yeux verts, qui ne se rejoignent qu'en un point

Mâle

un seul anneau jaune par segment sur l'abdomen

2 anneaux jaunes (un large, un étroit) sur les segments de l'abdomen

Le cordulégastre bidenté (*Cordulegaster bidentatus*) vit le long de ruisseaux très étroits, en particulier ceux avec des formations de tuf calcaire. Il a un seul anneau jaune sur les segments de l'abdomen.

Gomphe à pattes noires
Gomphus vulgatissimus (gomphidés)
E 60–70 mm, mai–juillet

Répartition Cours d'eau propres, souvent étroits; en montagne, aussi près des lacs. Autrefois commun en beaucoup d'endroits, mais devenu rare presque partout.

> Abdomen anguleux chez le mâle.
> Pattes toutes noires.
> Sur ruisseaux propres.

Cette libellule, dont le mâle est jaune verdâtre et la femelle jaune, possède des yeux distinctement séparés l'un de l'autre, comme tous les gomphidés, mais à l'inverse des autres grandes libellules. Cependant, la distance qui les sépare est un peu inférieure au diamètre oculaire. La larve est assez large, mais en même temps, très plate. Ses antennes sont courtes et en forme de crosse. Elle passe le plus souvent la journée enterrée dans le fond sablonneux de l'eau et ne sort de sa cache qu'à la nuit pour capturer des proies.

larve de gomphe à pattes noires

Femelle

yeux séparés

pattes entièrement noires

abdomen élargi en coin

Mâle

Onychogomphe à pinces
Onychogomphus forcipatus (gomphidés)
E 55–70 mm, juin-août

Les mâles de cette espèce sont bien caractérisés par leurs grands appendices abdominaux en pince. Les marques claires sont jaune verdâtre chez la race d'Europe centrale (sous-espèce *forcipatus*) et jaune pur chez celle de Méditerranée (ssp. *unguiculatus*). La larve est gauche et elle n'est pas aussi aplatie que celle du gomphe à pattes noires; en outre, les fourreaux de ses ailes sont dirigés de côté.

Répartition *Eaux propres des ruisseaux rocheux et étangs sableux; volontiers sur les écoulements de lacs. Assez rare en Europe centrale et localement commun dans le midi. Photo ci-dessus: femelle de la ssp. unguiculatus*

pattes marquées de jaune

vue de la tête avec les yeux nettement séparés

mâle de la ssp. *forcipatus*

pinces de l'abdomen

> **Grands appendices abdominaux.**
> **Pattes marquées de jaune.**
> **Ruisseaux et plans d'eau.**

larve de l'onychogomphe à pinces

Cordulie bronzée
Cordulia aenea (cordulidés)
E 60–70 mm, mai-août

Les mâles patrouillent longuement sur les berges et cherchent activement les femelles. Pour la ponte, celles-ci se tiennent le plus souvent cachées dans les bandes de roseaux. Elles lâchent les œufs dans l'eau par des mouvements de balancement de l'abdomen au cours d'un vol bruyant. La larve a des pattes très longues, presque comme une araignée, et un large abdomen un peu aplati. Sur le dessus des segments de l'abdomen, l'espèce n'a pas d'épines dorsales très prononcées.

Répartition *Petits plans d'eau rocheux et étangs, souvent aussi sur des pisicultures extensives aussi sur les écoulements de lacs. Assez commun.*

> **Corps verdâtre cuivré.**
> **Yeux vert lumineux.**
> **Ne se pose que rarement.**

Mâle

yeux vert lumineux

abdomen élargi en massue avant l'extrémité

La chlorocordulie à taches jaunes (*Somatochlora flavomaculata*) a trois taches jaunes triangulaires sur les côtés de l'abdomen, assez petites chez le mâle (photo), mais bien plus grosses chez la femelle. Elle vit avant tout dans les prés humides en bordure des zones tourbeuses.

larve de cordulie bronzée

Libellule à quatre taches
Libellula quadrimaculata (libellulidés)
E 65–80 mm, mai-août

Répartition *Presque partout fréquente sur les eaux dormantes ; une des libellules les plus communes d'Europe. Photo ci-dessus : mâle fraîchement éclos.*

> *Les deux sexes bruns.*
> *Total de 8 marques noires sur les ailes.*
> *Accouplement en vol.*

L'accouplement a lieu en vol et ne dure que quelques secondes. Puis le couple se sépare et la femelle lâche les œufs dans l'eau tout en volant, et en effectuant des mouvements de balancier avec l'abdomen à la surface de l'eau. Pendant ce temps, le mâle vole le plus souvent à proximité de sa partenaire. Certaines années, cette espèce forme de grands rassemblements migratoires. Comme signe marquant, la larve possède un masque sombre sur le visage, entre les yeux.

mâle âgé en fin de vie

2 taches noires sur la bordure de chaque aile

tache basale noire sur l'aile postérieure

Mâle

bande noire entre les yeux

larve de libellule à quatre taches

Libellule déprimée
Libellula depressa (libellulidés)
E 65–75 mm, mai-août

Répartition *Gravières et autres lieux remués, bassins d'ornement et même autour de minuscules flaques sur les chemins. Assez commune. Photo ci-dessus : femelle.*

> *Abdomen large et aplati.*
> *Mâle bleu clair.*
> *Volontiers près de petites flaques.*

Les mâles utilisent des postes de repos (comme des branches sèches) au bord de l'eau, sur lesquels ils reviennent régulièrement se percher. Comportement d'accouplement et de ponte identique à celui de la libellule à quatre taches et à quelques autres libellules européennes. La larve se terre au fond de l'eau près des rives et se laisse progressivement recouvrir de vase, si bien qu'on devine à peine sa présence. Enfouie dans la vase, elle peut supporter un assèchement assez long de la surface d'eau, souvent minuscule, où elle se trouve.

abdomen large et aplati

tache basale sombre sur chaque paire d'ailes

Mâle au repos

taches latérales jaunes sur l'abdomen

Femelle

larve de libellule déprimée

Orthétrum réticulé

Orthetrum cancellatum (libellulidés)
E 70–80 mm, juin-septembre

Femelle
ligne latérale noire sur l'abdomen

Les mâles se posent de préférence sur le sol sableux ou graveleux des berges. Là, ils étendent volontiers leurs deux pattes avant, de telle sorte qu'ils ne reposent plus que sur quatre pattes. Ils possèdent la même couleur bleue sur l'abdomen que la libellule déprimée. Chez les mâles âgés, elle est cependant délavée car lors de l'accouplement, la femelle gratte cette partie du corps avec ses pattes. La larve ressemble à celle de la libellule déprimée, mais elle a deux rangées de taches sombres triangulaires sur l'abdomen.

Répartition Surtout sur des étangs et petits lacs à berges sableuses ou graveleuses. Pas rare.

> - Comme la libellule déprimée mais plus fin.
> - Ailes sans marques.
> - Volontiers sur les berges graveleuses.

teinté de bleu

Mâle

pas de tache noire à la base des ailes

larve de l'orthétrum réticulé

Le mâle de l'orthétrum brun (*Orthetrum brunneum*) est bleu sur l'ensemble du corps. En Europe tempérée, cette espèce méditerranéenne est surtout présente autour des gravières.

Crocothémis écarlate

Crocothemis erythraea (libellulidés)
E 60–65 mm, mai-octobre

Lors des années chaudes, cette espèce migratrice se déplace du sud de l'Europe jusqu'en Europe tempérée pour s'y reproduire. Au cours des dernières années, les générations successives réussissent de mieux en mieux chez nous et les larves parviennent également à survivre en hiver, si bien que cette espèce s'est désormais installée en Europe tempérée. Tandis que l'adulte ressemble aux *Orthetrum*, même dans la forme du corps, la larve ressemble plus à celle de *Sympetrum*. Comme chez celles-ci, la tête est fortement rétrécie derrière les yeux. Elles n'ont cependant la crête dorsale typique de l'abdomen de la plupart des larves de *Sympetrum*.

Répartition Eaux dormantes ou cours d'eau à faible courant. Avant tout, dans les lieux chauds.

> - Même forme de corps que l'orthétrum.
> - Mâle rouge vif.
> - Libellule migratrice.

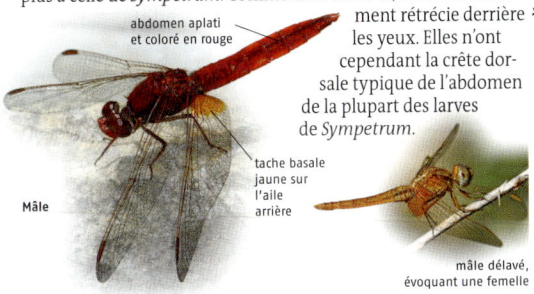

abdomen aplati et coloré en rouge

Mâle

tache basale jaune sur l'aile arrière

mâle délavé, évoquant une femelle

tête rétrécie en arrière des yeux

larve de libellule écarlate

Leucorrhine douteuse

Leucorrhinia dubia (libellulidés)
E 50–60 mm, mai-août

portrait du mâle
avec le front blanc

Répartition *Assez commune dans les eaux tourbeuses, rare en d'autres lieux. Photo ci-dessus : mâle fraîchement éclos.*

> **Front blanc.**
> **Noire avec des marques rouges ou jaunes.**
> **Libellule typique des tourbières.**

La leucorrhine douteuse est une libellule typique de tourbières. Au début du printemps et de l'été, c'est l'une des espèces dominantes en montagne et dans les plaines du nord de l'Europe. Le couple se forme à proximité de l'eau. Après l'accouplement et la séparation du mâle, la femelle revient à l'eau et lâche ses œufs avec des mouvements de balancier de l'abdomen. Les larves éclosent au cours du même été et se développent en deux ans. Comme signe particulier, elle possède sur le dessous de l'abdomen trois bandes longitudinales sombres.

Mâle

larve de leucorrhine douteuse

Femelle

marques rouges sur le thorax

taches rouges sur l'abdomen

Sympétrum commun

Sympetrum vulgatum (libellulidés)
E 50–60 mm, juillet-novembre

Répartition *Presque partout commun sur les eaux dormantes. Photo ci-dessus : femelle.*

> **Abdomen rouge chez le mâle.**
> **Pattes rayées de jaune.**
> **Ponte en tandem.**

longues épines sur les côtés de l'abdomen, à l'arrière

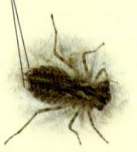

larve de sympétrum commun

Comme chez toutes les libellules, l'accouplement du sympétrum commun a lieu en vol. Pour la ponte, les deux partenaires volent en « tandem » près des berges. La femelle lâche ses œufs dans l'eau en la frappant avec son abdomen, en effectuant des mouvements de balancier. Elle pond aussi sur le sol sec des berges. Les œufs y passent l'hiver et, au printemps suivant, lorsque le niveau d'eau monte après la fonte des neiges, les larves éclosent. Leur développement ne dure que trois mois.

Mâle

abdomen rouge

pattes rayées de jaune

Chez le sympétrum sanguin (*Sympetrum sanguineum*), également commun, les pattes sont toutes noires. Le mâle a l'abdomen d'un rouge intense et le front rouge lumineux.

Sympétrum du Piémont
Sympetrum pedemontanum (libellulidés)
E 45–55 mm, juillet-octobre

Au cours de ces dernières années, cette belle espèce est apparue en différents endroits du nord de l'Europe tempérée où elle n'était pas présente jusqu'alors, puis elle a disparu de certains d'entre eux après quelques années. Quant au dessin sur l'aile, si étonnant en apparence, il s'agit d'un mécanisme spécial de camouflage : lorsque les ailes sont en mouvement, les bandes sombres produisent un effet kaléidoscopique très troublant qui fait facilement perdre la libellule des yeux quand elle vole.

péristigma blanc

Femelle

bande alaire sombre

péristigma rouge

Mâle

Répartition Sablières et gravières surtout, mais aussi le long des fossés et dans les prairies tourbeuses. Rare dans la plupart des régions.

> Facilement reconnu à ses bandes alaires.
> Effet kaléidoscopique des ailes en vol.
> En particulier dans les sablières et gravières.

Sympétrum noir
Sympetrum danae (libellulidés)
E 45–55 mm, juillet-octobre

Les mâles du sympétrum noir sont faciles à identifier grâce à leur couleur d'ensemble noire. Ceux qui sont décolorés ont, comme les femelles, une coloration générale plutôt brun-jaune. Mais le dessous de leur abdomen est noir et les côtés de leur thorax sont pourvus de deux larges bandes noires (bien visibles chez les couples). La larve, gracieuse, n'a que de courtes épines sur le bord des derniers segments de l'abdomen.

Répartition Eaux dormantes peu étendues, riches en végétation aquatique, notamment les tourbières. Commun presque partout.
Photo ci-dessus : tandem d'accouplement.

> Abdomen noir chez le mâle.
> Pattes toutes noires.
> Typique des tourbières.

abdomen noir

pattes entièrement noires

Mâle

abdomen brun-jaune avec des rayures longitudinales foncées

Femelle

larve de sympétrum noir

Blatte orientale
Blatta orientalis (blattidés)
L 19–25 mm, toute l'année

Mâle

Répartition Seulement dans les habitations : vieilles constructions, boulangeries et lieux de restauration. Autrefois fréquente, devenue rare car systématiquement détruite.
Photo ci-dessus : mâle, ailes noires.

> **Couleur de fond noire.**
> **Ailes atrophiées.**
> **Craint la lumière, très vive.**

La blatte (ou cafard) est en général nocturne. Dans la journée, elle se tient le plus souvent cachée, derrière des meubles ou dans les fissures des murs. Très preste, elle se nourrit de déchets et peut devenir extraordinairement gênante lorsqu'elle pullule. L'espèce peut même être vectrice de maladies. Les œufs, au nombre de quinze environ, sont portés par la femelle au bout de son abdomen dans une capsule de 7-10 mm de diamètre, qu'elle dépose au bout de quelques jours. Les larves éclosent après sept-huit semaines.

abdomen dépassant légèrement entre les ailes, brunes ou noires

corps large et aplati — moignons d'ailes

Femelle

ailes presque aussi longues que l'abdomen

2 bandes foncées

La blatte germanique (*Blattella germanica*), brun clair, a des ailes plus longues et deux bandes foncées sur le pronotum. Elle constitue aussi une vermine ennuyeuse dans des maisons.

Blatte sylvestre
Ectobius sylvestris (blattidés)
L 7–11 mm, mai-septembre

Femelle

Répartition Avant tout, en lisière de forêts ; ne pénètre pas dans les habitations. Commune presque partout.

> **Carapace du cou noire, à bordure claire.**
> **Les mâles peuvent voler.**
> **Se trouve seulement dans la nature.**

Ces prestes animaux se tiennent de préférence sur des buissons bas et sont aussi actifs de jour. Alors que la femelle a des ailes très courtes qui atteignent à peine le milieu de l'abdomen, le mâle a de longues ailes et il est parfaitement capable de voler. Cette espèce de blatte qui vit en pleine nature est un herbivore inoffensif. Elle ne se manifeste jamais comme une vermine.

ailes très raccourcies

carapace du cou noire, avec une bordure claire marquée

ailes atteignant le bout de l'abdomen

La blatte forestière ambrée (*Ectobius vittiventris*), en expansion récente dans le sud de l'Allemagne, est de couleur brun-jaune et se trouve principalement dans les habitations, mais elle n'y cause aucun dégât notable.

Mâle

Forficule (perce-oreille)
Forficula auricularia (forficulidés)
L 10–16 mm, toute l'année

L'espèce se nourrit aussi bien de parties de plantes tendres que de petits insectes, tels que des pucerons. On considère donc que c'est un auxiliaire de lutte contre les parasites. Les œufs sont déposés dans un trou du sol et sont nettoyés par la femelle, qui élimine la moisissure par exemple. Les larves sortent de la cavité de nidification pour se nourrir, mais elles s'y réfugient encore longtemps. À sa mort, la femelle sert de source de nourriture supplémentaire aux jeunes.

Femelle

Mâle

cerques presque droits

Chez la forficule à courtes ailes (*Apterygida media*), un peu plus petite, les ailes postérieures sont totalement cachées sous les élytres.

ailes postérieures dépassant légèrement des élytres

cerques très arqués et dentés à l'intérieur

Répartition *En forêt et dans les zones ouvertes, ainsi que dans les jardins. Partout commune.*

> Chez le mâle, cerques très arqués.
> Chez la femelle, cerques presque droits.
> La femelle protège sa ponte.

Termite
Reticulitermes lucifugus (rhinotermitidés)
L 2–9 mm, toute l'année

Ces animaux se nourrissent de bois mort, qu'ils peuvent digérer grâce aux organismes unicellulaires présents dans leur intestin. Leurs nids sont situés sur le sol ou sous terre. Les ouvriers et les soldats à tête hypertrophiée sont des larves qui n'atteignent jamais le stade adulte. D'autres larves se développent au printemps pour donner des individus sexués et ailés, qui quittent le nid lorsque le temps du vol nuptial est arrivé. Puis, ils perdent leurs ailes et fondent, en tant que roi ou reine, une nouvelle termitière.

ouvriers

individus sexués ailés, juste avant l'envol nuptial

soldats (tête hypertrophiée)

Répartition *Sous les pierres et dans le bois mort en région méditerranéenne, principalement dans les régions boisées. Largement réparti ; introduit d'Amérique du Nord.*

> Ouvriers blancs et très petits.
> Soldats avec une grosse tête jaune.
> Individus sexués sombres, avec de longues ailes étroites.

Mante religieuse
Mantis religiosa (mantidés)
45–75 mm, août-novembre

Répartition *Lieux très chauds, secs et ensoleillés. Commune en zone méditerranéenne, uniquement dans les lieux les plus chauds au nord des Alpes, par exemple en plaine du Rhin.*

> Verte, brune ou jaune.
> Bras de capture épineux.
> Seulement dans des endroits très chauds.

Le plus souvent cachée près du sol, elle guette ses proies (mouches, criquets, etc.), qu'elle saisit avec la vitesse de l'éclair et maintient serrées entre les deux premiers articles des pattes avant. En cas de danger, la mante prend parfois une attitude menaçante, pattes ravisseuses et ailes tenues écartées. Elle pond sur des branches ou des pierres, dans un cocon brunâtre constitué d'une sécrétion écumeuse qui durcit au bout d'un certain temps.

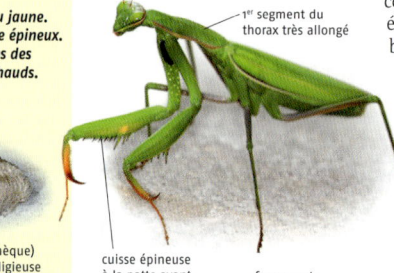

rare forme jaune en position de menace

1er segment du thorax très allongé

forme brune mangeant un criquet

ponte (oothèque) de mante religieuse

cuisse épineuse à la patte avant

forme verte

Mante décolorée
Ameles decolor (mantidés)
L 20–27 mm, août-octobre

Répartition *En région méditerranéenne, où elle est presque partout commune dans les lieux secs et herbeux. Absente d'Europe centrale.*

> Femelle avec seulement des moignons d'ailes.
> Mâle très fin et avec de longues ailes.
> Très bien camouflée dans la végétation.

Cette petite mante grise ou jaune est très difficile à voir dans la végétation méditerranéenne, en tout cas, tant qu'elle ne bouge pas. En raison de ses courtes ailes, la femelle est facilement confondue avec une larve de mante religieuse, tandis que le mâle, très fin, se reconnaît bien comme animal adulte grâce à ses longues ailes atteignant le bout de l'abdomen. Contrairement à la femelle, il est tout à fait apte au vol.

Chez l'espèce proche *Ameles spallanziana*, la moitié postérieure de l'abdomen est tenue fortement relevée vers le haut. Elle peut aussi être de coloration verte ou vert-brun.

ailes très courtes

abdomen tenu droit

Femelle

Embioptère

Embia tyrrhenica (embidés)
L 8–14 mm, toute l'année

Dans le premier segment de la patte avant, élargi en vésicules, se trouvent des glandes qui permettent de tisser des fils blancs tendres. Les parois des galeries souterraines où vivent ces animaux, d'environ 5 mm de diamètre, sont recouvertes d'un tissage ramifié qui se poursuit jusqu'à la surface du sol, sous des pierres. Par temps pas trop sec, lorsque l'on soulève les pierres, on peut y trouver ces insectes qui fuient cependant rapidement pour se réfugier dans les galeries. Ils se nourrissent, en général, de feuilles tombées au sol. Les mâles de certaines espèces sont ailés.

embioptère dans une galerie tissée

1er segment de la patte avant élargi en vésicules

Répartition Assez commun en zone méditerranéenne, surtout dans les lieux secs et ensoleillés. Absent d'Europe centrale.

> Très fin, les pattes avant élargies en vésicules.
> Vit dans des galeries recouvertes d'un tissage.
> Ne circule que rarement à l'air libre.

corps très étroit et allongé

2 segments au bout de l'abdomen

réseau de galeries tissées sous une pierre

Phasme de Rossi

Bacillus rossius (bacillidés)
L 50–100 mm, mai-octobre

pattes arrière à peu près au milieu du corps

Grâce à son excellent camouflage, ce fantôme de couleur verte, brun-jaune ou grise, presque invisible dans les broussailles, ne peut être repéré qu'au moment où il se déplace ou s'il s'arrête sur un fond qui ne le camoufle plus. Mais, comme il a l'habitude de se déplacer en balançant légèrement le corps, il est le plus souvent confondu avec une branche se balançant au vent. Il y en a plusieurs espèces très semblables dans la région méditerranéenne, qui se différencient par le nombre de segments aux antennes.

Répartition Régions broussailleuses, dans toute la zone méditerranéenne. Répandu et le plus souvent, assez commun.

> Corps fin, en forme de brindille.
> 20-25 segments aux antennes.
> Presque invisible sur les buissons.

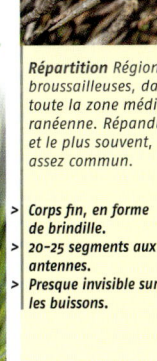

antenne avec 20-25 segments

corps très fin, en forme de brindille

extrémité avant d'un phasme

Méconème tambourinaire
Meconema thalassinum (tettigonidés)
L 12–15 mm, juillet-novembre

Répartition *Principalement sur les chênes, mais aussi sur d'autres feuillus. Régulier dans les jardins. Partout assez commun.*
Photo ci-dessus : mâle.

> Gracile et vert clair.
> Femelle avec un long ovipositeur.
> Chant en «roulement de tambour».

Cette espèce nocturne passe le plus souvent la journée sur la face inférieure des feuilles de chêne. Elle se nourrit exclusivement d'autres insectes à téguments mous, tels que des chenilles et des pucerons. Le mâle tambourine dans l'obscurité, en tapant sur une feuille avec ses pattes postérieures ce qui produit un faible ronronnement. Ce son attire la femelle prête à l'accouplement. Ensuite, elle pond (en partie au cours des nuits de novembre, déjà bien froides) dans l'écorce fissurée des chênes à l'aide de son long ovipositeur.

aile plutôt courte

long ovipositeur en forme de sabre

Le méconème fragile (*Meconema meridionale*), méditerranéen, n'a qu'une amorce d'aile d'1 mm et peut facilement être pris pour une larve. Il peut être aussi bien vert que vert-brun. Il s'est beaucoup répandu en Europe tempérée ces dernières années.

Femelle

42

Leptophye ponctuée
Leptophyes punctatissima (tettigonidés)
L 10–17 mm, juillet-octobre

Répartition *Lisières et broussailles ensoleillées, régulièrement aussi dans les jardins et parcs. Elle s'est beaucoup répandue ces dernières années.*

> Très gracieux avec des ailes atrophiées.
> Femelle avec un long ovipositeur.
> Chant semblable à un «roulement de tambour».

Cette espèce très petite et gracieuse, ressemblant à une larve de sauterelle, vit dans les espaces ouverts et se nourrit presque exclusivement de parties tendres de plantes. Le mâle produit des sons courts, à peine audibles (surtout dans la gamme des ultrasons), avec ses bouts d'ailes atrophiées. La femelle qui a été attirée monte sur le dos du mâle et se fait déposer par celui-ci, sous la pointe d'abdomen, un spermatophore gélatineux. Plus tard, elle dépose ses œufs dans des fentes d'écorce.

portrait du mâle

ouverture ovale de l'organe auditif

aile atrophiée

bande longitudinale brune sur l'abdomen

Femelle ovipositeur en forme de sabre

Mâle

Phanéroptère commun

Phaneroptera falcata (tettigonidés)
L 12–18 mm, août-octobre

Cette espèce élancée, à longues ailes, a un régime végétarien. Quand le soleil brille, elle est très active et vole sur de grandes distances lorsqu'elle est dérangée. La femelle possède un ovipositeur très court et réduit, incurvé vers le haut. Pour la ponte, elle mord le bord d'une feuille, puis elle replie totalement son abdomen, le dirige vers l'avant, glisse son ovipositeur entre ses deux mandibules supérieures et dépose un œuf dans le tissu de la plante. La forme très plate de celui-ci permet de le loger dans l'épaisseur du limbe.

Femelle

ailes postérieures plus longues que les antérieures

court ovipositeur en forme de faux

Répartition Surtout sur les lisières ensoleillées et dans les lieux broussailleux secs, de préférence dans les régions chaudes. S'étend actuellement dans les régions plus fraîches. Photo ci-dessus : mâle.

> Sauterelle très gracile, à longues ailes.
> Ailes postérieures plus longues que les antérieures.
> Endroits secs et chauds.

larve de phanéroptère commun

Barbitiste des bois

Barbitistes serricauda (tettigonidés)
L 15–20 mm, juillet-septembre

Cette sauterelle à courtes ailes a une couleur de fond verte, avec des marques brun-rouge et jaunâtre. La caractéristique la plus frappante est cependant les cerques brun-rouge, arqués en forme de « S ». La femelle, assez uniformément verte et ponctuée de sombre, possède un ovipositeur relativement droit, incurvé vers le haut à son extrémité, qui est denté dessus et dessous.

Femelle — ovipositeur en forme de sabre denté

cerques de l'abdomen en forme de «S»

ailes aussi longues que le pronotum, jaunes sur le bord

Répartition Buissons des lisières ensoleillées, principalement en montagne. Dans l'ensemble, pas rare.

> Chez le mâle, cerques en forme de «S».
> Chez la femelle, ovipositeur en forme de sabre denté.
> Ailes à peu près aussi longues que le pronotum.

Le mâle de barbitiste des conifères (*Barbitistes constrictus*), semblable, est bien plus sombre, avec deux bandes longitudinales claires sur les côtés de l'abdomen. L'espèce préfère les bois de conifères et on la trouve surtout en Europe de l'Est.

Mâle

larve de barbitiste des bois

Sauterelle verte
Tettigonia viridissima (tettigonidés)
L 28–42 mm, juillet-octobre

Répartition Espaces cultivés, pelouses sèches ou lisières forestières. Commune partout, mais évite les zones humides.
Photo ci-dessus : femelle de la rare variante jaune.

> Ailes très longues.
> Chant aigu très sonore.
> Préfère les endroits secs.

Cette grande sauterelle se nourrit surtout d'autres insectes, beaucoup moins de végétaux. Elle vole très bien et elle est active aussi bien de jour que de nuit. Le chant saccadé et sonore, un peu bredouillé, est émis par le mâle du milieu de journée jusque tard dans la nuit. Lors de la ponte, la femelle introduit les œufs dans la terre grâce à son ovipositeur presque aussi long que le corps. Ce n'est qu'au bout d'un an et demi au moins, mais le plus souvent cinq ans plus tard que les larves éclosent.

larve de sauterelle verte

Mâle

ailes bien plus longues que l'abdomen

Chez la sauterelle cymbalière (*Tettigonia cantans*), qui vit surtout dans les prairies humides et en montagne, les ailes sont à peine plus longues que l'abdomen, et l'ovipositeur de la femelle les dépasse largement.

44

Dectique verte
Decticus verrucivorus (tettigonidés)
L 24–44 mm, juin-octobre

Répartition Lieux secs à végétation rase, particulièrement en montagne, mais aussi dans des landes à bruyères par exemple. Devenue rare en de nombreux endroits.
Photo ci-dessus : mâle.

> Apparence maladroite.
> Ailes le plus souvent mouchetées de sombre.
> Se tient au sol.

La dectique verte, d'allure maladroite, se tient de préférence au sol ou dans la végétation basse. La coloration de l'espèce est extrêmement variable depuis le vert clair lumineux et le brun jaune, jusqu'à des variétés presque noires. Les mouchetures noires des ailes peuvent accidentellement manquer. Le chant, composé d'un seul son répété en séries rapides cliquetantes, est très caractéristique.

tête de la dectique verte

ouverture en fente de l'organe auditif

ailes le plus souvent mouchetées de sombre

ailes à peine plus longues que l'abdomen

ovipositeur en forme de sabre

Femelle

larve de dectique verte

Decticelle cendrée
Pholidoptera griseoaptera (tettigonidés)
L 13–18 mm, juillet-octobre

Cette espèce se tient en général dans les broussailles. Le chant du mâle se compose de sons uniques, brefs et stridents. Ils sont forts, comme chez presque tous les ensifères (sauterelles à longues antennes), bien que, chez la decticelle, ils soient produits par des ailes courtes : c'est grâce au pronotum élargi, qui fonctionne comme une caisse de résonance en étant situé juste derrière le pavillon.

Répartition *Lisières de forêts et broussailles. Commune partout en Europe tempérée.*

> *Couleur brune.*
> *Moignons d'ailes.*
> *Chant : courtes notes aiguës.*

Femelle — étroite bande claire sur le pronotum ; minuscules ailes

Mâle — ailes presque aussi longues que le pronotum

ovipositeur relativement court et fortement recourbé

Decticelle bariolée
Metrioptera roeseli (tettigonidés)
L 14–18 mm, juillet-octobre

Les ailes de cette petite sauterelle atteignent normalement environ le milieu de l'abdomen. Occasionnellement cependant, lors de fortes augmentations locales de populations, des exemplaires à ailes complètement développées et aptes au vol apparaissent. Des tests en laboratoire, appliqués à d'autres espèces de sauterelles à ailes courtes, ont montré que l'apparition de telles formes ailées est stimulée par le stress engendré chez les individus serrés les uns contre les autres, comme dans les groupes denses.

Répartition *Espaces ouverts de toutes sortes. Une des sauterelles les plus communes de nos régions. Photo ci-dessus : femelle.*

> *Couleur brune ou verte.*
> *Bordure jaunâtre au pronotum.*
> *Chant : stridulation douce.*

ailes environ jusqu'au milieu de l'abdomen
pronotum bordé de clair

femelle avec des ailes entièrement développées

Mâle

Éphippigère des vignes
Ephippigera ephippiger (tettigonidés)
L 22–30 mm, août-octobre

Répartition Très rare en Europe centrale et seulement dans les régions les plus chaudes (par exemple, en Alsace et dans la vallée de la Moselle). Plus commune en Europe du Sud-Est.

> Pronotum transformé en « mégaphone ».
> Ailes en partie cachées sous le pronotum.
> Uniquement dans les régions très chaudes.

Cette espèce de coloration très variable (vert clair, vert olive, jaunâtre ou bleu-vert) a une nuque noire, mais en grande partie cachée sous le pronotum. Avec ses minuscules ailes, elle peut produire des sons forts et assez stridents, grâce à la moitié postérieure du pronotum évasée en forme de cors qui agit comme un mégaphone. Le chant se compose de courts sons doubles, qui peuvent être retranscrits par « *tsi-schipp* » et qui sont aussi émis par la femelle. La nourriture se compose de végétaux et d'animaux.

Chez l'éphippigère des Balkans (*Ephippiger discoidalis*), les ailes sont noires tachetées de blanc et la nuque est rouge. En Suisse et dans le sud de l'Europe, il existe d'autres espèces qui ressemblent beaucoup à l'éphippigère des vignes.

Magicienne dentelée
Saga pedo (tettigonidés)
L 53–75 mm, août-octobre

Répartition Répandue en zone méditerranéenne, très rare en Europe centrale et seulement dans les régions très chaudes (par exemple le Burgenland autrichien et le delta du Rhône en Suisse).

> La plus grande sauterelle d'Europe tempérée.
> Dépourvue d'ailes.
> Presque uniquement des femelles.

Cette espèce est la plus grande sauterelle d'Europe tempérée. On n'observe pratiquement que des femelles (à ce jour, qu'un seul mâle observé en Europe centrale). Elle se tient le plus souvent à l'affût dans l'herbe, pattes écartées sans bouger ou dans de grandes plantes. Elle saisit vivement les proies qui se présentent (surtout des sauterelles), avec ses pattes antérieures et médianes fortement dentées. De jour, on l'observe plutôt par temps frais et quand il fait très chaud, elle est nocturne. Dans le sud de l'Europe, on trouve plusieurs espèces qui se ressemblent.

larve de magicienne dentelée

Conocéphale gracieux

Ruspolia nitidula (tettigonidés)
L 20–29 mm, août-octobre

Le grand conocéphale gracieux est principalement vert clair, plus rarement brunâtre ou rougeâtre. Son front fait un angle d'environ 45 degrés avec le dessus de la tête, formant un angle aigu prononcé. Le chant est une forte stridulation aiguë, dans laquelle sont intégrés à intervalles réguliers des sons aigus proches d'ultrasons.

Répartition *Prairies humides, mais aussi prés secs dans le sud de l'Europe. Très rare en Europe centrale et seulement dans les lieux chauds (par exemple le lac de Constance); commun dans le sud.*

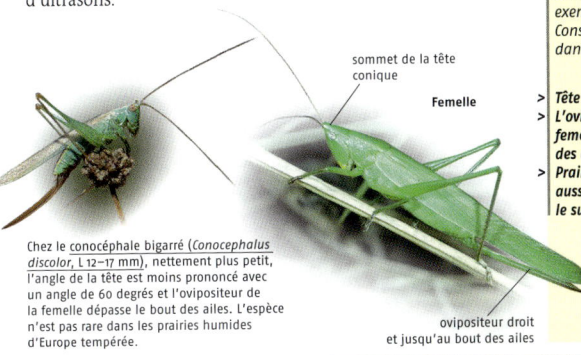

sommet de la tête conique

Femelle

ovipositeur droit et jusqu'au bout des ailes

Chez le conocéphale bigarré (*Conocephalus discolor*, L 12–17 mm), nettement plus petit, l'angle de la tête est moins prononcé avec un angle de 60 degrés et l'ovipositeur de la femelle dépasse le bout des ailes. L'espèce n'est pas rare dans les prairies humides d'Europe tempérée.

> Tête conique pointue.
> L'ovipositeur de la femelle atteint le bout des ailes.
> Prairies humides, mais aussi lieux secs dans le sud.

Sauterelle cavernicole

Troglophilus sp. (rhaphidophoridés)
15–25 mm, toute l'année

Pour une vie dans l'obscurité, les sauterelles cavernicoles du genre Troglophilus sont équipées d'antennes particulièrement longues et de cerques poilus et filiformes. Elles sont dépourvues d'yeux et d'organes auditifs. À l'accouplement, comme chez tous les ensifères (sauterelles à longues antennes), le mâle fixe sur l'orifice génital de la femelle un spermatophore gélatineux contenant le sperme. Les différentes espèces sont difficiles à distinguer.

Répartition *Grottes et galeries d'Europe du Sud-Est; quelques espèces en Europe du Sud et une seule plus au nord. En outre, dans des forêts sous le tapis de feuilles ou dans des éboulis de pierres.*
Photo ci-dessus: mâle.

fines marbrures sombres
pas d'ailes
spermatophore
long ovipositeur, faiblement arqué
femelle peu après l'accouplement

La sauterelle des serres (*Tachycines asynamorus*), très proche des sauterelles cavernicoles, ne vit chez nous que dans des serres. Il a des bandes sombres transversales sur le corps et les pattes.

> Antennes étonnamment longues.
> Couleur brune avec de fines marbrures foncées.
> Cavités et autres lieux sombres.

Grillon champêtre
Gryllus campestris (gryllidés)
L 20–26 mm, mai-août

Répartition Terrains ouverts à herbe rase, notamment en montagne. Plus commun dans le sud de l'Europe tempérée que dans le nord.

> *Noir avec des marques jaunes aux ailes.*
> *Se cache dans un terrier.*
> *Chant mélodieux.*

Ce grillon est généralement actif de jour. En cas de danger, il se réfugie dans une galerie du diamètre d'un doigt, qu'il a creusée lui-même. Lorsqu'il n'y a plus de danger, le mâle se place à l'entrée de son trou et émet un long chant mélodieux, assez fort, composé de courtes strophes bourdonnantes. De cette façon, il attire les femelles, mais aussi d'autres mâles qui sont combattus avec acharnement pour être écartés.

couple à l'entrée de son trou

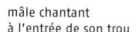

ailes légèrement soulevées pendant le chant

grosse tête toute noire

larve de grillon champêtre

mâle chantant à l'entrée de son trou

48

Grillon domestique
Acheta domesticus (gryllidés)
L 16–20 mm, toute l'année

Répartition Lieux chauds des habitations, surtout dans les vieilles maisons et les restaurants. Photo ci-dessus : mâle.

> *Coloration brune.*
> *Seulement dans les habitations.*
> *Chante de nuit.*

Le grillon domestique a de longues ailes postérieures, qui sont enroulées ensemble à leur extrémité et qui sont nettement plus longues que les ailes antérieures et l'abdomen. Chez la femelle, l'ovipositeur en forme de pique dépasse les ailes. L'espèce est surtout active de nuit. Elle résiste à tous les moyens de lutte et peut constituer une gêne en dégradant les réserves alimentaires des habitations, surtout dans les restaurants et boulangeries. Le mâle produit un chant harmonieux, qui rappelle celui d'une sauterelle, mais en plus irrégulier.

Femelle

pointes jointives des ailes postérieures

long ovipositeur

larve de grillon domestique

Grillon d'Italie

Oecanthus pellucens (gryllidés)
L 9–15 mm, août-octobre

Ce grillon tout à fait gracieux émet, avant tout de nuit, un chant très fort et très mélodieux, qu'on imagine mal provenir d'un animal aussi fluet. Il peut être retranscrit « zrrüü » et il est perceptible à environ 50 m. Il fait partie de l'ambiance sonore classique des chaudes nuits d'arrière-saison du midi. Lors de l'accouplement, le mâle présente à la femelle une glande odorante située sur le dessus de son abdomen. Les œufs sont pondus dans des tiges de plantes.

antennes très longues

Mâle

ovipositeur à peu près aussi long que les cerques

ailes plus longues que l'abdomen

Répartition *Dans les broussailles et hautes herbes des lieux chauds. En Europe tempérée, surtout dans les vignobles; commun dans les régions méditerranéennes.*

> *Très gracile et de couleur brun-jaune clair.*
> *Chant nocturne fort et musical.*
> *Uniquement dans les régions chaudes.*

Courtilière commune

Gryllotalpa gryllotalpa (gryllotalpidés)
L 35–50 mm, toute l'année

vue de face

La courtilière ne peut être confondue avec aucune espèce d'orthoptère de nos régions. Elle peut vivre trois ans. Elle s'enfonce dans un terrier du diamètre d'un doigt à peu près et dont une partie se trouve juste sous la surface du sol, si bien que le dessus se voûte en forme de tunnel. Elle se nourrit de larves d'insectes et de racines de plantes. Dans les jardins, elle peut provoquer des dégâts. Le chant est un long trille continu, produit surtout le soir en mai-juin. Au printemps, la femelle dépose ses œufs dans un grand trou creusé dans le sol.

Répartition *Dans des sols humides, sableux, limoneux ou tourbeux; volontiers sur les berges près de l'eau et dans les jardins. Localement très commune, bien que devenue rare en beaucoup d'endroits. Photo ci-dessus: femelle surveillant ses œufs.*

ailes postérieures enroulées ensemble à leur extrémité

pattes antérieures élargies en pelle

patte fouisseuse de la courtilière des jardins

> *Pattes antérieures élargies en pelle.*
> *Vit dans des galeries souterraines.*
> *Chant bourdonnant.*

Criquet égyptien
Anacridium aegypticum (catantopidés)
L 30–70 mm, septembre-mai

Répartition En région méditerranéenne, assez commun au printemps ; parfois transporté en Europe tempérée avec des fruits et des légumes du sud.

> Le plus grand des catantopidés d'Europe.
> Yeux rayés de sombre.
> Vole sur de longues distances.

Ce criquet de grande taille est très farouche et particulièrement apte au vol. S'il est dérangé, il peut voler sur une longue distance et il n'est pas rare qu'il soit alors confondu avec un oiseau. Comme tous les catantopidés, il possède de petites excroissances en forme de verrues entre les hanches des pattes antérieures. La couleur des individus adultes varie du brun-gris au brun-rouge ; les yeux sont brun clair et rayés verticalement de sombre. Au contraire, les larves sont vert clair.

3 sillons perpendiculaires sur le pronotum
tête du criquet égyptien
ailes un peu plus longues que le corps
œil rayé de sombre
pattes postérieures blanc bleuté

larve de criquet égyptien

50

Criquet italien
Calliptamus italicus (catantopidés)
L 15–34 mm, juillet-octobre

Répartition Très commun en région méditerranéenne ; en Europe tempérée, seulement dans les lieux chauds à végétation maigre, par exemple dans la vallée du Rhin. Photo ci-dessus : femelle en vol.

> Brun avec ailes rosées à la base.
> Uniquement dans les régions sèches.
> Stridule avec les pièces buccales.

Les mâles chantent très activement dès qu'ils rencontrent un congénère. Les sons ne portent qu'à 50 cm environ et ne sont pas produits avec les pattes ni les ailes, mais avec les pièces buccales comme chez tous les catantopidés. On peut comparer ce chant à un « grincement » de dents. Son émission s'accompagne de mouvements spasmodiques des antennes, des palpes et des pattes postérieures.

œil rayé de sombre
tête du criquet italien

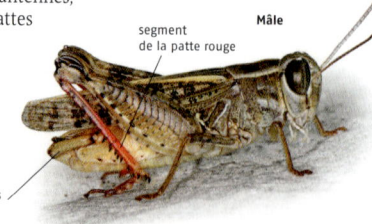

Mâle
segment de la patte rouge
grands cerques abdominaux

Miramelle alpestre
Miramella alpina (catantopidés)
L 16–31 mm, juillet-septembre

Ce catantopidé à ailes réduites est vivement coloré en vert. Il peut occasionnellement être presque noir. Il est souvent abondant en montagne, du Piémont jusqu'à une altitude moyenne. Les individus se tiennent volontiers sur des feuilles de pétasites qui leur servent de nourriture. La longueur des ailes varie beaucoup : en général, les individus qui vivent en haute altitude ont les ailes les plus courtes ; à l'inverse, ceux de basse altitude ont de longues ailes (jusqu'à plus de la moitié de l'abdomen). Sur la larve, l'orifice ovale de l'organe auditif est bien visible.

Répartition Montagne, jusqu'à 3 000 m : Alpes, Préalpes, Forêt-Noire, etc. ; de préférence dans les lieux humides, mais aussi lieux plus secs en altitude. Photo ci-dessus : femelle.

bandes noires

ailes très réduites

> Vert vif avec des marques noires.
> Ailes le plus souvent réduites.
> En montagne, surtout dans les lieux humides.

orifice auditif ovale

Mâle

tête du mâle

larve de miramelle alpestre

Miramelle des moraines
Podisma pedestris (catantopidés)
L 17–30 mm, juin-octobre

Femelle

La miramelle des moraines vit dans des lieux plus secs que la miramelle alpestre, mais les deux peuvent se côtoyer dans les montagnes de haute altitude. Chaque sexe émet un son peu sonore, comme froissé, avec les pièces buccales. On l'entend notamment lorsqu'on les prend en main. La parade autour de la femelle consiste en une démarche lente, accompagnée d'un balancement du corps.

Répartition Clairières sèches colonisées par la bruyère, prés et alpages jusqu'à environ 2 600 m d'altitude. Très rare dans quelques montagnes basses (par exemple, Jura), plus fréquent dans les Alpes (surtout centrales). Photo ci-dessus : femelle.

bandes transversales noires sur l'abdomen

dessous du fémur postérieur rouge

> Teinte de fond brunâtre.
> Dessins multicolores chez le mâle.
> En montagne, plutôt dans les lieux secs.

La miramelle des frimas (*Melanoplus frigidus*) vit dans les Alpes, surtout entre 2 000 et 2 700 m d'altitude. Elle est de coloration différente (jaunâtre, vert-gris ou rougeâtre), avec des dessins noir et blanc contrastés sur les côtés du corps.

tibia postérieur bleu clair

Mâle

Tétrix riverain
Tetrix subulata (tétrigidés)
L 7–12 mm, toute l'année

Répartition Régions humides, surtout sur les berges des eaux. Partout assez commun. Photo ci-dessus : la forme rare à rostre court.

> Pronotum prolongé par un rostre allongé.
> Dans les zones humides.
> N'émet aucun son.

Les tétrix sont des criquets de taille relativement petite, chez lesquels le pronotum se prolonge par un long rostre jusqu'à l'extrémité de l'abdomen et au-delà. Chez le tétrix riverain, ce rostre va bien au-delà de l'abdomen. Mais il existe aussi une forme à rostre court, dont la longueur le dépasse à peine. Ce criquet se nourrit en général de mousses et de lichens.
La parade s'effectue en silence et consiste en des mouvements « pantomimiques » du corps.

Chez le tétrix forestier (*Tetrix undulata*), le rostre du pronotum est nettement bombé dessus et il atteint les articulations des pattes postérieures.

ailes antérieures réduites

ailes postérieures atteignant à peu près l'extrémité du rostre

le rostre se prolonge bien au-delà de l'abdomen

forme à rostre long

Criquet hérisson
Prionotropis hystrix (pamphagidés)
L 30–54 mm, juin-août

Répartition Régions très sèches et rocheuses de la côte adriatique est (là, localement commun) et dans les Alpes-Maritimes en France. Absent en Europe centrale. Photo ci-dessus : femelle camouflée.

> Grand criquet trapu, à antennes courtes.
> Crête du pronotum avec 2 encoches.
> Nuque orange ou jaune.

Ce grand criquet gauche, à antennes courtes, possède une crête médiane saillante sur le pronotum, entaillée de deux incisions obliques. Sa coloration oscille entre le brun, le gris et l'ocre. Sa nuque est orange ou jaune. Comme il effectue des mouvements lents, il passe facilement inaperçu dans les zones rocheuses, grâce à sa coloration mimétique. On sait encore peu de chose de son mode de vie. Chez une espèce parente, il a été établi que seules les femelles non accouplées émettent des sons, qu'elles produisent par de rapides mouvements rotatifs des ailes.

larve de criquet hérisson

crête saillante, avec 2 incisions obliques

accouplement

Mâle

tibia de la patte postérieure « denté »

Criquet migrateur
Locusta migratoria (acrididés)
L 32–54 mm, juin-avril

Ce grand criquet à antennes courtes existe sous deux formes, qui s'individualisent en fonction des conditions de croissance, et qui sont pour cette raison appelées « phases ». Les individus de la phase sédentaire sont le plus souvent verts, plus rarement teintés de brun, avec les tibias des pattes postérieures rouges et la crête du pronotum assez saillante, avec un sillon transversal. La phase migratrice apparaît après une forte augmentation du nombre d'individus, qui crée des conditions de stress. De teinte brun-jaune, elle a le tibia des pattes postérieures jaunâtre terne et une crête atténuée sur le pronotum.

crête du pronotum pourvue d'un sillon perpendiculaire

ailes tachées de clair et de sombre

tibia rouge

mâle brun de la phase sédentaire

femelle de la phase sédentaire

Répartition Fréquent dans les zones humides sableuses, dans les terrains vagues et les zones de culture. Assez commun en zone méditerranéenne, disparu d'Europe centrale. Photo ci-dessus : femelle de la forme migratrice.

> Grand criquet, le plus souvent vert.
> Chez la forme normale, tibia de la patte postérieure rouge.
> Formait des groupes migrateurs en Europe.

53

Criquet à long nez
Acrida ungarica (acrididés)
L 30–60 mm, juillet-octobre

antennes élargies à la base

mandibule supérieure

tête

Le criquet à long nez est caractérisé par son corps allongé, presque en forme de tringle, et sa tête de forme cocasse. Elle s'allonge comme un nez, de façon oblique vers l'avant et le haut. Les yeux sont situés un peu avant l'extrémité. L'ouverture de la bouche, avec les mandibules, se trouve à sa base inférieure, presque entre les hanches des pattes avant. Cette espèce, de couleur verte ou brun clair, est très farouche et prompte à l'envol. Les mâles sont parfois deux fois plus petits que les impressionnantes femelles.

Répartition Terrains vagues secs à végétation maigre, rarement aussi dans les terrains humides. Partout commun en région méditerranéenne ; en Europe centrale, seulement dans l'est de l'Autriche.

> Tête allongée, prolongée par des filaments.
> Corps long et frêle.
> Très farouche et prompt au vol.

yeux à l'extrémité de la tête allongée comme un nez

Mâle

Femelle

bouche presque entre les pattes antérieures

Œdipode stridulante
Psophus stridulus (acridrdés)
L 23–40 mm, juillet-octobre

mâle en vol

bout des ailes foncé

Répartition *Terrains très secs et rocheux. Assez rare et disparue de nombreuses régions d'Europe tempérée. Photo ci-dessus: mâle.*

> **Mâle: coloration très sombre.**
> **Ailes postérieures rouges.**
> **Produit un fort bourdonnement en vol.**

Avec leur couleur mimétique (presque noire chez le mâle, brune ou grise chez la femelle), les deux sexes sont difficiles à voir au sol. Tandis que la femelle est incapable de voler avec ses courtes ailes, le mâle est parfaitement apte au vol. Lorsqu'il est dérangé, il s'envole en déployant ses ailes postérieures d'un rouge sang brillant et en émettant un son claquant à l'envol, ce qui en général fait sursauter. Cet effet a comme but de permettre au criquet de s'échapper avant que l'intrus ne comprenne ce qui se passe.

pronotum avec une crête médiane saillante

ailes un peu raccourcies

Femelle

Œdipode turquoise
Oedipoda caerulescens (acridrdés)
L 15–28 mm, juillet-octobre

barre alaire sombre

femelle en vol

Répartition *Terrains chauds et secs, à végétation clairsemée. Rare dans la plupart des régions, plus fréquente dans celles qui sont les plus chaudes. Photo ci-dessus: mâle.*

> **Incroyable coloration de camouflage.**
> **Ailes postérieures bleu clair.**
> **Uniquement sur des sols très secs.**

Ce criquet à antennes courtes, dont la coloration peut varier de grisâtre clair à noire, en passant par brun-jaune ou brun-rouge, est souvent invisible au sol. Des études ont montré, que mue après mue, la couleur des larves s'adapte à celle de leur milieu environnant. Cela explique pourquoi les individus grisâtres dominent dans les falaises calcaires de couleur claire, et ceux qui sont presque noirs, sur les terrains brûlés. Les deux sexes volent bien. Ils montrent alors leurs ailes postérieures bleu clair, barrées d'une bande sombre.

pronotum peu saillant

Femelle

bord supérieur du fémur crénelé

Criquet ensanglanté
Stethophyma grossum (acrididés)
L 12–39 mm, juillet-octobre

Ce criquet d'une couleur de fond vert-jaune ou vert olive peut, notamment les femelles, être très coloré (par exemple rouge). Les mâles émettent des sons cliquetants brefs, comme de brusques déclics : ils sont produits par projection des pattes postérieures vers l'arrière, d'où un frottement du tibia épineux sur les ailes. Ces sons émis de façon irrégulière constituent le chant normal, mais ils sont aussi utilisés par les deux sexes comme un signal d'intimidation lancé lors des dérangements.

tête d'une femelle très marquée de rouge

Répartition Terrains très humides et tourbières. En régression à cause des drainages. Photo ci-dessus : femelle.

> Raie jaune clair sur le bord de l'aile.
> Dessous du fémur rouge.
> Son cliquetant produit avec les pattes postérieures.

bande jaune clair sur la bordure de l'élytre

Mâle

dessous du fémur arrière rouge

larve de criquet ensanglanté

Criquet bariolé
Arcyptera fusca (acrididés)
L 23–40 mm, juillet-septembre

L'un des plus beaux criquets d'Europe tempérée, impressionnant par sa coloration variée. La couleur de base est jaunâtre à vert olive, avec des marques jaune clair et noires. Deux anneaux noirs et jaunes sont présents à la base du tibia, lui-même rouge vif, et à l'extrémité du fémur. Les élytres, rayés de jaune, sont brun-noir à leur extrémité, tout comme les ailes postérieures. Chez les femelles, les ailes sont réduites, tandis que les mâles sont aptes au vol, produisant alors un léger bourdonnement. À l'atterrissage, on entend souvent un fort claquement provoqué par le frottement des pattes postérieures sur les ailes.

Répartition Encore assez commun dans les prairies de montagne des Alpes. Plus rare dans les montagnes moins élevées.

> Très coloré de rouge, noir et jaune.
> Aile postérieure brun-noir.
> Léger bourdonnement en vol chez le mâle.

arrière du fémur noir, précédé d'un anneau jaune

bande alaire jaune

Femelle

ailes réduites

Mâle

Criquet des genévriers
Chrysochraon brachyptera (acrididés)
L 13–26 mm, juin-septembre

Répartition *Terrains herbeux humides ou secs. Commun dans le sud de l'Europe, plus rare au nord. Photo ci-dessus : femelle.*

> **Vert doré brillant.**
> **Femelle avec ébauches d'ailes roses, plus rarement vertes.**
> **Œufs déposés dans une feuille pliée.**

Ce criquet d'un brillant vert doré a des ébauches d'ailes colorées en rose, plus rarement en vert clair, chez la femelle et des ailes réduites qui ne dépassent pas le milieu de l'abdomen. Le mâle émet un chant très faible qui se compose de courtes stridulations. Pour la ponte, la femelle plie une feuille avec ses pattes arrière et y dépose les œufs : ils sont recouverts d'un liquide écumeux se solidifiant vite. Ce cocon, qui devient brun par la suite, contient cinq ou six œufs.

femelle en action de ponte

cocon contenant les œufs

ailes jusqu'au milieu de l'abdomen
Mâle
abdomen à bout pointu

56

Gomphocère roux
Gomphocerippus rufus (acrididés)
L 14–24 mm, juillet-novembre

Répartition *En général, dans les broussailles des lisières ensoleillées ; aussi dans les pelouses maigres. Commun au sud, plus rare au nord. Photo ci-dessus : femelle.*

> **Antennes comme des lances à bout blanc.**
> **En général dans les broussailles.**
> **Chant : stridulation forte.**

Les deux sexes se caractérisent par leurs antennes en forme de lances, dont l'extrémité est blanche, précédée de noir. Le chant se compose de stridulations assez fortes, un peu grésillées. Lors de la parade, en présence de la femelle, le mâle produit un chant de séduction particulier, qui s'accompagne de mouvements convulsifs des antennes et des palpes. La femelle dépose son paquet d'œufs dans le sol. Une fois la ponte terminée, elle referme le trou avec ses pattes arrière qui grattent et dament la terre.

larve de gomphocère roux

antennes lancéolées à pointe blanche
antennes plus longues que la moitié du corps
antennes plus courtes que la moitié du corps
femelle très sombre
Mâle

Gomphocère tacheté

Myrmeleotettix maculatus (acrididés)
L 11–17 mm, juin-octobre

Le mâle de gomphocère tacheté possède des antennes élargies en crosse, arrondies au bout, qui sont tournées vers l'extérieur et dont l'extrémité est blanche. Chez la femelle au contraire, les antennes sont à peine élargies. Cette espèce est de coloration incroyablement variable, en particulier la femelle : à côté d'individus brun clair ou brun sombre, on en trouve régulièrement d'autres qui sont verts, bruns, rouges ou parfois même, violets. Le chant est assez faible, mais marquant : il consiste en une stridulation courte émise en séries régulières qui se terminent par des sons plus espacés.

Répartition *Lieux très secs à végétation clairsemée, le plus souvent sableux ; aussi dans des tourbières asséchées. Commun presque partout dans le nord de son aire, plus rare au sud. Photo ci-dessus : femelle rougeâtre.*

> **Antennes tournées vers l'extérieur chez le mâle.**
> **Pointes des antennes à peine élargies chez la femelle.**
> **Sur sols sableux secs.**

Mâle

femelle verte

tache blanche allongée un peu avant le bout de l'aile

antennes en forme de crosse tournées vers l'extérieur

larve

57

Criquet de la palène

Stenobothrus lineatus (acrididés)
L 15–26 mm, juillet-octobre

Comme chez toutes les espèces du genre *Stenobothrus*, le bord antérieur de l'élytre est rectiligne à sa base (à la différence des espèces proches du genre *Chorthippus*). Et, contrairement aux espèces du genre *Omocestus*, le champ discoïdal de l'élytre (la surface entre deux nervures est plus longue au milieu de l'aile) est large et parcouru de nervures régulières et transversales. La couleur de base est souvent verte, mais peut aussi être brune ou même, rouge vineux à violet. Chez le mâle, l'extrémité de l'abdomen est le plus souvent rouge. La femelle a une raie blanche sur le bord de l'élytre. Le chant est une stridulation montante et descendante.

mâle de couleur violet bleuté

Répartition *Terrains secs à herbe rase. Dans la plupart des régions, pas rare. Photo ci-dessus : femelle.*

> **Couleur très variable, le plus souvent verte.**
> **Femelle avec les ailes rayées de blanc.**
> **Stridulation montante et descendante.**

Femelle

raie longitudinale blanche

tache blanche en virgule sur l'aile

Mâle

tibia rouge

abdomen à bout rouge

Criquet verdelet
Omocestus viridulus (acrididés)
L 13–24 mm, juin-octobre

Répartition Surtout dans les prairies de montagne peu humides à sèches ; aussi en plaine. Commun dans le nord de son aire, nettement plus rare au sud. Photo ci-dessus : femelle.

> Dos vert, bien que variable.
> Pas de raie blanche sur l'aile.
> Chant comme un rapide tic-tac de réveil.

De même que chez les espèces du genre *Stenobothrus*, chez celles du genre *Omocestus*, le bord antérieur de l'élytre est rectiligne à sa base. Mais ici, le champ discoïdal de l'élytre est restreint et traversé de nervures irrégulières. La couleur varie beaucoup, en particulier chez la femelle. La couleur de base peut être verte, de différents tons bruns ou presque noire. Mais le dos est presque toujours vert. Le chant, d'une durée de 10-20 secondes, est une stridulation montante accompagnée d'un cliquetis évoquant le « tic-tac » d'un réveil rapide.

pas de raie alaire blanche

Femelle

dos plus vert

pas d'extension sur le bord de l'aile

Mâle

58

Criquet noir-ébène
Omocestus ventralis (acrididés)
L 12–21 mm, juin-novembre

Répartition Surfaces ouvertes, pierreuses ou sableuses, surtout en montagne ; aussi en plaine dans le nord, mais peu fréquent. Photo ci-dessus : femelle.

> Couleur de base presque noire.
> Ventre très coloré.
> Mâle avec le bout de l'abdomen rouge brillant.

Les deux sexes ont une couleur de base presque noire. Tandis que le dos est généralement vert chez la femelle, il est brun clair chez le mâle avec l'extrémité de l'abdomen rouge brillant. Mais chez les deux sexes, le caractère le plus marquant se trouve sur le ventre : celui-ci est verdâtre clair à l'avant, puis jaune au milieu pour devenir rouge à l'extrémité postérieure, presque comme un arc-en-ciel. Une touche de contraste supplémentaire est donnée par les palpes noirs à extrémité blanche. Le chant ressemble à celui du criquet verdelet, mais il ne dure que 5 secondes environ.

palpes à bout blanc

vue ventrale du mâle

dos brun clair

Mâle

extrémité de l'abdomen rouge

Criquet mélodieux
Chorthippus biguttulus (acrididés)
L 13–22 mm, juin-novembre

Comme chez beaucoup de criquets, la détermination est difficile. De même que chez toutes les espèces du genre *Chorthippus* et contrairement à celles des genres *Stenobothrus* et *Osmocestus*, l'élytre présente une excroissance vers l'avant à sa base. Les crêtes des côtés du pronotum (rayures claires sur le pronotum) forment un angle entre elles. La nervure du bord antérieur de l'aile a une légère inflexion à l'endroit où elle atteint la pointe rétrécie de l'aile. Le chant du mâle est une stridulation courte et forte, qui constitue le fond sonore typique d'une prairie sèche en été.

Répartition Presque partout sur les surfaces sèches peu végétalisées. Un de nos criquets les plus communs. Photo ci-dessus : femelle.

> **Brun avec des taches claires sur les ailes.**
> **Partout dans les lieux secs et ensoleillés.**
> **Stridulation marquante.**

bord de l'aile replié — tache alaire claire — inflexion sur le bord de l'aile — crête latérale du pronotum formant un angle

Chez le criquet duettiste (*Chorthippus brunneus*), fréquent et très ressemblant, l'élytre est un peu plus étroit et la nervure du bord antérieur longe l'aile sans inflexion jusqu'à son extrémité seulement un peu rétrécie.

Mâle

Criquet des pâtures
Chorthippus parallelus (acrididés)
L 13–23 mm, juin-novembre

Le criquet des pâtures appartient aux espèces de *Chorthippus* qui sont un peu plus facilement identifiables. De couleur très variable (verte, brune, jaunâtre ou rougeâtre) ou mélangée, ce criquet a des crêtes latérales sur le pronotum : elles sont parallèles l'une à l'autre sur la partie avant, puis elles s'écartent progressivement sur la partie arrière. Les ailes réduites s'arrêtent avant la fin de l'abdomen chez le mâle et avant son milieu chez la femelle. Le chant se compose de courtes strophes, de sons grésillés s'amplifiant rapidement.

Répartition Très commun dans presque tous les prés secs et humides. Peut-être l'un de nos criquets les plus communs. Photo ci-dessus : mâle.

> **Chez le mâle, ailes à peine plus longues que le corps.**
> **Chez la femelle, ailes moins longues que le corps de moitié.**
> **Criquet très commun.**

crêtes latérales du pronotum seulement à peine divergentes — ailes jusqu'à la moitié de l'abdomen — femelle brun-gris, avec des larves parasites

Femelle

Psoque
Caecilius flavidus (cæciliusidés)
L 2,7–3 mm, mai–octobre

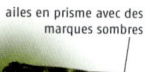

Répartition *En lisière de forêts, dans les parcs et jardins. Répandu en général et assez commun dans la plupart des régions. Photo ci-dessus : femelle recouvrant sa ponte de fils de soie.*

> Jaunâtre avec des ailes disposées en prisme.
> Sur des feuillus.
> Consomme des algues et des champignons parasites.

Ce psoque de couleur jaunâtre vit de préférence sur les arbres feuillus, en particulier sur les chênes, et se nourrit probablement surtout de champignons et d'algues. Ses ailes sont disposées en prisme, dont les nervures sont en partie de couleur sombre. Seuls des individus femelles sont connus et la population ne se développe que par parthénogenèse. La femelle dépose sa ponte sur la face inférieure d'une feuille appropriée, et la cache sous un entrelacs de fils à tisser qui sont disposés avec les pièces buccales. Au cours d'une année, plusieurs générations sont produites.

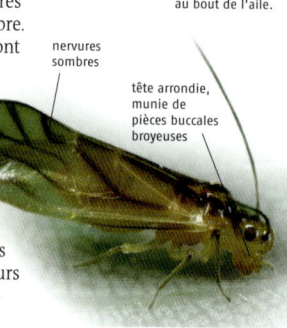

ailes en prisme avec des marques sombres

Graphopsocus cruciatus a des marques sombres sur les ailes, qui forment un accent circonflexe au bout de l'aile.

nervures sombres

tête arrondie, munie de pièces buccales broyeuses

60

Thrips des Dracaena
Parthenothrips dracaenae (thripidés)
L 1–1,3 mm, toute l'année

Répartition *Sur diverses espèces végétales dans des appartements et serres. Nombreuses autres espèces, y compris dans la nature, dont des espèces prédatrices.*

> Ailes étroites frangées de soies.
> Pieds renflés en bulles.
> Sur plantes décoratives et cultivées.

Comme tous les représentants ailés de cet ordre (certaines espèces sont aptères), le thrips des Dracaena possède des ailes étroites, bordées de longues soies. Chez cette espèce, elles sont barrées d'une bande foncée. L'extrémité de leurs pattes est renflée en bulle. Avec sa trompe suceuse, *Parthenothrips dracaenae* pique différentes plantes d'appartement et cultivées, et peut alors provoquer des dégâts considérables.

larve de thrips

frange de soies sur la bordure de l'aile

bande transversale foncée

Mallophage
Columbicula columbae (phtiraptères)
L 2 mm, toute l'année

Ce mallophage à corps particulièrement étroit ne se trouve que dans le plumage des pigeons. Les antennes se trouvent à peu près au milieu de la tête et sont repliées vers l'arrière. Il se nourrit des plumes de son hôte et en cas de surnombre, il peut causer des dégâts évidents au plumage. Ce parasite externe est étroitement lié à son hôte et il ne peut survivre que quelques jours sans lui.

Répartition Avec son hôte, le pigeon, dans les zones habitées, surtout les grandes villes. Commun presque partout.

> Corps très étroit.
> Seulement dans le plumage des pigeons.
> Se nourrit de la kératine des plumes.

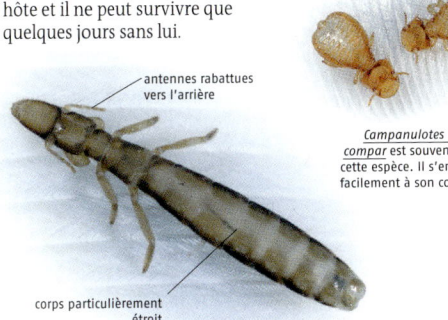

antennes rabattues vers l'arrière

Campanulotes bidentatus compar est souvent associé à cette espèce. Il s'en distingue facilement à son corps renflé.

corps particulièrement étroit

Pou de tête
Pediculus capitis (phtiraptères)
L 2,5–3 mm, toute l'année

Le pou de tête, très strictement inféodé aux cheveux humains, a un corps très aplati en forme de poire allongée et des pattes à bouts crochus qui lui permettent de bien s'agripper aux cheveux. Il se nourrit uniquement de sang humain et il ne peut pas jeûner très longtemps. Les œufs, appelés « lentes », sont accrochés aux cheveux. Les larves éclosent au bout de six jours et elles sont déjà développées une semaine plus tard.

pou suçant du sang

Répartition Uniquement dans les cheveux humains. Autrefois, commun partout ; en forte régression ces dernières décennies, mais encore présent (jardins d'enfants).

> Aptère et corps en forme de poire.
> Pattes à extrémité crochue.
> Seulement dans la chevelure de l'homme.

pattes à extrémité crochue

corps aplati, en forme de poire

le pou de tête ne survit pas longtemps sans son hôte

lentes sur un cheveu humain

Nèpe cendrée

Nepa cinerea (népidés)
L 17–22 mm, toute l'année

une nèpe aspire le contenu d'une larve de libellule

Répartition *Eaux dormantes ou à faible courant. Commune presque partout, en particulier dans les mares.*

> *Pattes antérieures transformées en pinces de capture.*
> *Siphon respiratoire à l'extrémité du corps.*
> *Le plus souvent dans des eaux stagnantes.*

Cet insecte unique est assez lent et il se tient le plus souvent immobile au fond de l'eau ou dans la végétation aquatique. Cependant, il peut aussi se déplacer en nageant grâce à ses pattes avec lesquelles il rame. Pour respirer, il dresse son siphon vers la surface de l'eau. Il se nourrit de proies telles que des larves d'insectes qu'il capture avec ses pinces et dont il suce le contenu. Les œufs sont pondus dans le tissu de plantes immergées. Le scorpion d'eau peut aussi voler, mais il ne le fait que rarement et que par temps très chaud.

siphon respiratoire

pattes avant utilisées comme une pince de capture

Ranâtre linéaire

Ranatra linearis (népidés)
L 30–40 mm, août-juin

rostre suceur court et puissant

pattes ravisseuses étirées

Répartition *Eaux dormantes riches en végétation aquatique (surtout dans les étangs et les grandes mares). Le plus souvent peu rare, mais difficile à voir.*

> *La plus grande punaise d'eau de nos contrées.*
> *Corps très étroit.*
> *Long siphon respiratoire.*

long siphon respiratoire

Cette grande punaise d'eau indigène fait le plus souvent la morte lorsqu'on la capture dans une épuisette et il est alors très difficile de se rendre compte qu'elle est vivante. Elle se tient en général à l'affût entre des plantes aquatiques avec le siphon respiratoire tenu vers la surface de l'eau. Dès que d'autres insectes aquatiques, têtards ou petits poissons, passent à proximité, elle les saisit rapidement avec ses fines pinces de capture. Elle vole volontiers, par exemple pour changer de plan d'eau. Les œufs sont pourvus de deux longs siphons respiratoires et sont pondus sur des feuilles flottantes : les œufs eux-mêmes sont dans l'eau, mais les siphons atteignent la surface.

œufs munis de siphons respiratoires, sur la feuille d'un nénuphar

pattes ravisseuses en forme de couteau pliable

yeux en forme de bouton

tête de ranâtre

Naucore

Ilyocoris cimicoides (naucoridés)
L 12–15 mm, toute l'année

La naucore, dont le corps est large et plat, est souvent prise pour un coléoptère. Cependant, contrairement à ces derniers, elle possède un rostre suceur avec lequel elle peut aspirer l'intérieur d'autres animaux aquatiques, mais aussi, piquer de façon très désagréable. Ses trois paires de pattes sont très différentes : les antérieures sont des pattes ravisseuses en forme de couteau pliable, les postérieures servent à la nage grâce à leurs longues soies et les médianes servent à la marche.

ventre entouré d'une mince enveloppe d'air

pattes postérieures bordées de longues soies natatoires

pattes antérieures en forme de couteau pliable

La punaise de rivière (*Aphelocheirus aestivalis*), au corps large et aplati, possède des ailes réduites à écailles. Elle vit sur le fond des rivières propres.

Répartition Eaux dormantes riches en végétation aquatique. Commune partout ; une des punaises aquatiques les plus fréquentes.

> Allure de coléoptère, avec un corps large et aplati.
> Pattes ravisseuses devant, pattes pour la nage derrière.
> Peut piquer très désagréablement.

Notonecte

Notonecta glauca (notonectidés)
L 15–16 mm, juillet-mai

La notonecte nage face ventrale vers le haut. L'air emprisonné dans deux rangées de poils denses sur les côtés de la face inférieure de l'abdomen lui permet de remonter en surface tel un bouchon, corps immergé et incliné à 45 degrés par rapport à la surface. Elle reste volontiers dans cette position, avec les pattes appuyées contre la surface de l'eau. Dans cette position d'attente, elle peut percevoir de façon précise les mouvements, dus par exemple aux insectes tombés dans l'eau qui surnagent sans défense. Comme elle provoque une piqûre douloureuse avec son rostre buccal, elle est aussi appelée « abeille d'eau ».

deux rangées de poils servant à stocker l'air

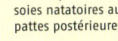
soies natatoires aux pattes postérieures

La notonecte rayée (*Notonecta obliqua*) possède des élytres noirs avec deux bandes jaunes. Elle vit dans les eaux tourbeuses.

larve de notonecte

Répartition Tous types d'eaux dormantes. Très commune partout.

> Nage ventre vers le haut.
> Longues pattes natatoires.
> Piqûre très douloureuse.

Corise ponctuée
Corixa punctata (corixidés)
L 13–16 mm, juillet-mai

dessus couvert de lignes onduleuses sombres

Répartition Eaux dormantes riches en végétation aquatique. Presque partout assez commune.

> **Lignes sombres onduleuses dessus.**
> **Vigoureuses pattes natatoires.**
> **Peut crier fort.**

La corise est la plus grande de nos espèces de corixidés (plus de trente espèces en Europe toutes très difficiles à distinguer). Elle stocke ses réserves d'air avant tout sous les ailes, ce qui fait qu'elle nage en position « normale », c'est-à-dire le dos vers le haut. Les mâles peuvent produire des sons en frottant leur patte antérieure, pourvue d'éperons à l'intérieur, sur une arête située sur le côté de la tête. Les sons émis sont très audibles, par exemple sur des exemplaires élevés en aquarium. La nourriture des corises consiste aussi bien en petits animaux aquatiques qu'en algues.

pattes postérieures bordées de soies natatoires

pattes antérieures en forme de cuillère

64

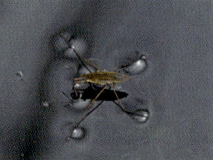

Gerris lacustre
Gerris lacustris (gérridés)
L 8–10 mm, toute l'année

Répartition Eaux dormantes ou à faible courant, le plus souvent de faible dimension. Partout assez commun ; peut-être l'espèce de géridés la plus commune.

> **Corps étroit.**
> **Pattes postérieures et médianes en croix.**
> **Court très vite sur l'eau.**

Il est fréquent d'observer cette espèce en grands groupes à la surface de l'eau. Les longues pattes médianes et postérieures sont tenues à plat, en position de croix. L'extrémité des pattes est couverte de poils hydrofuges : elle s'enfonce un peu dans l'eau, mais sans couler. Les petites proies qui tombent à l'eau sont repérées aux vibrations qu'elles provoquent à la surface de l'eau et elles sont capturées avec les courtes pattes avant. On trouve des individus à ailes plus ou moins résorbées et d'autres à ailes bien développées.

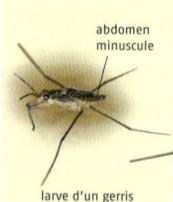

abdomen minuscule

larve d'un gerris

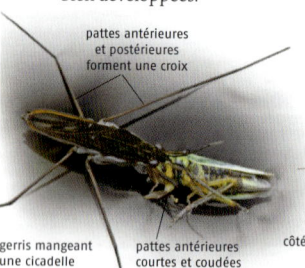

pattes antérieures et postérieures forment une croix

gerris mangeant une cicadelle

pattes antérieures courtes et coudées

abdomen muni d'une protubérance latérale

Plus grande avec ses 13–16 mm, *Aquarius paludum* présente une protubérance marquée sur les deux côtés de l'abdomen. Elle vit sur de plus grandes surfaces d'eau ouvertes.

Hydromètre stagnant

Hydrometra stagnorum (hydrométridés)
L 9–12 mm, toute l'année

Cette gracile punaise d'eau est presque toujours dépourvue d'ailes : elle possède un corps étroit en forme de bâton, une tête très allongée et des pattes presque fines comme des cheveux. Le plus souvent, elle se tient près de la berge, cachée sous une pierre ou dans le tapis végétal. Pour se nourrir, elle court à la surface de l'eau avec des mouvements paraissant un peu branlants et saisit les insectes tombés dans l'eau. Elle perçoit probablement ceux qui sont déjà morts à l'odeur.

Répartition Près des berges des eaux dormantes ou à faible courant. Assez commun, mais difficile à voir.

> *Corps en forme de bâton.*
> *Pattes fines comme un cheveu.*
> *Le plus souvent près de la rive.*

pas d'ailes

tête encore plus fine que le corps

yeux à l'arrière de la moitié de la tête

antennes à la pointe de la tête

vue de la tête et de l'avant du corps

Vélie

Velia caprai (véliidés)
L 6–9 mm, toute l'année

La vélie à la même apparence que le gerris, mais ses pattes médianes et postérieures sont beaucoup plus courtes et elles ne sont pas tenues à plat : elles sont toujours nettement coudées à la surface de l'eau. Elle se repose longuement près des berges et ne s'active que pour capturer des proies à la surface de l'eau. Sa nourriture consiste en insectes tombés à l'eau, qui sont emmenés vers le bord avant d'être vidés de leur contenu par aspiration. Cette espèce presque toujours dépourvue d'ailes est active même par mauvais temps, parfois même en hiver.

vélie nettoyant son rostre de succion

taches rouges et noires en bordure de l'abdomen

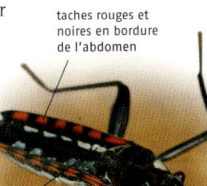

touffes de poils blancs

pattes coudées

Répartition Près des berges et sur des petits cours d'eau. Pas rare dans la plupart des régions.

> *Même structure que les gerris.*
> *Se déplace avec les pattes pliées.*
> *Sur les cours d'eau.*

Punaise de lits
Cimex lectularius (cimicidés)
L 5–6 mm, toute l'année

petits yeux en forme de bouton

rostre suceur

punaise de lits en train de sucer du sang

Répartition *Dans les habitations. Autrefois très répandue et fréquente, mais devenue rare aujourd'hui.*

> Corps très large et plat.
> Moignons d'ailes.
> Suce le sang des hommes et des animaux.

La punaise de lits a un corps particulièrement large et aplati, des ailes avortées et pendant la journée, elle se cache le plus souvent derrière la tapisserie ou dans d'autres fentes. La nuit, elle est attirée par la chaleur dégagée par le corps humain. Elle suce aussi le sang d'autres animaux domestiques et de chauves-souris. La piqûre est d'abord indolore, puis elle peut beaucoup enfler et démanger longtemps. L'espèce peut jeûner pendant six mois. Son corps devient alors aussi fin qu'une feuille de papier.

moignons d'ailes, plus larges que longs

abdomen presque aussi large que long

La punaise des hirondelles (*Oeciacus hirudinis*) est plus petite avec ses 3,5 mm. Elle est très poilue et parasite les nids d'oiseaux, surtout ceux des hirondelles.

Punaise des fleurs
Anthocoris nemorum (anthocoridés)
L 3,5–4,5 mm, toute l'année

punaise des fleurs suçant un puceron

Répartition *Surtout en bordure de forêts et de chemins, régulièrement aussi dans les jardins. Une des espèces de punaises les plus communes.*

> Corps noirâtre.
> Ailes brun clair tachées de sombre.
> Se nourrit surtout par prédation.

Cette petite punaise vit sur différentes plantes, mais elle a une préférence pour les massifs d'orties. Elle se nourrit de petits insectes à téguments mous, tels que des pucerons, qu'elle suce, mais aussi de la sève des plantes. Accidentellement, il lui arrive de piquer l'homme, probablement attirée par la transpiration : on ne peut pas la considérer comme une suceuse de sang. On observe généralement deux générations par an, et l'hivernage se fait sous la forme adulte.

taches sombres sur les ailes

corps plus noir

Punaise rayée

Miris striatus (miridés)
L 9–12 mm, mai-août

individu très sombre

Cette belle punaise a une coloration très variable. Mais les ailes noires sont toujours rayées de jaune et elles possèdent un triangle rouge ou orange juste avant la partie membraneuse de l'extrémité de l'aile. La couleur noire du corps, des pattes et des antennes, est complétée par du rouge plus ou moins étendu. L'espèce suce surtout des larves d'insectes, pucerons et autres insectes à téguments mous, mais aussi des plantes. On observe les insectes adultes principalement au début du printemps. L'hivernage s'effectue au stade de l'œuf.

Répartition *De préférence dans les lieux chauds et ouverts, par exemple lisières forestières ensoleillées ou pelouses sèches embroussaillées. Largement distribuée, mais pas commune.*

> *Couleur noire dominante.*
> *Rayures longitudinales jaunes.*
> *Se nourrit surtout par prédation.*

triangle orange — rayures alaires jaunes — individu fortement marqué de rouge

L'espèce parente *Calocoris roseomaculatus* est également très colorée, avec une couleur de fond vert olive. Ses ailes sont rayées de rose.

Punaise à taches rouges

Deraeocoris ruber (miridés)
L 6,5–7,5 mm, juillet-septembre

Cette punaise est également de coloration variable. À côté d'individus dont la couleur dominante est le rouge clair, on en trouve certains presque tout noirs. Comme chez tous les miridés, il n'y a pas d'ocelles oculaires sur le front, d'où la dénomination « punaises aveugles » (bien que les yeux proprement dits soient normalement développés). L'espèce se nourrit exclusivement d'autres insectes, en particulier des pucerons, qu'elle suce. L'adulte est visible au cœur et en fin d'été. L'hivernage se fait au stade de l'œuf.

Répartition *Lisières forestières et bords de chemins ensoleillés, mais aussi en des lieux plus ombragés. Pas rare dans la plupart des régions.*

> *Tache rouge juste avant la pointe des ailes.*
> *Bout des antennes blanc et fin.*
> *Se nourrit surtout de pucerons.*

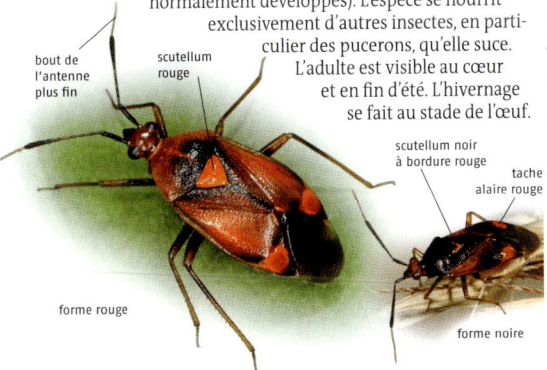

bout de l'antenne plus fin — scutellum rouge — scutellum noir à bordure rouge — tache alaire rouge

forme rouge — forme noire

Réduve masqué
Reduvius personatus (réduvidés)
L 15–18 mm, mai-août

Répartition Surtout dans les vieilles bâtisses, aussi dans les grandes villes. Pas rare en général.

> Noir et corps plat.
> Mange d'autres insectes.
> Surtout dans les habitations.

Cette punaise de teinte sombre s'approche souvent des fenêtres éclairées et pénètre ainsi dans des appartements. Elle se nourrit d'autres insectes et se révèle utile. Mais lorsqu'elle est saisie, elle peut piquer très douloureusement avec son rostre puissant. La larve a le corps recouvert de poils collants, sur lesquels s'attachent les particules de poussière : on la prend ainsi pour un mouton de poussière.

larve camouflée par de la poussière

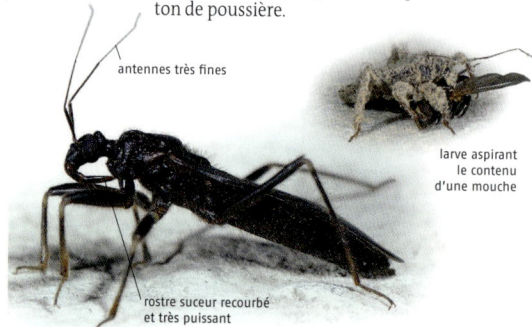

antennes très fines

larve aspirant le contenu d'une mouche

rostre suceur recourbé et très puissant

68

Réduve irascible
Rhynochoris iracundus (réduvidés)
L 14–17 mm, mai-juillet

Répartition Lieux secs et ensoleillés, par exemple pelouses sèches. Surtout dans les régions chaudes, peu commun.

> Tacheté de rouge et noir.
> Endroits ensoleillés sur des fleurs.
> Se nourrit d'insectes.

Le réduve irascible se met à l'affût de ses proies sur des fleurs : il les pique et en aspire le contenu avec son puissant rostre. Son éventail de capture comprend des insectes aussi énergiques que les abeilles. En cas de menace, il frotte la pointe de son rostre sur un sillon fourchu disposé perpendiculairement sous la tête, ce qui produit un bruit sonore qui est à interpréter comme le dernier avertissement avant la piqûre très douloureuse.

réduve irascible se nourrissant d'une abeille

ponte du réduve irascible

dessus du thorax rouge

bords de l'abdomen tachés de rouge et noir

Punaise à pattes de crabe

Phymata crassipes (réduvidés)
L 8–9 mm, mai-juin

Intéressante et unique, cette punaise prédatrice guette le plus souvent ses proies sur des plantes en fleur, en particulier sur des marguerites. Grâce à ses pattes avant transformées en organe de capture, elle saisit en un éclair les insectes qui viennent butiner, puis elle aspire leur contenu avec son puissant rostre de succion. Elle peut maîtriser des insectes nettement plus grands qu'elle, tels que des papillons de la taille des lycènes.

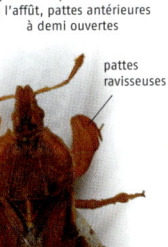

punaise à pattes de crabe à l'affût, pattes antérieures à demi ouvertes

pattes ravisseuses

tache blanche

abdomen très évasé

punaise à pattes de crabe capturant une mouche

Répartition Endroits chauds et ensoleillés, en lisière de forêts et dans les pelouses sèches richement fleuries. Localement assez commune, surtout dans le sud de l'Europe centrale.

> Pattes antérieures transformées en organe de capture.
> Plaques élargies bordant l'abdomen.
> Le plus souvent à l'affût sur les fleurs.

Punaise myrmécomorphe

Himacerus mirmecoides (nabidés)
L 7–9 mm, juillet-mai

L'espèce est caractérisée par une larve remarquable : celle-ci présente une marque blanche de chaque côté de la base de l'abdomen, près de l'insertion des ailes, qui donne de façon stupéfiante l'illusion d'une « taille de guêpe », comme chez une fourmi. Des études ont montré que les oiseaux, par exemple les mésanges, qui ont déjà fait l'expérience du goût désagréable d'une fourmi, évitent d'en consommer, ce qui protège indirectement la larve de la punaise. Chez l'individu adulte, ce dessin trompeur est absent.

ailes réduites

bordure de l'abdomen tachée de blanc

rostre suceur fin et recourbé

Répartition Lieux ensoleillés et secs (par exemple, pelouses sèches), mais aussi ombragés et humides, ainsi que forêts claires. Assez commune, plus rare dans le nord.

> Rostre suceur fin et recourbé.
> Larve ressemblant à une fourmi.
> Se nourrit par prédation.

dessin de l'abdomen la faisant ressembler à une fourmi

larve

Punaise de la jusquiame
Corizus hyoscyami (rhopalidés)
L 8–10 mm, août-juillet

Répartition *Surtout lieux chauds et ensoleillés, comme les bords de chemins et pelouses sèches, mais aussi en des lieux plus humides à demi ombragés. Pas rare dans la plupart des régions.*

> *Collier noir.*
> *Ailes entièrement développées.*
> *Volontiers sur des épervières.*

Au premier abord, cette punaise rappelle beaucoup le gendarme qui ne lui est pourtant pas du tout apparenté : on l'en distingue facilement par ses dessins différents et ses ailes toujours complètement développées. L'espèce se nourrit de la sève des plantes et on peut notamment la trouver sur différentes espèces de composées, dont fréquemment sur le capitule des épervières. Au contraire, les larves semblent se tenir plus volontiers sur des papilionacées. L'hivernage s'effectue au stade adulte, sous des restes de plantes desséchées.

collier noir

ailes atteignant le bout de l'abdomen

scutellum noir à pointe rouge

70

Gendarme
Pyrrhocoris apterus (pyrrhocoridés)
L 10–12 mm, août-mai

Répartition *Surtout sous les gros tilleuls et robiniers, aussi dans les massifs de mauves. Partout assez commun, voire en masse localement.*

> *Ailes réduites, rouges avec des taches noires.*
> *Scutellum tout noir.*
> *Le plus souvent près des tilleuls et robiniers.*

larve de gendarme

Cette espèce inoffensive se trouve souvent en grand nombre sous les tilleuls et les robiniers, dont elle affectionne les graines. Rarement, il lui arrive de consommer des insectes morts, voire d'être cannibale. Parfois, à côté des individus habituels à ailes réduites, on en trouve aux ailes développées. L'hivernage a lieu au stade adulte. Lors des journées chaudes de fin d'automne et de début du printemps, de nombreux individus s'agglutinent volontiers au pied des troncs pour prendre des bains de soleil.

collier rouge

scutellum tout noir

ailes réduites

larves et adultes rassemblés sur un tronc de tilleul

Punaise écuyère

Lygaeus equestris (lygaeidés)
L 10–12 mm, août-juin

Cette punaise se nourrit de préférence sur les pieds de dompte-venin, connus pour être toxiques pour la plupart des animaux. La punaise écuyère contient de ce fait des toxines. Cela se traduit par sa coloration étonnante, qui fait fonction d'avertissement. Les jeunes larves semblent dépendantes de cette plante, tandis que les stades ultérieurs et les adultes sucent la sève d'autres plantes. L'espèce hiberne en grands rassemblements au sol ou sous une écorce. Au début du printemps, il n'est pas rare de voir ces individus prendre des bains de soleil étroitement agglutinés.

Répartition Surtout sur les lisières ensoleillées et les pelouses sèches. Commune dans le sud de son aire, plus rare au nord.
Photo ci-dessus : punaises écuyères prenant le soleil en groupe dense.

point blanc sur la partie membraneuse de l'aile

> Ailes complètes.
> Point blanc sur la partie membraneuse de l'aile.
> Suce le plus souvent le dompte-venin

L'espèce parente, la punaise à damier (*Spilostethus saxatilis*), est nettement plus rare : elle a deux bandes longitudinales sur le pronotum et pas de tache blanche sur les ailes. Elle vit sur de nombreuses espèces de plantes, dont également le dompte-venin.

croix noire au milieu du corps

larve de punaise écuyère

Punaise de l'asclépiade

Tropidothorax leucopterus (lygaeidés)
L 9–11 mm, juillet à juin

La punaise de l'asclépiade rappelle la punaise écuyère, mais elle possède un dessin très différent sur l'aile. Sur le pronotum, elle a deux bandes longitudinales élargies en triangle à la base et, sur l'angle intérieur de l'aile membraneuse, une petite tache blanche. Dans nos régions, les larves se développent exclusivement sur le dompte-venin et elles y forment souvent de grands rassemblements ; après l'hivernage, les adultes fréquentent également d'autres plantes.

grand groupe de punaises de l'asclépiade adultes sur une feuille de dompte-venin

Répartition Lisières ensoleillées et pelouses sèches. Assez commune dans les régions méditerranéennes, au nord des Alpes et dans les lieux où le climat s'y prête.

> Tache blanche à l'angle intérieur de l'aile membraneuse.
> 2 triangles noirs sur le pronotum.
> Ne se métamorphose que sur le dompte-venin.

triangle noir sur le pronotum

tache blanche dans l'angle intérieur de la membrane alaire

rassemblement de larves sur la plante nourricière

Tigre du platane
Corythucha ciliata (tingidés)
L 3–4 mm, toute l'année

Répartition Introduit d'Amérique du Nord. Largement réparti en zone méditerranéenne et presque partout commun.

> Ailes transparentes réticulées de blanc.
> Tache sombre sur l'aile.
> Uniquement sur les platanes.

La belle réticulation des ailes de cette petite espèce de punaise très aplatie n'est visible qu'en utilisant une loupe puissante. L'espèce ne pique que les feuilles de platane pour en sucer la sève et elle peut s'y rassembler en grand groupe. Comme son arbre hôte, elle vient d'Amérique du Nord et a été introduite en même temps que lui. L'hivernage s'effectue au stade adulte, plusieurs individus étant souvent rassemblés sous l'écorce d'un platane.

groupe en hibernation sous l'écorce d'un platane

larves et adultes sur une feuille de platane

fines mailles sur la tête, les ailes et le pronotum

tache alaire sombre

Également introduit d'Amérique du Nord chez nous, le tigre du rhododendron (*Stephanitis rhododendri*) vit uniquement sur des espèces de rhododendrons.

72

Punaise des pins
Aradus cinnamomeus (aradidés)
L 3–5 mm, toute l'année

Répartition Sur différentes espèces de pins, plus rare sur d'autres espèces de conifères. Répandue presque partout, mais plus fréquente dans le nord de l'Europe centrale que dans le sud.

> Fortement aplatie.
> Ailes étroites chez le mâle, souvent réduites chez la femelle.
> Suce la sève des pins.

ailes atteignant presque le bout de l'abdomen

Mâle

Les mâles de cette punaise étonnamment plate sont toujours allongés, mais avec des ailes très étroites, tandis que les femelles ont le plus souvent des ailes extrêmement réduites. Les deux sexes sont donc en général inaptes au vol. On les trouve surtout sous l'écorce des jeunes pins dont ils sucent la sève avec leur rostre suceur très long. Lorsqu'ils sont très nombreux, ils peuvent entraîner la mort des branches, parfois même tout l'arbre. Le cycle complet de développement dure deux ans, ce qui fait qu'en hiver on peut trouver côte à côte des adultes et des larves encore à demi développées.

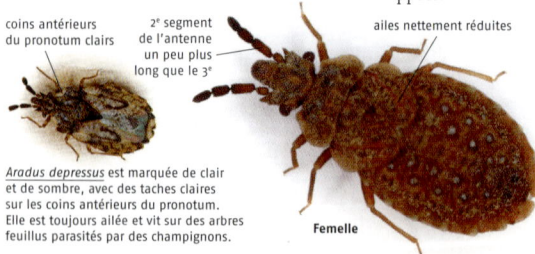

coins antérieurs du pronotum clairs

2ᵉ segment de l'antenne un peu plus long que le 3ᵉ

ailes nettement réduites

Aradus depressus est marquée de clair et de sombre, avec des taches claires sur les coins antérieurs du pronotum. Elle est toujours ailée et vit sur des arbres feuillus parasités par des champignons.

Femelle

Punaise brune
Coreus marginatus (coréidés)
11–16 mm, toute l'année

L'ensemble du corps de cette espèce paraît être en cuir, que ce soit la couleur ou l'apparence générale. Comme chez toutes les punaises, la partie postérieure de l'abdomen est nettement aplatie et élargie : elle déborde latéralement des ailes pliées et sa forme évoque une feuille. Elle est dénommée « connexivum ». Cette espèce végétarienne suce de préférence la sève de différentes espèces d'oseille, mais aussi celle des persicaires et des molènes entre autres. Elle passe l'hiver à l'état adulte.

petites excroissances entre les antennes

Répartition Surtout en lisière de forêts et sur le bord des chemins, aussi dans les prés. Une des punaises les plus communes de nos régions.

> *Semble en cuir brun.*
> *Partie postérieure de l'abdomen élargie.*
> *De préférence sur l'oseille.*

petites excroissances à l'extérieur des antennes

tache claire sur le bord postérieur de l'abdomen

<u>Enoplops scapha</u> possède une petite excroissance épineuse placée à l'extérieur de chaque antenne. Cette espèce se développe exclusivement sur des boraginacées.

bord latéral de l'abdomen à peine moucheté de clair

larves de punaise brune

Corée épineuse
Phyllomorpha laciniata (coréidés)
L 9–11 mm, août-mai

Cette punaise unique, au corps fortement épineux, vit sur et sous le capitonnage de la paronyque argentée (*Paronychia argentea*), une caryophyllacée répandue dans l'ensemble de la région méditerranéenne, dont elle se nourrit. Elle possède sur le pronotum et sur les côtés de l'abdomen des excroissances latérales aplaties et recourbées vers le haut qui sont densément recouvertes d'épines. Les femelles ont l'habitude de déposer leurs œufs sur le dos de congénères des deux sexes, où le bardage d'épines leur offre évidemment une protection particulière.

excroissances latérales épineuses sur l'abdomen

Répartition Lieux sableux secs de la zone méditerranéenne occidentale. Localement assez commune, mais difficile à voir. Absente d'Europe centrale.

> *Pronotum et abdomen avec excroissances latérales aplaties.*
> *Tout le corps densément épineux.*
> *Sur paronyque argentée.*

excroissances latérales épineuses sur le pronotum

corée épineuse avec des œufs collés sur son dos

Punaise grisâtre
Elasmucha grisea (acanthosomatidés)
L 6–9 mm, toute l'année

Répartition Surtout dans les forêts ou au bord de chemins avec bouleaux. Presque partout assez commune. Photo ci-dessus: femelle avec des larves fraîchement écloses.

> Verte ou brunâtre, ponctuée de noir.
> Seulement sur les bouleaux
> Soins remarquables vis-à-vis de sa couvée

La punaise grisâtre vit sur les bouleaux et a un comportement reproducteur remarquable pour un insecte. La femelle surveille et nettoie sa ponte. Et si un prédateur approche, elle tourne son dos vers lui et le menace en bourdonnant des ailes. Après l'éclosion, les jeunes restent près des œufs vides jusqu'à leur première mue, puis ils s'éloignent sous la conduite de la femelle jusqu'à un bouleau pour s'y nourrir de fruits encore verts. Même après la mort de leur mère, les jeunes restent groupés. Ils se séparent seulement une fois entièrement développés, en fin d'automne.

premier repas de jeunes larves avec leur mère

dessus entièrement ponctué de noir

femelle prenant soin de ses œufs

bordure latérale de l'abdomen claire, tachée de noir

groupe de larves âgées

Punaise pilule
Coptosoma scutellatum (plataspididés)
L 3,5–4,5 mm, juin-août

Répartition Lieux chauds et secs, surtout sur des lieux calcaires herbeux. Localement assez commune.

> Ressemble à un coléoptère.
> Noir brillant, yeux rouges.
> Uniquement sur des fabacées.

Le scutellum de cette petite punaise est développé en carapace globuleuse qui recouvre presque tout l'abdomen, ce qui la fait fortement ressembler à un coléoptère, mais elle possède bien un rostre suceur, caractéristique des hémiptères auxquels appartiennent les punaises. Les ailes sont le plus souvent entièrement développées et, pour le vol, elles se déploient sur les côtés de la carapace protectrice. L'espèce vit exclusivement sur des fabacées, dont elle suce la sève, le plus souvent sur la coronille bigarrée, mais aussi sur des esparcettes, vesces ou lotiers. Les œufs sont pondus en deux rangs sur la face inférieure d'une feuille. Passe l'hiver au stade larvaire.

scutellum surdéveloppé recouvrant tout l'abdomen

yeux rouges

groupe de punaises pilules sur une esparcette

Punaise des céréales
Eurygaster maura (scutelleridés)
L 9–11 mm, toute l'année

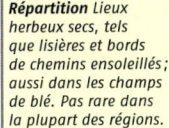
individu de coloration uniforme

Cette punaise possède également un scutellum très développé, qui recouvre une bonne partie de l'abdomen, mais pas jusqu'à la bordure latérale. La coloration peut varier considérablement, depuis différentes teintes brunes jusqu'au rouge vineux. De plus, à côté d'individus de teinte uniforme, on peut en rencontrer d'autres avec des marques claires et sombres contrastées. L'espèce se nourrit principalement de différentes graminées, mais aussi d'autres plantes, en particulier de composées. Elle passe l'hiver à l'état adulte et pond ses œufs au printemps. En juillet, une nouvelle génération d'adultes apparaît.

scutellum atteignant le bout de l'abdomen

Répartition Lieux herbeux secs, tels que lisières et bords de chemins ensoleillés ; aussi dans les champs de blé. Pas rare dans la plupart des régions.

> Scutellum s'étendant jusqu'au bout de l'abdomen.
> Taches et coloration très variables.
> Surtout dans les herbes.

bordure latérale de l'abdomen encore visible

Chez la punaise méditerranéenne *(Odontotarsus purpureolineatus)*, rare en Europe centrale, le scutellum étendu recouvre tout l'abdomen.

larve de punaise des céréales

Punaise arlequin
Graphosoma lineatum (pentatomidés)
L 8–12 mm, août-juin

Comme beaucoup d'autres punaises, cette espèce facile à reconnaître passe l'hiver à l'état adulte. Chez elle également, les ailes sont entièrement protégées par le scutellum qui est très développé. Mais elle peut les déployer pour voler. Les larves et les adultes se nourrissent de fleurs et de graines de différentes espèces d'ombellifères.

pronotum taché de noir

bordure latérale de l'abdomen tachée de noir

Répartition Dans les prés et sur les bords de chemins. Presque partout commune ; ne se raréfie que dans le nord de son aire.

> Rayures longitudinales rouges et noires.
> Le scutellum couvre les ailes.
> Sur les ombellifères.

bord de l'abdomen rouge

Le pentatome semiponctué *(Gaphosoma semipunctatum)* vit en région méditerranéenne, souvent sur les mêmes plantes que *G. lineatum*.

scutellum recouvrant presque tout l'abdomen

pronotum rayé de rouge et noir

larve de punaise arlequin

Punaise à pattes rousses
Pentatoma rufipes (pentatomidés)
L 13–15 mm, mai-octobre

Répartition Surtout en lisière de forêts avec feuillus. Presque partout commune.

> Coloration brun sombre à noir.
> Tache claire à la pointe du scutellum.
> Pattes principalement rougeâtres.

Cette punaise est facilement reconnaissable à la forme particulière de son pronotum, élargi en cornes latérales recourbées vers l'arrière. Elle vit de préférence dans la couronne de différents arbres feuillus (par exemple des bouleaux et des chênes), rarement dans les conifères. Mais elle peut aussi se rencontrer assez régulièrement dans le sous-étage des arbres. Elle se nourrit aussi bien de matières végétales qu'animales. La ponte survient le plus souvent en fin d'été. L'hiver est passé sous forme de larves à demi développées.

corne latérale du pronotum, convexe à l'avant, concave à l'arrière

pointe du scutellum rouge clair

larve de punaise à pattes rousses

pattes en grande partie rougeâtres

individu très sombre

Punaise verte
Palomena prasina (pentatomidés)
L 12–14 mm, août-juin

Répartition En lisière de forêts, dans les prés et les jardins. Partout commune.

> Presque toute verte.
> Change de couleur avant l'hiver.
> Rend les baies inconsommables.

L'espèce suce souvent la pulpe des baies, leur donnant un goût repoussant de punaise. Avant l'hiver, elle devient brune ou brun-rouge. Au printemps suivant, elle retrouve sa couleur verte normale. La ponte survient en été : elle est déposée sous les feuilles des arbres feuillus et comporte le plus souvent quatorze œufs disposés de façon assez symétrique. Sur le bord supérieur de chaque œuf, on reconnaît le couvercle préformé. Peu avant l'éclosion, les yeux rouges et la dent triangulaire d'éclosion de la larve sont visibles par transparence à travers le couvercle.

punaise verte avec sa couleur d'automne

yeux rouges

pattes rougeâtres

bord latéral de l'abdomen rayé

larve de punaise verte

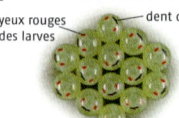

yeux rouges des larves — dent d'éclosion

ponte avec des larves proches de l'éclosion

Punaise des baies

Dolycoris baccarum (pentatomidés)
L 10–14 mm, août-juin

Cette punaise a un corps légèrement velu. Sa couleur est un mélange de vert brunâtre et de rouge vineux, ses antennes sont annelées et, sur la bordure de son abdomen, alternent des marques claires et sombres. Elle se nourrit principalement de graines et de baies de différentes herbes et plantes ligneuses, qu'elle imprègne de son odeur désagréable (comme la punaise verte), après qu'elle en a sucé la sève. Il lui arrive aussi de consommer des œufs d'insectes ou des larves de pucerons. Elle passe l'hiver à l'état adulte.

ailes et pronotum rouge vineux

alternance de clair et sombre en bordure de l'abdomen

La punaise nébuleuse *(Rhaphigaster nebulosa)* est brun-gris foncé et présente une protubérance épineuse sous le corps, qui s'étend du 2ᵉ segment ventral à la base des pattes antérieures. Elle passe souvent l'hiver dans des habitations.

antennes annelées de clair et de sombre

Répartition Lisière de forêts et de prairies. Partout commune; peut-être la plus fréquente de nos punaises.

> Tachée de verdâtre et rouge vineux.
> Alternance de clair et de sombre sur le bord de l'abdomen.
> Se nourrit surtout de graines et de baies.

Punaise potagère

Eurydema oleracea (pentatomidés)
L 5–7,5 mm, août-juin

accouplement d'individus des deux variantes

Cette petite punaise ne peut être confondue avec aucune autre : en plus d'une bande longitudinale blanche élargie en triangle vers l'arrière du pronotum, elle possède trois taches claires alignées un peu au-delà de la moitié du corps. L'une de ces taches se trouve sur la pointe du scutellum, et les deux autres, sur chacune des ailes. Ces taches peuvent être blanchee ou rougee. L'espèce suce la sève de différentes crucifères et mais aussi celle de plantes cultivées. Elle y cause peu de dégâts, même en cas d'installation massive. À côté de cela, elle mange aussi des larves de pucerons. Elle passe l'hiver à l'état adulte.

tache alaire blanche

tache blanche au bout du scutellum

tache blanche rétrécie vers l'avant sur le pronotum

variante à taches blanches

La punaise ornée *(Eurydema ornata)*, proche parente, est rouge et porte des dessins noirs très ornementaux sur son dos. On la trouve surtout en des endroits chauds.

Répartition Prairies et lisières, aussi dans les jardins et zones cultivées. Partout assez commune. Photo ci-dessus : variante de coloration, tachée de rouge.

> Marques claires rouges ou blanches.
> 3 taches à l'arrière du milieu du corps.
> Suce la sève des crucifères.

Cigale commune
Lyristes plebeja (cicadidés)
L 40–50 mm, juin-septembre

tibia muni d'éperons dessous

ailes transparentes tenues en dièdre

tête de cigale commune

pronotum, bordure des ailes et nervures en partie jaunes

Répartition Largement répandue en région méditerranéenne et commune presque partout ; plus au nord, stations isolées jusque dans le sud de la Suisse et l'est de l'Autriche.

> *Plus grande cigale européenne.*
> *Noire avec des ailes transparentes.*
> *Chante par strophes d'environ 10 secondes.*

Les mâles de cette cigale, la plus grande d'Europe, possède une paire d'organes de cymbalisation à l'avant de l'abdomen, grâce auxquels ils émettent à longueur de journée un chant assez fort, d'une durée d'environ 10 secondes en moyenne. La strophe débute par une forte pétarade, qui faiblit au bout de 5 secondes environ pour passer à une stridulation beaucoup moins bruyante. Pour chanter, les mâles se tiennent volontiers tête en haut sur des troncs de pins ou dans des arbustes, où ils ne sont pas faciles à repérer. Les larves vivent sous terre et se développent en quatre années.

Cigale des montagnes
Cicadetta montana (cicadidés)
L 23–28 mm, mai-juin

cigale fraîchement sortie de l'exuvie

Répartition Lieux chauds et secs, notamment les pelouses sèches de montagne. Vers le nord, jusqu'en Allemagne centrale. Abondance variable selon les années.

> *Anneaux jaunes sur l'abdomen.*
> *Versants chauds.*
> *Larve souterraine munie de pattes fouisseuses.*

Cette cigale est comme une miniature de la cigale commune. Outre la taille, elle s'en distingue par les anneaux circulaires jaunes des segments de l'abdomen. Les mâles émettent une longue stridulation continue, très aiguë, inaudible pour les personnes âgées. Comme chez toutes les cigales, les larves ont une vie souterraine : elles creusent des galeries et sucent la sève des racines de plantes. Elles ont des pattes fouisseuses en forme de pelle. Leur développement dure deux ans.

anneaux orange sur les segments de l'abdomen

larve de cigale des montagnes

ailes transparentes à nervures sombres

La cigale rouge (*Tibicina haematodes*) est nettement plus grande (jusqu'à 38 mm) et ses nervures sont en partie de couleur rouge. En Europe centrale, sa distribution se limite aux zones de vignoble.

Cigale épineuse

Centrotus cornutus (membracidés)
L 7–9 mm, mai-août

La cigale épineuse, spécimen indigène le plus commun d'une famille tropicale, peut difficilement être confondue avec d'autres espèces en raison de l'appendice étrange qu'elle porte sur le pronotum. Chez les représentants tropicaux de la famille, ces appendices peuvent avoir des formes extraordinaires et dépasser en taille l'animal lui-même. Cette espèce suce la sève de différentes plantes, depuis des herbes jusqu'à des plantes ligneuses, en particulier le dompte-venin et le chardon. Le développement larvaire s'étale sur deux ans.

de face, les deux cornes latérales sont bien visibles.

Répartition Prairies et clairières forestières, ainsi que bordures herbeuses de chemins. Assez commune partout.

> Se confond avec les tiges de plantes où elle est posée.
> Excroissances sur le pronotum.
> En particulier sur les chardons et dompte-venin.

corne latérale, triangulaire et aplatie, sur le pronotum

longue corne dorsale sur le pronotum

rostre suceur

Le petit diable (*Gargara genistae*) est nettement plus petit avec ses 3-4 mm de long. Il n'a pas de cornes latérales sur le pronotum et sa corne dorsale est beaucoup plus courte.

Cicadelle bison

Stictocephala bisonia (membracidés)
L 6–8 mm, juillet-octobre

cicadelle bison vue de face

Ce membracidé originaire d'Amérique du Nord, est unique avec l'imposante bosse terminée par une épine qu'il présente sur le pronotum et avec sa couleur vert clair. Il a été introduit en Europe au début du XXe siècle : il s'est surtout acclimaté dans le sud. Les œufs sont principalement pondus dans l'écorce des arbres fruitiers ou des vignes, ce qui peut entraîner le dépérissement de certaines branches et provoquer de lourds dégâts. L'hiver est passé à l'état d'œuf. Après l'éclosion, les larves recherchent des fabacées, dont la sève constitue leur nourriture préférée.

Répartition Surtout les terrains cultivés et les terrains vagues. Commune en région méditerranéenne ; s'étend rapidement vers le nord (déjà dans la vallée du Rhin).

> Couleur vert clair.
> Grosse bosse, prolongée par une épine, sur le pronotum.
> Souvent sur des fabacées ou des arbres fruitiers.

vue de dessus
épine dorsale du pronotum
ailes transparentes
bosse du pronotum

Cigale bossue
Issus coleoptratus (issidés)
L 6-7 mm, juin-août

Répartition Arbres et arbustes dans les bois et jardins. Presque partout commune, sauf dans le nord de son aire.

> Ailes élargies à la base.
> Couleurs et taches très variables.
> Sur différents ligneux.

Cette cigale qui paraît un peu bossue se reconnaît à ses ailes élargies à la base. Elle est apparemment incapable de voler. Sa couleur et la disposition de ses taches varient beaucoup, mais différents tons de gris dominent. L'espèce vit sur des ligneux variés, comme les chênes, lierre, buis, ifs et genévriers, dont elle suce la sève. Elle passe l'hiver à l'état de jeune larve.

vue de dos

ailes très élargies à la base

marques alaires très variables

ailes larges et courtes

cigale bossue vue de face

cigale bossue en vue latérale

rostre suceur

80

Fulgore d'Europe
Dictyophara europaea (anomalopidés)
L 9-13 mm, juillet-septembre

Répartition En général, lieux chauds et secs, par exemple lisières forestières et pelouses rases. Largement distribué en Europe centrale, mais assez rare partout.

> Tête triangulaire s'amincissant à l'avant.
> Couleur verte ou rose.
> Lieux les plus chauds.

Cette cigale particulière appartient aussi à une famille d'espèces qui vit préférentiellement dans les régions chaudes. Quelques espèces tropicales portent des protubérances vésiculeuses sur la tête, dont le volume égale parfois celui du corps. Autrefois, on pensait qu'il s'agissait d'organes lumineux, d'où le nom de « porte-lanterne » qui leur était attribué. L'espèce illustrée se caractérise par sa tête allongée comme un nez pointu. Sa coloration est vert clair, plus rarement rose. Elle se nourrit de la sève de différentes plantes herbacées. La femelle pond ses œufs sur ou dans le sol. L'hiver est passé à l'état d'œuf.

vue de face du fulgore d'Europe

tête pointue étirée

ailes transparentes disposées en dièdre

tarses rougeâtres

Cercope commun
Cercopis vulnerata (cercopidés)
L 9–11 mm, mai-août

Cette remarquable cigale se reconnaît facilement à la bande rouge sinueuse bien visible près de l'extrémité de l'aile. Pour l'accouplement, les deux adultes se tiennent côte à côte. La larve mène une vie souterraine et suce la sève des racines de plantes. Comme chez tous les cercopidés, elle se protège en s'entourant d'une couche d'écume. L'hiver est passé au stade de larve.

accouplement de cercopes communs

bande alaire nettement sinueuse

bande alaire presque droite

Plus petit (6–10 mm), le cercope sanguinolant (*Cercopis sanguinolenta*) est thermophile, ce qui fait qu'on ne le trouve que dans les endroits les plus chauds d'Europe. Chez lui, la bande rouge près de l'extrémité de l'aile est presque droite.

Répartition Prés secs et humides, lisières de forêts et clairières. Presque partout commun, sauf dans le nord de son aire.

> - Noir avec des marques rouges.
> - Bande sinueuse au bout de l'aile.
> - Larve souterraine.

Cercope des prés
Philaenus spumarius (cercopidés)
L 5–7 mm, juillet-octobre

Ce cercope est brunâtre clair ou sombre, avec des marques d'importance variable. Comme toutes les cigales, il se nourrit de la sève des plantes. La larve produit l'écume, qui l'enveloppe et qui la protège des prédateurs, en aspirant la sève de la tige des plantes prairiales et en y injectant de l'air en grande quantité lorsqu'elle s'écoule à l'air libre. L'amas d'écume ainsi formé autour d'elle est appelé « crachat de coucou » en langage populaire. C'est aussi le nom que l'on donne parfois à cette espèce chez qui les larves sont très fréquemment entourées d'écume. L'hiver est passé à l'état d'œuf.

« crachat de coucou » sur un brin d'herbe

corps ovale
couleur et marques alaires variables

L'écume de l'aphrophore du saule (*Aphrophora salicina*) abrite plusieurs larves. C'est ce qui explique la grande quantité produite et le fait qu'elle pende sous la branchette, en coulant goutte à goutte.

Répartition De préférence dans les secteurs ouverts, un peu humides, en particulier les prairies humides. Partout assez commun.

> - Brun avec des marques variables.
> - De préférence dans les prairies humides.
> - Larve entourée de « crachat de coucou ».

larve débarrassée de l'écume protectrice

Cigales sp.
Cixius sp. (cixiidés)
L 6–8 mm, selon les espèces mai–septembre

Répartition Surtout dans la strate arbustive et arborescente des forêts, et en lisière. Quelques espèces ne sont pas rares.

> Ailes vitreuses à nervures blanches.
> Grains noirs poilus.
> En général sur les arbres et arbustes.

Les cigales à ailes vitreuses (genre *Cixius*) ont des ailes transparentes, évoquant du verre. En général, elles ne sont pas tenues en dièdre au repos, mais plutôt assez à plat. Sur les nervures blanches, on trouve des grains noirs régulièrement espacés et couverts de poils. On en trouve de nombreuses espèces en Europe centrale, difficiles à distinguer, voire impossibles pour les femelles. Les larves sont souterraines et piquent les racines des plantes pour en sucer la sève. Elles ont des glandes séricigènes à l'abdomen, produisant de longs fils.

vue latérale

bande alaire sombre parfois absente

grain noir pourvu de poils

82

Grand diable
Ledra aurita (cicadellidés)
L 13–18 mm, juillet–septembre

Répartition En lisière de forêts sur l'écorce des feuillus et dans les arbustes. Pas rare, mais difficile à voir.

> Pronotum avec des excroissances en forme d'oreilles.
> Tête aplatie en forme de pelle.
> Sur le tronc des feuillus.

Malgré sa grande taille, cette espèce fait partie des cicadelles. Elle est bien reconnaissable aux excroissances latérales de son pronotum, recourbées vers le haut et évoquant des oreilles. La larve est aplatie et de couleur gris-vert. Son développement complet dure deux ans : la première année, elle passe l'hiver à l'état jeune, puis presque adulte la deuxième. Elle vit sur l'écorce des arbres, où elle est très difficile à voir. L'adulte se tient plutôt dans la couronne des arbres. Volant de nuit, il est souvent attiré par la lumière des fenêtres.

tête très aplatie

excroissance en forme d'oreille sur le pronotum

vue de face

larve de grand diable

Cicadelle verte
Cicadella viridis (cicadellidés)
L 6–9 mm, juin-octobre

émergence d'une cicadelle verte

enveloppe larvaire rayée de sombre

La cicadelle verte ne peut guère être confondue avec aucune autre espèce grâce à sa teinte vert clair uni dessus, ainsi qu'à ses ailes à dominante bleue du mâle. Les larves ont une tout autre apparence avec leur couleur jaunâtre et leurs rayures longitudinales sombres (bien visibles sur l'exuvie après la mue). Cette espèce suce la sève de différentes cypéracées. Chaque année, une ou deux générations sont produites, voire davantage dans le sud de l'Europe. L'hiver est passé au stade des œufs, pondus sur des plantes.

pattes jaunâtres

pronotum et ailes vert clair

Femelle

tête de cicadelle verte

Répartition *Avant tout sur les chemins forestiers humides et sur les prairies un peu humides. Chez nous, presque partout commune.*

> *Vert clair, ailes surtout bleues chez le mâle.*
> *Larve jaunâtre avec des rayures longitudinales sombres.*
> *Commune sur les prés humides.*

83

Cicadelle du rhododendron
Graphocephala fennahi (cicadellidés)
L 8–9 mm, juillet-novembre

Cette petite cicadelle originaire d'Amérique du Nord vit sur les rhododendrons et a été introduite en Angleterre, probablement au début du XXᵉ siècle. Elle s'est répandue dans les jardins de ce pays. À la fin des années 1960, elle a atteint le continent qu'elle a presque entièrement colonisé depuis. Les larves vivent quasi exclusivement sur les rhododendrons. Les adultes peuvent se nourrir de la sève d'autres plantes. Il n'y a qu'une génération par an. L'hiver est passé sous forme d'œuf.

vue dorsale

Répartition *Parcs et jardins avec buissons de rhododendrons. Presque partout commune.*

> *Ailes vertes avec des rayures longitudinales rouges.*
> *Bande noire sur le front.*
> *Sur les rhododendrons.*

rayures longitudinales rouges

bande noire sur le front

pattes et dessous jaunes

Puceron vert du rosier
Macrosiphum rosae (aphididés)
L 3–4 mm, mai-septembre

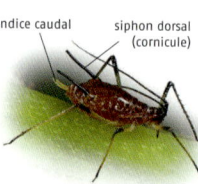

long appendice caudal — siphon dorsal (cornicule)

femelle aptère

Répartition En général en lisière de forêts et au bord des chemins, aussi dans les jardins. Partout très commun. Photo ci-dessus: colonie sur un rosier.

> Couleur verte ou rouge.
> Très longs siphons dorsaux.
> En particulier sur les rosiers.

Ce puceron vert ou rouge a de longs siphons dorsaux atteignant un tiers de la longueur du corps. L'appendice caudal en forme de langue (la cauda) fait environ la moitié de cette longueur. Les siphons lui permettent de projeter un liquide sanguin en cas de danger, ce qui a pour but de décourager l'agresseur. L'espèce se nourrit souvent en grandes colonies sur les tiges épineuses des rosiers. Elle aspire aussi la sève de diverses scabieuses et valérianes.

groupe de larves à demi développées

ailes vitreuses et en dièdre

femelle donnant naissance à des larves

stade ailé

Puceron farineux du prunier
Hyalopterus pruni (aphididés)
L 2–3 mm, mai-septembre

Répartition Sur les berges de cours d'eau avec roselières, prairies humides et jardins. Partout commun.

> Couleur rouge ou verte.
> Cornicules courtes.
> Sur roseaux, pruniers ou prunelliers.

Sur leur premier hôte en saison, le prunier ou le prunellier, on ne trouve que des individus verts. Plus tard, les individus ailés se rendent dans les roseaux (rarement sur d'autres plantes) et l'on observe des individus rouges et d'autres verts, le plus souvent mêlés dans une même colonie. Cette espèce porte des cornicules très courtes sur le dos et un appendice caudal assez bref. Le dessus du corps paraît un peu farineux et il est parsemé de fines sécrétions de cire.

rassemblement de larves rouges et vertes sur une feuille de roseau

siphons dorsaux courts

jeune larve développée

femelle donnant naissance à une larve

Puceron de l'orme

Tetraneura ulmi (aphididés)
L 1,5–3 mm, mai–septembre

Des galles (2 mm et plus) se forment à la suite de l'activité d'aspiration du puceron sur les feuilles d'orme au printemps : elles ressemblent à un haricot et se trouvent sur la face supérieure de la feuille, à laquelle elles sont reliées par un fin pédicelle. Au printemps, un puceron ailé sort de la galle par un trou situé à sa base. Il gagne l'herbe et produit plus tard une nouvelle génération de pucerons qui sucent la sève des racines. Leurs descendants migrent de nouveau sur les ormes et donnent des individus sexués. Après l'accouplement, ceux-ci pondent des œufs qui passeront l'hiver à ce stade.

filaments de cire
pucerons
galle vue en coupe
galle sur une feuille d'orme
ouverture future
trous pour quitter la galle
galle mûre avec deux trous

Répartition En lisière de forêts et de chemins, là où poussent des ormes. Largement distribué.

> *Galle foliaire en forme de haricot.*
> *Plus tard, ouverture inférieure sur la galle.*
> *Sur des feuilles d'ormes.*

85

Puceron de l'épicéa

Adelges abietis (aphididés)
L 1–2 mm, mai–septembre

Ce puceron provoque une galle en forme d'ananas à l'extrémité des pousses d'épicéa. Au début du printemps, la femelle pond de nombreux œufs à la base d'un bourgeon. En réaction à l'activité de succion des larves, les jeunes aiguilles du bourgeon enflent et se transforment en une galle pourvue de plusieurs chambres, dans lesquelles se développent les pucerons. À l'extrémité de la galle, la branchette d'épicéa se développe plus normalement. En fin d'été, les bords de la galle difforme s'ouvrent et les pucerons se dispersent sur l'arbre hôte. Ils donnent naissance à une génération qui ne produit pas de galles. L'hiver est passé à l'état d'œuf. L'année suivante, la nouvelle génération génère des galles.

bourgeon d'épicéa
bordure rouge sur les crêtes de la galle
deux galles sur un rameau d'épicéa
gouttelette de miellat
chambre abritant une larve
vue en coupe d'une galle

Répartition Forêts, parcs et jardins. D'une façon générale, bien distribué et très commun presque partout.

> *Galle en forme de petit ananas.*
> *Nombreux pucerons dans une galle.*
> *Sur un rameau d'épicéa.*

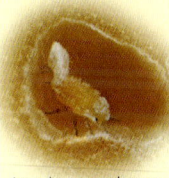

larve de puceron dans un compartiment de la galle

Psylle du chêne

Trioza remota (triozidés)
L 3 mm, septembre-octobre

Répartition Forêts et parcs avec chênes. Présente presque partout.

> Ressemble à une petite cigale.
> La larve suce la sève de la face inférieure des feuilles de chêne.
> Provoque des boutons sur le dessus des feuilles.

La psylle du chêne se reconnaît à son aptitude au saut et à ses ailes tenues en dièdre comme une cigale. Sa larve aplatie est munie d'une carapace. Celle-ci porte, à la périphérie du corps, une dense bordure de poils cireux courts et minces. Cette psylle se développe sur la face inférieure des feuilles de chêne où elle creuse des petites cavités de 1-2 mm de diamètre, dans lesquelles se tiennent les larves, ce qui provoque de petites aspérités en forme de bouton sur la face supérieure.

éclosion de psylle s'extirpant de son exuvie

ailes vitreuses et transparentes

sécrétions de cire en forme de poils

larve de psylle du chêne

feuille de chêne montrant des petits boutons

avant du corps jaunâtre

abdomen vert

Aleurode des serres

Trialeurodes vaporariorum (aleyrodidés)
L 1–2 mm, toute l'année

Répartition Cultures sous serres ; en été, aussi dans la nature. Presque partout commun.

> Minuscule insecte à ailes blanches poudrées.
> Passe par un stade nymphal.
> Vermine crainte sur les concombres et tomates.

Introduit d'Amérique centrale, l'aleurode des serres, plus connu sous le nom de « mouche blanche », peut provoquer des dégâts sur les légumes cultivés dans les serres, tels que les concombres et les tomates. Son développement passe par différents stades larvaires mobiles, sauf le dernier qui est immobile et que l'on dénomme « pupe ». Par cette caractéristique, l'aleurode des serres évoque les insectes les plus évolués à métamorphose complète. Les pupes des différentes espèces de ce groupe d'insectes ne se ressemblent pas. Chez l'aleurode des serres, elles sont caractérisées par de longs filaments cireux dressés.

filaments cireux

pupe d'aleurode des serres

ailes blanches, poudreuses

corps jaunâtre

L'aleurode de l'érable (*Aleurochiton aceris*) vit sur les feuilles d'érable et passe l'hiver à l'état de pupe. Assez rigide, elle est recouverte, par endroits, d'une couche de cire. En automne, elle tombe au sol avec les feuilles.

Cochenille cotonneuse du citron

Pseudococcus citri (pseudococcidés)
L 3–5 mm, toute l'année

Les femelles sont d'abord mobiles et possèdent des petites touffes cotonneuses en périphérie de l'abdomen. Mais après la ponte, elles deviennent immobiles et une masse cotonneuse se développe sur tout leur corps, au sein de laquelle sont cachés les œufs. Les mâles, très petits (environ 1 mm de long), ne sont que rarement vus : ils ont une paire d'ailes antérieures ; comme chez les mouches, la paire postérieure est transformée en de minuscules petits pistons. Au bout de l'abdomen, deux filaments cireux rappellent les filaments caudaux des éphémères.

accouplement

Mâle

Femelle

courtes sécrétions de cire

une seule paire d'ailes

filaments cireux

Répartition Serres et habitations, sur les légumes et les plantes ornementales, en particulier les cactées et autres plantes succulentes. Partout commune.
Photo ci-dessus : femelle adulte avec ses œufs cachés dans une bourre cotonneuse.

> Cire cotonneuse sur la femelle.
> Paire d'ailes chez le mâle.
> Sur plantes de serres et d'appartement.

 87

Pulvinaire de la vigne

Pulvinaria vitis (pseudococcidés)
L 4–6 mm, mai-juin

Cette cochenille vit sur différentes espèces de ligneux, surtout des peupliers, aubépines, pieds de vigne et genêts. Elle passe l'hiver à l'état jeune, mais parfois aussi à l'état adulte (femelles). Au printemps, les femelles pondent de nombreux œufs (jusqu'à plus de mille) dans le volumineux ovisac laineux qui se trouve sous le bouclier corné brunâtre. Les larves qui naissent quelques semaines plus tard sont mobiles, puis elles le deviennent de moins en moins à mesure qu'elles se développent.

bouclier dorsal brun et cornu

ovisac laineux

La cochenille australienne (*Pericerya purchasi*) s'est largement répandue en zone méditerranéenne. Elle est surtout de couleur orange. Sous son bouclier dorsal, elle porte un ovisac très développé formé de bâtonnets cireux.

Répartition Forêts et leurs lisières, aussi dans les cultures. Dans l'ensemble, assez commune.

> En grande partie immobile et bouclier dorsal corné.
> Ovisac d'aspect laineux.
> Sur branches de ligneux.

Sialis sp.
Sialis sp. (sialidés)
E 23–35 mm, avril-août

ailes en toit

vue de face

Répartition Selon les espèces, sur les berges des eaux dormantes ou à faible courant. Deux ou trois espèces assez communes.

> Couleur d'ensemble très sombre.
> Ailes repliées en dièdre.
> Larve prédatrice, au fond de l'eau.

Cet insecte de couleur très sombre possède des ailes densément nervurées, qui sont tenues en dièdre au repos. Malgré des pièces buccales assez bien formées, l'adulte ne semble pas se nourrir. En Europe centrale, on rencontre trois espèces qui se ressemblent beaucoup et que l'on ne peut distinguer qu'à l'aide d'un microscope.
La larve possède un long filament caudal et de nombreuses branchies trachéales segmentées sur les côtés de l'abdomen. Elle vit dans la vase et se nourrit d'autres petits animaux aquatiques.

ailes teintées de brun foncé

ponte de sialis sp.

larve de sialis sp.

dense réseau de nervures noires

Raphidie
Phaeostigma notata (raphidiidés)
E 20–32 mm, mai-juillet

pupe se déplaçant pour sa dernière mue

Répartition Arbres et arbustes des lisières de forêts, buissons et jardins. Pas rare dans la plupart des régions.

> Tête assez fine.
> Avant du thorax fortement allongé.
> Chasse d'autres insectes.

La tête fine peut être bougée avec agilité grâce à l'allongement de la partie avant du thorax, si bien que les proies (avant tout de plus petits insectes) peuvent être prélevées dans les fentes d'écorce et dans d'autres refuges. Les larves très aplaties vivent le plus souvent sous les écorces d'arbres où elles chassent leurs proies. La pupe reste avant tout calmement dans sa loge creusée à l'abri, sous l'écorce d'un arbre. Mais peu avant sa transformation en adulte complet, elle devient très active et quitte sa loge pour donner naissance à l'adulte à l'air libre.

tête fine

avant du thorax allongé en long cou

pupe au repos dans sa loge

larve de raphidie

Chrysope verte

Chrysoperla carnea (chrysopidés)
E 15–30 mm, toute l'année

yeux rouge doré

vue de face

L'adulte se nourrit de pollen, de nectar et des sécrétions des pucerons (« miellat »). En automne, cet insecte très gracile se colore en brun doré et recherche une cachette pour l'hiver sous une écorce d'arbre ou dans une maison. À la sortie de l'hiver, il retrouve sa couleur verte. Après l'accouplement, il dépose ses œufs pédicellés près d'une colonie de pucerons, la nourriture préférée des larves. Plus tard, celles-ci s'enferment dans un cocon arrondi, légèrement transparent.

ponte constituée d'œufs pédicellés

Répartition *Presque partout commune. Fréquente dans les maisons (surtout en hiver).*

> *Verte (brun-jaune en hiver).*
> *Yeux rouge d'or.*
> *Larve prédatrice de pucerons.*

ailes très tendres, densément nervurées

fines antennes presque aussi longues que le corps

larve de chrysope verte

Hémérobe phalène

Drepanepteryx phalaenoides (hémérobidés)
E 22–32 mm, toute l'année

position de camouflage, tête repliée

L'aile particulièrement découpée de cet insecte lui donne l'apparence d'une feuille sèche. La coloration et les fines lignes sombres renforcent encore cette impression. De plus, en position de repos, la tête est souvent repliée vers le bas entre les ailes, ce qui rend le camouflage encore plus parfait. Comme la larve, l'adulte se nourrit avant tout de pucerons. L'espèce est souvent attirée par les fenêtres éclairées.

Répartition *Dans les forêts et jardins. Pas rare en général, mais le plus souvent en petit nombre.*

> *Ailes comparables à une feuille sèche.*
> *Pointe de l'aile découpée.*
> *Se nourrit surtout de pucerons.*

découpe au bout de l'aile

ligne sombre

courte rayure claire

Micromus variegatus, une autre espèce assez commune de cette famille, a comme tous les autres hémérobidés l'extrémité des ailes normalement arrondie.

Fourmilion commun
Myrmeleon formicarius (myrméléontidés)
E 50–66 mm, mai-août

Répartition Lieux secs, sableux ou rocheux, de préférence au bord des talus ; aussi dans les lieux ouverts abrités de la pluie sous des buissons de genévriers. Commun dans beaucoup de régions.

> - Comme une libellule aux antennes développées.
> - Ailes étroites, transparentes.
> - La larve construit un entonnoir de capture.

Le fourmilion est de taille assez grande, mais il ne présente aucune caractéristique frappante sur le terrain. Il est actif au crépuscule en général et il se nourrit d'autres petits insectes. Sa larve possède deux grands crochets de succion : elle guette au fond d'un entonnoir à pente raide qu'elle a creusé elle-même dans le sol sableux et dans lequel ses proies glissent, en majorité des fourmis. Après un développement généralement de deux ans, la larve se transforme en pupe dans un cocon globuleux recouvert de sable.

antennes très visibles

ailes étroites et transparentes

crochets de succion

larve de fourmilion

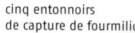

cinq entonnoirs de capture de fourmilion

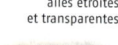

pupe dans son cocon de sable

Hémérobe chrysops
Osmylus chrysops (hémérobidés)
E 40–52 mm, mai-juillet

Répartition Berges de cours d'eau ombragées, volontiers près des ponts. Pas rare en montagne, plus disséminé en plaine. Photo ci-dessus : accouplement.

> - Tête rouge vif.
> - Ailes larges et ponctuées de noir.
> - Larve amphibie près des berges de cours d'eau.

Cet hémérobe est surtout actif au crépuscule. Pendant la période de parade, le mâle se tient sur une plante de la berge d'un cours d'eau : il recourbe un peu son abdomen et déploie à son extrémité deux organes odoriférants flexibles et tubulaires, destinés à attirer les femelles. Après l'accouplement, la ponte a lieu sur les feuilles des plantes de la berge. La larve a deux longues mandibules de succion légèrement incurvées vers l'extérieur. Elle se tient le plus souvent au bord, cachée, et se jette sur les proies dans l'eau. Elle capture des larves d'insectes avec ses mandibules et les tire hors de l'eau.

glandes odoriférantes

mâle tentant d'attirer une femelle

tête rouge   grosses taches alaires

larve aspirant le contenu d'une larve de chironome

Mantispe commun
Mantispa styriaca (mantispidés)
E 15–35 mm, juin-septembre

Ce neuroptère ressemble beaucoup à une petite mante religieuse, mais il possède des yeux rouge doré comme une chrysope verte. De plus, à l'affût, les pattes de capture sont tenues beaucoup plus en arrière. Cet insecte actif nocturne est attiré par les sources de lumière. Les œufs pédicellés, jusqu'à huit mille par ponte, sont déposés sur l'écorce des arbres. Les larves éclosent en fin d'été et hibernent directement, sans aucune prise de nourriture. Au printemps, elles pénètrent dans le cocon d'une araignée, y mange les œufs et se nymphose.

capture d'une chrysope avec les pattes ravisseuses

yeux rouge doré

pattes ravisseuses tenues très en arrière

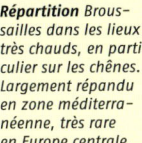

Répartition Broussailles dans les lieux très chauds, en particulier sur les chênes. Largement répandu en zone méditerranéenne, très rare en Europe centrale.

> Ressemble à une petite mante religieuse.
> Yeux rouge d'or vif.
> Métamorphose dans un cocon tissé.

ponte sur l'écorce d'un arbre

Ascalaphe soufré
Libelloides coccaius (ascalaphidés)
E 42–55 mm, mai-juillet

position de repos, ailes repliées

Ce remarquable neuroptère est actif lorsque le soleil brille et qu'il fait chaud. Il se pose le plus souvent avec les ailes ouvertes, mais il les replie en forme de dièdre le long du corps dès qu'un nuage passe devant le soleil. Il se nourrit de petits insectes volants. La larve vit au sol et ressemble à celle du fourmilion : à la différence de celle-ci, elle possède des petites protubérances en bordure de l'abdomen. Elle ne construit pas d'entonnoir de capture et attrape des petits animaux terrestres évoluant librement.

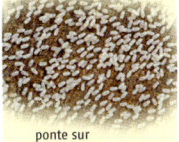

Répartition Collines pierreuses ensoleillées, en particulier au bord des éboulis. Fréquent dans le sud, rare au nord.

> Ailes jaune et noir.
> Ailes nervurées de noir.
> La larve ressemble à celle du fourmilion.

renflement au bout de l'antenne

tache noire en croissant de lune

Mâle

longs cerques à l'abdomen

protubérances sur les côtés de l'abdomen

L'ascalaphe commun (*Libelloides longicornis*), ouest méditerranéen, est présent ponctuellement plus au nord. On le distingue des autres espèces par une tache noire en croissant de lune sur les ailes postérieures.

larve d'un ascalaphe soufré

Cicindèle hybride
Cicindela hybrida (carabidés)
L 11–19 mm, toute l'année

Répartition *Grandes surfaces ouvertes, surtout gravières et dunes. Localement assez commune. Photo ci-dessus : accouplement.*

> Brune à reflets cuivrés.
> Ailes avec des marques blanches.
> Larve dans une galerie.

Ce coléoptère très craintif, apte au vol, se nourrit d'autres insectes qu'il capture avec ses longues mandibules supérieures dentées, après une course rapide. Sa larve vit dans un trou du sol vertical, de 3-4 mm de diamètre. Elle a une tête aplatie dessus, semi-circulaire et un pronotum de même forme. Les deux ensembles agissent comme un bouchon pour fermer l'ouverture de la galerie souterraine. Pour se saisir d'une proie, par exemple une fourmi, la larve projette en un éclair l'avant de son corps hors du trou et l'attrape avec ses mandibules pointues.

vue de face

grands yeux à facettes globuleux

mandibules supérieures longues et pointues

larve en mue dans sa galerie

bandes claires sur les élytres

tête de la larve à l'entrée de son trou

Cicindèle champêtre
Cicindela campestris (carabidés)
L 10–18 mm, toute l'année

Répartition *Sols dénudés, même de surface réduite, par exemple bords de chemins, landes et gravières. Assez commune. Photo ci-dessus : accouplement.*

> Vert métallisé dessus.
> Élytres ponctués de blanc.
> Chasse d'autres insectes.

cicindèle champêtre vue de face

grands yeux à facettes globuleux

mandibules supérieures pointues et dentées

Dans ses mœurs, l'espèce ressemble beaucoup à la cicindèle hybride. Elle semble moins compétitive que sa congénère à cause de ses mandibules un peu plus courtes. Si bien qu'elle est repoussée par celle-ci sur des espaces un peu moins dégagés ou des milieux favorables de plus faible étendue. Aussi, dans les lieux propices, il n'est pas rare de trouver les trous des larves des deux espèces côte à côte sur de faibles espaces. Par leurs bords lisses, les trous des larves sont faciles à reconnaître : lorsqu'elles creusent, les larves jettent la terre à distance, ce qui fait qu'il n'y a aucune accumulation de terre près des trous.

points blancs sur les élytres

La rare cicindèle germanique (*Cylindera germanica*) est nettement plus petite (8-11 mm de long) et n'a des points blancs que sur la bordure des élytres. Elle vit dans des lieux calcaires très dénudés. Elle est incapable de voler.

Calosome doré

Calosoma sycophanta (carabidés)
L 18–28 mm, toute l'année

Les coléoptères du genre *Calosoma* ont les bords des élytres parallèles, un peu plus larges à l'arrière et anguleux aux épaules à l'avant. À l'inverse de la plupart des carabidés, cette espèce à superbe coloration vole bien, elle se pose souvent dans les arbres et arbustes pour y chasser des chenilles. En cas d'explosion démographique d'insectes susceptibles de causer des dégâts forestiers, par exemple le bombyx disparate, ces coléoptères sont souvent rapidement sur les lieux, afin d'exploiter la manne alimentaire avec d'autres prédateurs.

capture d'une chenille de bombyx disparate

épaules anguleuses

couleur métallisée rouge ou dorée

Le calosome inquisiteur (*Calosoma inquisitor*) est cuivré foncé ou bleu-noir. Il a les mêmes mœurs et vit dans les mêmes biotopes que le calosome doré, mais il est généralement plus commun.

Répartition *Forêts de feuillus et lisières. Grandes variations d'abondance selon les années : en cas de proies abondantes, il peut brusquement devenir très commun.*

> « Épaules » des élytres anguleuses.
> Coloration métallisée rouge et or.
> Consomme surtout des chenilles.

Cychre commun

Cychrus caraboides (carabidés)
L 13–20 mm, toute l'année

cychre commun vu de face

mandibules supérieures proéminentes

Ce coléoptère d'un noir profond, finement grumelé dessus, ne peut être confondu avec aucun autre grâce à son corps étroit, sa tête fine et ses mandibules proéminentes. La forme de son corps trahit sa spécialisation sur la prédation d'escargots : avec l'avant de son corps étroit, il peut pénétrer dans leur coquille, puis il asperge leur corps mou de suc digestif et il suce ensuite la nourriture prédigérée. Lorsqu'il est inquiet, il émet une forte stridulation, produite par le frottement de l'extrémité de l'abdomen contre les élytres.

pronotum plus long que large

tête très fine

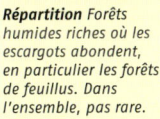
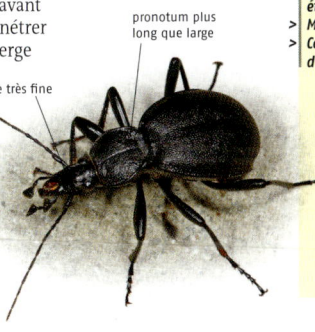

Répartition *Forêts humides riches où les escargots abondent, en particulier les forêts de feuillus. Dans l'ensemble, pas rare.*

> Noir profond et tête étroite.
> Mandibules proéminentes.
> Consommateur spécialisé d'escargots.

Procruste chagriné
Carabus coriaceus (carabidés)
L 30–40 mm, toute l'année

procruste chagriné mangeant une limace

Répartition *En général, forêts de feuillus et de conifères, mais aussi pelouses sèches. Dans de nombreuses régions, assez commun, surtout dans les lieux calcaires.*

> Plus grand carabe de nos régions.
> Noir avec de fins granules.
> Asperge ses proies d'un suc digestif.

C'est le deuxième plus grand coléoptère des régions tempérées.
Il a des élytres d'un noir profond, recouverts de fins granules.
Il est actif de nuit et incapable de voler. Il se nourrit de charognes, de vers de terre et de différents insectes, ainsi que de limaces, qu'il asperge de suc digestif pour les liquéfier et pouvoir les aspirer. Dans les climats défavorables (par exemple dans les Alpes ou dans le nord de l'Europe), le développement de la larve peut prendre plusieurs années. L'adulte vit deux ou trois ans.

élytres finement granulés sans crêtes longitudinales

Le carabe embrouillé (*Carabus intricatus*), également très grand (24-36 mm), se différencie par ses élytres colorés de bleu sur les bords et pourvus de crêtes longitudinales saillantes.

94

Carabe doré
Carabus auratus (carabidés)
L 17-30 mm, toute l'année

carabe doré mangeant un ver de terre

Répartition *En général, dans les lieux ouverts, par exemple au bord des champs et des chemins ; volontiers dans les jardins aussi. Localement assez commun.*

> Vert doré à cuivré.
> Élytres lisses, avec des crêtes longitudinales.
> En général diurne.

Le carabe doré est de couleur vert doré ou cuivré. Il a trois lignes saillantes jaune d'or vif sur les élytres qui sont par ailleurs, lisses. Les quatre premiers articles des antennes sont rouge-jaune et les autres sont noirs. À l'inverse de la plupart des autres espèces de carabes, il est en général diurne : il capture volontiers des vers de terre, y compris des individus bien plus grands que lui.

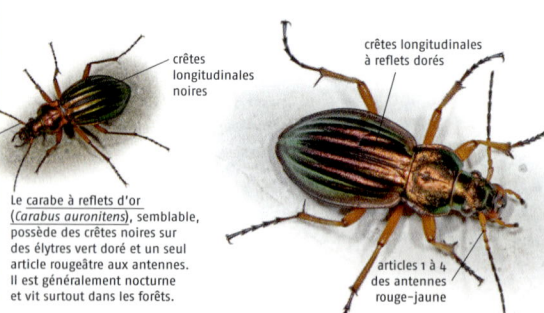

seul le 1er article est rouge-jaune

crêtes longitudinales noires

crêtes longitudinales à reflets dorés

Le carabe à reflets d'or (*Carabus auronitens*), semblable, possède des crêtes noires sur des élytres vert doré et un seul article rougeâtre aux antennes. Il est généralement nocturne et vit surtout dans les forêts.

articles 1 à 4 des antennes rouge-jaune

Carabe granuleux
Carabus granulatus (carabidés)
L 16–33 mm, toute l'année

Ce carabe de couleur cuivre foncé ou verdâtre possède, sur chaque élytre, trois rangs de chaînons réguliers séparés par des côtes lisses. L'extrémité des élytres est arrondie. Les antennes sont entièrement noires. Contrairement à la plupart des espèces parentes, il vole bien. Il passe volontiers l'hiver en grands groupes, sous l'écorce décollée des arbres tombés au sol.

carabe granuleux vu de face

arrière de l'élytre non découpé

1er article de l'antenne noir

extrémité de l'élytre à découpe anguleuse

1er article de l'antenne rouge

pattes le plus souvent noires

Chez le carabe à treillis (*Carabus cancellatus*), très semblable, le 1er article des antennes est rouge et les élytres ont une découpe anguleuse un peu avant leur extrémité.

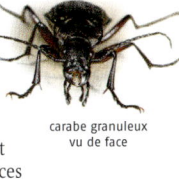

Répartition Surtout dans les forêts et les prés humides, aussi dans les zones tourbeuses. Assez commun chez nous.

> 3 rangs de chaînons et de côtes lisses.
> Antennes toutes noires.
> Peut voler.

Carabe des jardins
Carabus hortensis (carabidés)
L 22–30 mm, toute l'année

Ce carabe, mal nommé « des jardins », possède des élytres d'une couleur brillante et soyeuse, brun cuivre à noire. Ils sont pourvus, dans le sens de la longueur, de rangées régulières de petites cupules rouge d'or ou vertes. Entre elles se trouvent de fines côtes rectilignes. Souvent, la bordure des élytres est teintée de vert doré ou de cuivre. Nocturne, il se nourrit en général d'insectes et de mollusques, plus rarement de cadavres.

cupules dorées régulièrement alignées

fines côtes longitudinales

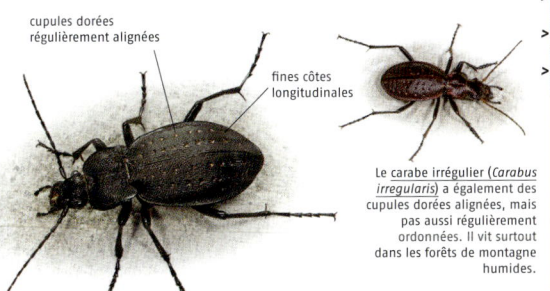

Le carabe irrégulier (*Carabus irregularis*) a également des cupules dorées alignées, mais pas aussi régulièrement ordonnées. Il vit surtout dans les forêts de montagne humides.

Répartition Surtout dans les clairières forestières, bocages et parcs, mais pas dans les jardins malgré son nom. Pas rare dans la plupart des régions.

> Fossettes dorées régulièrement alignées.
> Fines côtes longitudinales intercalées.
> Pas dans les jardins, mais en forêt.

Céphalote commun
Broscus cephalotes (carabidés)
L 17–22 mm, mai–septembre

Répartition Localement assez commun dans les régions sableuses, en particulier dans les plaines du nord de l'Allemagne, mais aussi sur les rives de cours d'eau au pied des Alpes.

> Grosse tête.
> Arrière du pronotum distinctement resserré.
> Dans les régions sableuses.

Ce carabe teinté de noir possède une grosse tête étroitement reliée au pronotum. Celui-ci est large devant, mais fortement resserré à l'arrière, ce qui le démarque du reste du corps. Pendant la journée, le céphalote commun se cache dans une cavité qu'il a creusée lui-même. La ponte est déposée dans une galerie élargie en chambre de ponte. En cas de dérangement, ce carabe prend souvent une position de menace rigide, dressé obliquement avec les mandibules écartées prêtes à pincer.

carabe en posture de menace

grosse tête

arrière du pronotum rétréci

  96

Abax parallélépipède
Abax parallelepipedus (carabidés)
L 16–21 mm, toute l'année

Répartition Forêts humides et leurs lisières, bocages ; de jour, caché dans les mousses ou sous les arbres tombés au sol. Surtout dans les régions calcaires ou limoneuses. Assez commun.

> Noir avec un corps large et aplati.
> Pronotum avec un sillon de chaque côté.
> Élytres régulièrement rainurés.

La plupart des deux mille sept cents espèces de carabidés européens sont uniformément noires et sont, en règle générale, très difficiles à distinguer les unes des autres. Cette espèce est assez facile à reconnaître à ses reflets brillants et à son corps nettement large et aplati. La forme du pronotum rappelle celle d'un cœur : large à l'avant et rétréci à l'arrière, avec un sillon de chaque côté à l'arrière. Lors de la ponte, les œufs sont entourés d'une couche de terre protectrice. Certaines espèces apparentées gardent même la ponte.

2 profonds sillons

régulièrement rainuré

Chez *Pterostichus niger*, de corpulence plus fine, le pronotum en forme de cœur est presque aussi large derrière que devant. Sur les côtés du pronotum, il y a deux dépressions à la place des sillons.

Omophron bordé

Omophron limbatum (carabidés)
L 4–6 mm, toute l'année

Ce carabe assez petit rappelle un dytique par son corps fortement bombé. La couleur jaune paille du dessus contraste avec les taches vert métallisé du dessus. En journée, cette espèce principalement nocturne se tient sur les berges aquatiques, le plus souvent enfouie dans le sable ou cachée sous une pierre. Les individus de la nouvelle génération apparaissent en automne et passent l'hiver à l'état adulte.

Répartition Berges sableuses, volontiers au bord des mares et des sablières. Assez rare, mais en grand nombre lorsqu'il est présent.

> *Apparence de dytique.*
> *Jaune avec marques vertes.*
> *Rives aquatiques sableuses.*

corps large et ovale — tache vert métallisé
vue de dessus
mandibules longues et dentées

Notiophile à deux taches

Notiophilus biguttatus (carabidés)
L 3,5–5,5 mm, toute l'année

Ce petit carabe de couleur cuivre foncé possède de grands yeux latéraux globuleux. À l'extrémité des élytres se trouvent respectivement une tache jaunâtre, puis un point noir. De plus, entre les élytres se trouve une surface lisse polie qui sépare des rangées régulières de points. Ce coléoptère très preste capture surtout des collemboles, qu'il repère à la vue.

Répartition Lieux pas trop sombres des sous-bois forestiers, au sol. Largement distribué chez nous et partout assez commun.

> *Grands yeux hémisphériques.*
> *Tache jaune à l'arrière des élytres.*
> *Capture surtout des collemboles.*

grands yeux à facettes
surface polie
tache jaunâtre sur les élytres

Élaphre des rives
Elaphrus riparius (carabidés)
L 5–7 mm, toute l'année

forme bronze

Répartition Berges aquatiques vaseuses ou sableuses, souvent dans les sablières et gravières. Partout assez commun.

> **Grands yeux hémisphériques.**
> **Dépressions violettes sur les ailes.**
> **Commun au bord de l'eau.**

Avec ses yeux globuleux et sa couleur de fond vert métallisé ou bronze, ce petit carabe ressemble beaucoup à une cicindèle. Sur les élytres se trouvent des petites dépressions violettes disposées en rangées régulières, ainsi que des taches irisées noires (souvent une grande et plusieurs petites). Il capture à la vue d'autres petits insectes. Inquiet, il émet une stridulation en frottant l'extrémité de son abdomen contre les élytres. Simultanément, il projette une sécrétion qui a pour but d'effrayer.

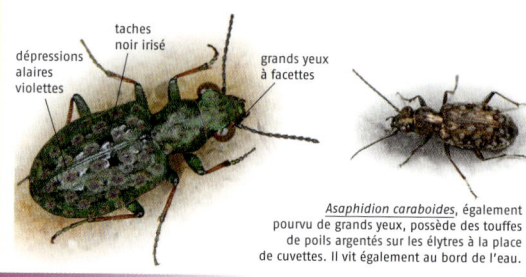

dépressions alaires violettes — taches noir irisé — grands yeux à facettes

Asaphidion caraboides, également pourvu de grands yeux, possède des touffes de poils argentés sur les élytres à la place de cuvettes. Il vit également au bord de l'eau.

Lébie petite-croix
Lebia crux-minor (carabidés)
L 5–7 mm, toute l'année

Répartition Lieux chauds, ensoleillés et secs, mais probablement aussi les lieux humides. Partout assez rare.

> **Ailes rouges à bandes noires.**
> **Dernier segment de l'abdomen apparent.**
> **Souvent haut dans la végétation.**

Ce petit carabe vivement coloré présente des bandes noires sur ses ailes rouge vif : une large, transversale et une fine, longitudinale – souvent interrompue vers l'avant – qui forment une croix noire incomplète. Le dernier segment de l'abdomen dépasse des élytres tronqués. Ce coléoptère est diurne et vole bien. Il se nourrit de différentes espèces de chrysomèles. Comme il vole, il ne se tient pas qu'au sol, mais aussi haut dans la végétation.

large bande transversale noire

pronotum rouge

dernier segment de l'abdomen

Panagée à deux points

Panagaeus bipustulatus (carabidés)
L 6–8 mm, toute l'année

Le panagée à deux points rappelle l'espèce précédente mais son pronotum est noir au lieu d'être rouge. Il est moins brillant et, par ailleurs, distinctement velu. L'extrémité de son abdomen ne déborde pas des élytres. La ligne noire de l'axe médian du corps est un peu plus large et ininterrompue. En cas de danger, ce carabe sécrète un liquide très odorant.

pronotum noir

ligne médiane ininterrompue

bout de l'abdomen ne débordant pas des élytres

Répartition *Lieux chauds et secs, pauvres en végétation, en particulier les pelouses sèches et les carrières. Peu commun.*

> *Élytres rouges avec une croix noire.*
> *Les autres carabes sont noirs.*
> *Dans les lieux secs.*

Bombardier commun

Brachinus crepitans (carabidés)
L 6–10 mm, toute l'année

Ce coléoptère très remarquable par son comportement possède des élytres bleu métallique ou verts. Le reste du corps est rouge. En cas de danger, pour se défendre, il émet un bruit sec distinctement perceptible, produit par l'explosion de gaz provenant de substances stockées dans une cavité corporelle de l'animal et éjectée par l'anus. Un crapaud, par exemple, qui a avalé un tel coléoptère le recrache aussitôt après pareille surprise. On trouve parfois cette espèce en grande concentration sous les pierres.

ailes bleues

pronotum, tête et pattes rouges

Souvent, on trouve <u>Platynus dorsalis</u> dans le voisinage du bombardier commun, sous de grosses pierres. Ses élytres sont brun-jaune à l'avant et vert métallique à l'arrière, la tête et le pronotum sont colorés en vert.

Répartition *Lieux chauds et secs, pauvres en végétation, en particulier pelouses sèches et carrières. Peu commun.*

> *Rouge avec élytres bleus ou verts.*
> *Lieux chauds et ensoleillés.*
> *Produit une détonation gazeuse.*

Dytique bordé
Dytiscus marginalis (dystiscidés)
L 27-35 mm, toute l'année

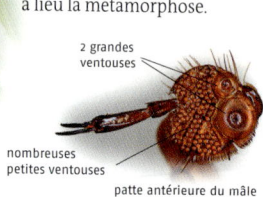

Femelle

Répartition *Eaux dormantes de toutes sortes, en particulier les étangs et les mares riches en végétation ; plus rare dans les eaux à faible courant. Assez commun partout.*

> Bord du pronotum jaune.
> Longs sillons sur les élytres de la femelle.
> Crochets de succion chez la larve.

Le dytique bordé adulte vit jusqu'à cinq ans. Il se nourrit surtout de larves d'insectes et de têtards, mais aussi de charognes. Pour l'accouplement (le plus souvent en automne), le mâle s'agrippe au pronotum de la femelle avec les ventouses de ses pattes antérieures. La larve très vorace, qui mesure jusqu'à 6 cm, a de longues mandibules supérieures acérées qui lui servent à aspirer le contenu de têtards et petits poissons, mais aussi de congénères affaiblis. Pour la nymphose, elle se rend sur la berge et y creuse un trou, dans lequel a lieu la métamorphose.

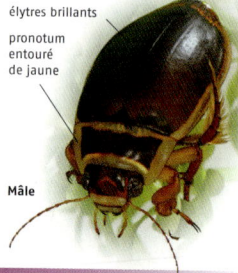

Mâle

larve aspirant le contenu d'un têtard

patte antérieure du mâle

Cybister à côtés bordés
Cybister lateralimarginatus (dystiscidés)
L 30-37 mm, toute l'année

élytres finement granulés

Répartition *Lacs et étangs à eau propre, riches en végétation. Assez commun dans le sud de l'Europe, plus rare en Europe centrale, mais en extension depuis peu.*

> Pronotum jaune seulement sur les côtés.
> Élytres granulés chez la femelle.
> Consomme surtout des mollusques aquatiques.

Il ressemble au dytique bordé, mais il est plus large et plus aplati. Le pronotum n'est bordé de jaune que sur les côtés. Grâce à ses pattes natatoires plus courtes, mais surtout frangées de soies, c'est un nageur encore meilleur et plus rapide. Les élytres sont lisses chez le mâle et finement granulés chez la femelle. Cette espèce se nourrit avec une prédilection particulière de mollusques aquatiques. La larve a une tête plus petite et des mandibules un peu plus courtes que celles du dytique bordé.

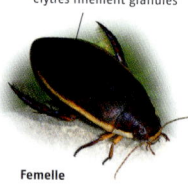

Femelle

larve de cybister à côtés bordés

bordure jaune uniquement sur les bords du pronotum

Mâle

Dytique sillonné

Acilius sulcatus (dystiscidés)
L 15–18 mm, toute l'année

Cette espèce est comme un dytique bordé miniature. Dans ce cas aussi, le mâle s'accroche à la femelle grâce à des ventouses aux pattes antérieures. Celle-ci a des élytres profondément cannelés. La larve a une tête particulièrement petite, avec de courtes mandibules acérées. Toutes les pattes sont frangées de longues soies natatoires. Le plus souvent, il se déplace avec une grande légèreté dans l'eau, mais il peut aussi reculer par saccades, en repliant son abdomen vers l'avant par à-coups. Il se nourrit en général de puces d'eau.

Répartition *Surtout dans les eaux dormantes de faible surface, riches en végétation ou à fond tourbeux. Partout commun. Photo ci-dessus : femelle avec les élytres fortement sillonnés.*

> *Bande jaune sur le pronotum.*
> *« V » jaune entre les yeux.*
> *Très petite tête chez la larve.*

Chez le dytique noir (*Colymbetes fuscus*), à peu près de la même taille mais plus massif, les deux sexes ont un réseau dense de fines marbrures noires sur les élytres.

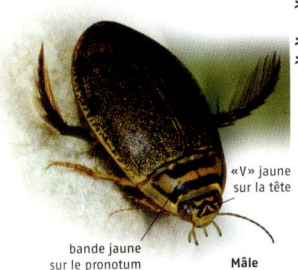

« V » jaune sur la tête

bande jaune sur le pronotum

Mâle

larve de dytique sillonné

Hygrobie d'Hermann

Hygrobia hermanni (hygrobiidés)
L 8–11 mm, toute l'année

Ce coléoptère aquatique ressemble à un dystiscidé, mais il se distingue des membres de cette famille par sa tête très proéminente. De plus, il nage en effectuant des battements alternatifs avec ses pattes arrière et non synchrones. Dérangé, il peut émettre une forte stridulation. Comme les dystiscidés, il renouvelle la réserve d'air stockée sous ses élytres en pointant l'extrémité de l'abdomen à la surface de l'eau. Sa larve porte trois filaments caudaux et se nourrit de différents petits animaux aquatiques.

récupération d'air à la surface de l'eau

Répartition *Eaux calmes limoneuses, volontiers dans les sablières. Nord-ouest de l'Allemagne, Europe de l'Ouest et ouest de la région méditerranéenne. Rare.*

> *Coloration générale jaunâtre à brunâtre.*
> *Grandes plaques noires sur l'arrière des élytres.*
> *Peut striduler fort.*

marques sombres fusionnées

mouvements alternatifs des pattes postérieures

larve d'hygrobie d'Hermann

Gyrin commun
Gyrinus substriatus (gyrinidés)
L 5-7 mm, toute l'année

Répartition *À la surface des eaux dormantes, plus rare sur les eaux à faible courant. Commun presque partout.*

> **Corps hydrodynamique.**
> **Yeux en deux parties.**
> **Surtout à la surface de l'eau.**

Le gyrin commun évolue souvent en groupes denses à la surface de l'eau. Ses courtes pattes ont des tarses disposés en éventail qui se superposent l'un sur l'autre lors de la propulsion vers l'avant, mais qui s'écartent pour ne pas offrir de prise à l'eau lorsque la patte est ramenée. Avec ses yeux à facettes subdivisés, il peut voir simultanément au-dessus et en dessous de la surface. Il capture des insectes tombés dans l'eau : il les repère aux ondulations qu'ils provoquent à la surface de l'eau qu'il capte avec ses courtes antennes. Sa larve très fine porte une paire de branchies trachéennes filiformes sur chaque anneau de son corps.

partie des yeux à facettes sous l'eau

antennes

gyrin vu de dessous

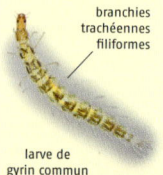

branchies trachéennes filiformes

larve de gyrin commun

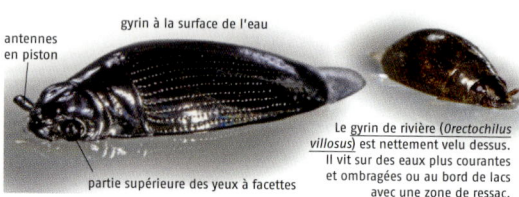

gyrin à la surface de l'eau

antennes en piston

Le gyrin de rivière (*Orectochilus villosus*) est nettement velu dessus. Il vit sur des eaux plus courantes et ombragées ou au bord de lacs avec une zone de ressac.

partie supérieure des yeux à facettes

Grand hydrophile
Hydrophilus piceus (hydrophilidés)
L 34-47 mm, toute l'année

Répartition *Étangs et mares à eau propre et riche en végétation aquatique ; surtout en plaine. Commun en zone méditerranéenne, mais rare en Europe centrale.*

> **Le plus grand coléoptère indigène.**
> **Surtout végétarien.**
> **La larve consomme des gastéropodes aquatiques.**

Malgré l'aiguillon très menaçant qu'il porte sous le corps, le grand hydrophile est un inoffensif consommateur de plantes, et occasionnellement, de cadavres. Comme toutes les espèces de la famille, il nage en alternant les battements des pattes postérieures. La ponte est déposée dans un cocon blanc flottant à la surface de l'eau, qui présente une longue « cheminée » sur le côté en guise d'aérateur. La larve, très dodue et sombre, consomme des escargots aquatiques : elle introduit la tête dans la coquille et asperge le corps mou de l'animal avec un suc digestif.

bulle d'air argentée

aiguillon sous l'abdomen

larve mangeant un escargot aquatique

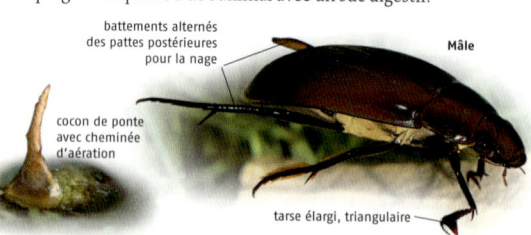

battements alternés des pattes postérieures pour la nage

cocon de ponte avec cheminée d'aération

Mâle

tarse élargi, triangulaire

Petit hydrophile
Hydrochara caraboides (hydrophilidés)
L 14–19 mm, août-juin

battements alternés des pattes postérieures

Le petit hydrophile est une copie miniature de son grand cousin. Comme tous les membres de sa famille, il a de très courtes antennes pour le renouvellement de la réserve d'air qu'il porte sous les élytres et en dessous du corps : il les positionne derrière les yeux et elles forment alors un conduit d'air par lequel l'échange d'air a lieu lorsque l'avant du corps est sorti de l'eau. La ponte a également lieu dans un cocon flottant muni d'une fine cheminée d'aération, mais sous une feuille. La larve soulève ses proies hors de l'eau (par exemple des larves d'insectes) pour les asperger de suc digestif.

petit hydrophile nageant

Répartition Eaux dormantes riches en végétation aquatique ; volontiers dans les inondations temporaires. Peu commun.

> Noir avec un corps bombé.
> Palpes plus longs que les antennes.
> Végétarien.

cocon de ponte avec cheminée d'aération

palpe maxillaire

antenne courte

réserve d'air argentée

aiguillon sous l'abdomen

branchies trachéennes latérales et poilues

larve de petit hydrophile

103

Hydrophile sombre
Helochares obscurus (hydrophilidés)
L 5–7 mm, toute l'année

Cette petite espèce, de couleur brun sombre, porte sur les côtés de sa poitrine une poche d'air assez importante. Elle nage rarement, mais grimpe de-ci, de-là sur des plantes aquatiques, le plus souvent juste sous la surface de l'eau. Comme la plupart des membres de la famille, elle se nourrit de plantes aquatiques. Au printemps, la femelle porte le cocon de ponte sur elle, sous son abdomen, jusqu'à ce que les larves naissent.

Répartition Petits plans d'eau riches en végétation, en particulier ceux qui s'assèchent périodiquement. Partout assez commun.

> Assez aplati, brun sombre.
> Grande poche d'air sur la poitrine.
> La femelle porte son cocon d'œufs sur l'abdomen.

grande poche d'air

palpe maxillaire

paquet d'œufs

Hydrobius fuscipes est plus large et légèrement grand (6–9 mm). Il est noir avec des pattes rougeâtres. Il nage volontiers en pleine eau.

femelle portant ses œufs

Staphylin à raies d'or
Staphylinus caesareus (staphylinidés)
L 17–25 mm, mai-août

Répartition Lieux ensoleillés et secs, par exemple les prés maigres et les bords de chemins. Assez commun dans une grande partie de l'Europe, plus rare dans le nord.

> *Paires de taches dorées sur l'abdomen.*
> *Élytres brun-rouge.*
> *Diurne.*

Cette espèce colorée peut difficilement être confondue avec un autre staphylin, grâce aux paires de taches dorées qui sont disposées sur son abdomen. C'est également une des rares espèces de cette famille à être aussi active de jour. Ses élytres brun-rouge sont atrophiés comme c'est le cas normal chez les staphylins, ce qui laisse visible la majeure partie de l'abdomen. Les ailes postérieures sont normales, mais elles sont repliées plusieurs fois pour être cachées sous les élytres. Après s'être posé, l'animal effectue des mouvements complexes avec la pointe de l'abdomen pour replier ses ailes.

élytre brun-rouge

une seule ligne de taches dorées

paire de taches dorées

Le staphylin fossoyeur (*Staphylinus fossor*), assez semblable, n'a qu'une tache dorée par segment de l'abdomen.

Staphylin noir
Ocypus olens (staphylinidés)
L 20–32 mm, toute l'année

Répartition Sur le sol forestier, en particulier sous les feuillus. Presque partout assez commun.

> *Le plus grand staphylin indigène.*
> *Noir mat et grosse tête.*
> *Posture de menace impressionnante.*

Il s'agit du staphylin indigène le plus grand. En général, il est actif de nuit. De jour, il se tient caché sous une pierre ou sous du bois tombé au sol. Cependant, on peut parfois l'observer de jour. Il se nourrit de petits insectes et autres invertébrés. En cas de danger, il redresse son abdomen vers le haut et en avant, lève la tête et écarte ses puissantes mandibules, prêt à l'attaque. Si cela s'impose, il peut pincer fortement. Sa larve de couleur sombre, à tête particulièrement grosse, rappelle un peu celle du dytique bordé.

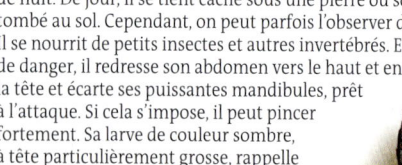

posture de menace

larve de staphylin noir

élytre court

Staphylin à gros yeux
Stenus bimaculatus (staphylinidés)
L 6–7 mm, toute l'année

Ce petit staphylin à corps fin possède des yeux particulièrement gros. Sur les élytres avortés, il possède une tache rouge. Il existe de nombreuses autres espèces appartenant au même genre et qui sont très difficiles à différencier. Cette espèce diurne est un chasseur très habile, principalement de collemboles : il repère ses proies à la vue et les saisit grâce à une « langue » extensible (pièces labiales transformées). Il peut projeter celle-ci jusqu'à une distance d'environ la moitié de la longueur de son corps et atteindre la cible visée. La larve a un coup fin et une tête presque globuleuse.

Répartition *Lieux humides tels que bords des eaux ou sol des forêts humides. Assez commun.*

> Gros yeux hémisphériques.
> Point rouge sur les élytres.
> « Langue » extensible.

gros yeux hémisphériques

point rouge sur l'élytre

larve du staphylin à gros yeux

105

Staphylin tesselé
Ontholestes tessellatus (staphylinidés)
L 14–19 mm, toute l'année

Ce staphylin possède un pronotum arrondi à l'arrière, mais anguleux à l'avant. Il est taché de jaunâtre dessus et pourvu de poils noirs, avec des taches noir mat et veloutées sur les segments antérieurs de l'abdomen. On le trouve souvent dans les excréments frais ou sur les cadavres, où il fait avant tout la chasse aux asticots. En raison de ses bonnes capacités de vol et de son fin odorat, il est en mesure d'arriver rapidement sur les sources d'alimentation récemment apparues.

portrait de staphylin tesselé

Répartition *Aussi bien les forêts que les zones ouvertes. Commun presque partout.*

> Pronotum allongé et à bords antérieurs anguleux.
> Poils jaunâtres sur le dessus avec des taches noires.
> Sur des cadavres et excréments frais.

abdomen avec des taches noires veloutées

coins antérieurs du pronotum anguleux

Nécrophore fossoyeur
Nicrophorus vespilloides (silphidés)
L 12–18 mm, toute l'année

Répartition *Assez commun en forêt, plus rare en zones ouvertes.*

> *Ailes avec 2 bandes orange.*
> *Les couples fouillent ensemble les cadavres.*
> *Larves nourries par les deux parents.*

Ce nécrophore se distingue d'autres espèces très proches par ses antennes entièrement noires. Aussitôt qu'il a trouvé un cadavre de petit animal (par exemple une souris), le mâle attire la femelle en dressant son abdomen et en émettant une phéromone. Les deux partenaires enterrent ensuite le cadavre dans le sol en le malaxant et forment une cuvette régulière. Les œufs sont pondus à proximité immédiate. Lorsque les larves naissent, elles sont d'abord nourries par les deux adultes avec de la nourriture prédigérée, à partir du cadavre. Une fois développées, elles se nourrissent d'elles-mêmes sur le cadavre.

mâle émettant ses phéromones

lamelles des antennes noires

l'adulte donne de la nourriture prédigérée aux larves

bandes alaires orange

couple dans la cuvette contenant un cadavre malaxé

Petit sylphe noir
Phosphuga atrata (silphidés)
L 10–16 mm, toute l'année

Répartition *Dans les forêts humides et les régions marécageuses. Assez commun partout.*

> *Particulièrement large et aplati.*
> *Petite tête.*
> *Consomme surtout des escargots.*

Ce coléoptère nécrophage, qui est large et aplati, se distingue des autres espèces similaires par sa tête très petite. En dépit de ce que laisserait supposer son appartenance aux nécrophages, il se nourrit presque uniquement d'escargots. Il mord sa victime dans son corps mou, ce qui la fait se retirer dans sa coquille. Il s'avance alors jusqu'à elle pour l'asperger de suc digestif. Sa tête étroite se révèle très utile pour cela. En hiver, on le trouve souvent sous l'écorce de troncs d'arbres au sol.

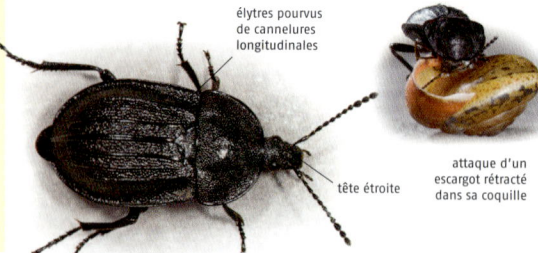

élytres pourvus de cannelures longitudinales

tête étroite

attaque d'un escargot rétracté dans sa coquille

Sylphe à corselet rouge
Oeceoptoma thoracium (silphidés)
L 7–11 mm, toute l'année

Cette espèce est impossible à confondre avec d'autres espèces de nécrophages, grâce à son pronotum rouge, ses larges élytres gris-noir et ses antennes feuilletées. On la trouve très souvent sur les cadavres, les excréments et les champignons pourrissants, en particulier les morilles. Elle ne se nourrit pas des matières qui puent pour nous, mais des asticots qu'on y trouve. Souvent, elle voisine avec des mites, qui se laissent transporter vers de nouvelles sources de nourriture sur cette monture. Les larves sont larges et aplaties et rappellent un isopode. On les trouve dans les mêmes lieux que les adultes.

Répartition Différents biotopes, en forêt comme en zones ouvertes. Presque partout commun.

> Corps large et plat.
> Pronotum rouge.
> Consomme surtout des asticots.

accouplement

larve de sylphe à corselet rouge

pronotum rouge
longues antennes feuilletées

Hister à quatre taches
Hister quadrimaculatus (histéridés)
L 7–11 mm, toute l'année

Ce coléoptère à carapace très solide, un peu aplati, a des élytres tronqués à l'arrière qui ne recouvrent pas le dernier segment de l'abdomen et qui sont pourvus d'une tache rouge arquée. Il fréquente surtout les excréments de vache et de chevaux, ainsi que les cadavres et champignons pourrissants, où il chasse d'autres insectes, notamment des asticots.

Répartition Souvent dans des lieux ouverts et secs, pelouses sèches et bords de chemins ensoleillés. Pas rare dans les régions les plus chaudes.

> Très court et large.
> Élytres avec une bande rouge arquée.
> Sur excréments et cadavres où il mange d'autres insectes.

tache rouge arquée
antenne coudée
mandibules supérieures puissantes

L'hister unicolore (*Hister unicolor*), un peu plus petit, a des élytres uniformément noirs.

Petit ver luisant
Lamprohiza splendidula (lampyridés)
L 8–10 mm, juin-juillet

Répartition Lisières de forêts un peu humides et buissons. Pas rare localement. Photo ci-dessus : mâle et femelle.

> *Les deux sexes sont lumineux.*
> *Points lumineux sur les côtés chez la femelle.*
> *La larve consomme des escargots.*

Les deux sexes sont très différents : le mâle est sombre et possède des ailes ; la femelle est blanchâtre et ses ailes sont atrophiées, ce qui la fait ressembler à une larve. Les deux possèdent des organes luminescents, le mâle sous l'extrémité de l'abdomen, la femelle sur les côtés de l'abdomen et sous la pointe de l'abdomen. Au crépuscule, les mâles lumineux patrouillent en vol et se laissent tomber au sol près des femelles lumineuses lorsqu'ils en repèrent une, dans le but de s'accoupler. Les adultes ne se nourrissent pas. La larve aplatie, qui évoque un isopode, se nourrit surtout d'escargots.

larve de petit ver luisant

pronotum recouvrant la tête

mâle vu de dessous

organe luminescent

organes luminescents sous la pointe de l'abdomen

organes luminescents sur les côtés de l'abdomen

femelle lumineuse

Lampyre
Lampyris noctiluca (lampyridés)
L 11–18 mm, juin-août

Répartition Surtout en lisière de forêts, dans les prés et les prés maigres ; parfois aussi dans les jardins. Localement assez commun. Photo ci-dessus : accouplement.

> *Femelle sans ailes, lumineuse.*
> *Mâle sans luminescence.*
> *La larve consomme des escargots.*

Chez cette espèce de ver luisant, seule la femelle porte un organe luminescent, situé à la face inférieure de l'abdomen, sur les deux anneaux qui précèdent l'extrémité. Pour qu'elle soit repérable par le mâle qui vole, elle vrille son corps vers le haut de façon à ce que la lumière soit visible du dessus. Si son signal attractif reste trop longtemps vain, elle tord encore plus son corps pour le rendre plus voyant. La larve se nourrit d'escargots. Elle pénètre aussi loin que possible dans la coquille et asperge le corps mou de l'animal avec un suc digestif.

larve mangeant un escargot

absence d'ailes

Femelle

Mâle

femelle lumineuse

organes luminescents sous l'abdomen

Cantharide commune

Cantharis fusca (cantharidés)
L 11–15 mm, mai-juin

accouplement

tache noire

pronotum rouge

larve sur la neige

La cantharide commune possède, comme tous les cantharidés, un corps étonnamment mou et peu carapaçonné pour un coléoptère. On la distingue des espèces parentes à ses ailes gris sombre et à son pronotum rouge taché de noir à l'avant. L'abdomen très tendre est également de couleur rouge. On observe régulièrement cette espèce sur les fleurs : elle se nourrit de leur pollen. À cette occasion, il évince souvent d'autres insectes. La larve, de couleur brun sombre et couverte de poils veloutés, vit au sol et se nourrit d'autres insectes, ainsi que de matières végétales. En hiver, on peut souvent l'observer se déplaçant sur la neige par temps doux.

Répartition *Forêts et espaces ouverts. Partout très commune.*

> Corps mou
> Pronotum rouge avec une tache sombre.
> Larve souvent sur la neige.

Téléphore fauve

Rhagonycha fulva (cantharidés)
L 7–10 mm, juillet-août

Le téléphore fauve se reconnaît bien à son pronotum rouge uni et à ses élytres brun-jaune à brun rouille barrés de noir près de leur extrémité. Comme la cantharide commune, il possède un corps particulièrement mou. En plein été, on le trouve sur les inflorescences blanches des plantes en ombelles, comme l'achillée, souvent en très grand nombre. Comme l'accouplement dure très longtemps, on n'observe souvent que des couples appariés sur les fleurs. Ce coléoptère se nourrit surtout d'autres insectes, mais aussi de pollen.

Répartition *Forêts et espaces ouverts. Commun partout; un des coléoptères les plus communs.*

> Plus fin que la cantharide commune.
> Brun-jaune ou rouge rouille avec bout de l'aile foncé.
> Régulièrement sur les plantes en ombelles.

pronotum rouge

extrémité de l'aile noire

accouplement

élytres brun-jaune à rouille

Taupin gris-de-souris
Agrypnus murinus (élatéridés)
L 12–17 mm, mai-juin

Répartition *Surtout dans les zones ouvertes. Commun presque partout.*

> *Gris avec des touffes de poils clairs.*
> *Peut sauter haut lorsqu'il est sur le dos.*
> *Larve terrestre prédatrice.*

Comme tous les élatéridés, ce coléoptère possède un mécanisme de saut élaboré, qui lui permet de se retrouver sur ses pattes après avoir été mis sur le dos. Lorsqu'il est dans cette position et qu'il se cambre, un tenon dirigé vers l'arrière sous la partie antérieure du thorax (pointe posternale) vient buter dans une cavité du milieu du thorax (cavité mésosternale) : s'il contracte les muscles, cela crée un mouvement de ressort qui lui permet de sauter haut. Comme cela le fait également se retourner, il retombe sur ses pattes.

La larve vit au sol et consomme des vers et larves d'insectes. Elle est appelée « ver fil de fer ».

Taupins sp.
Ctenicera sp. (élatéridés)
L 12–18 mm, mai-août

Répartition *Surtout dans les prairies de montagne. Pas rare.*

> *Éperons aux angles postérieurs du pronotum.*
> *Antennes du mâle longues et pectinées.*
> *Surtout dans les prairies de montagne.*

Les taupins appartenant à ce genre possédant un sillon longitudinal au milieu du pronotum et des éperons aux deux angles postérieurs de celui-ci. Les mâles sont caractérisés par des antennes pectinées très longues. En règle générale, les différentes espèces sont difficiles à distinguer. En effet, leur couleur est très variable, notamment celle des élytres. Ainsi, au sein d'une même espèce, on peut observer des individus entièrement ou partiellement brun-jaune, vert métallisé foncé, ou encore noir bleuté.

Ces coléoptères, très actifs lorsque le soleil brille, se tiennent sur des fleurs. Les larves vivent dans le sol ou dans le bois vermoulu.

Taupin rouge sang

Ampedus sanguineus (élatéridés)
L 12–17,5 mm, mai-août

Chez ce remarquable taupin, les angles postérieurs du pronotum sont munis d'éperons très pointus. Le pronotum est par ailleurs parcouru par un sillon depuis l'arrière jusqu'au milieu. Les élytres sont uniformément rouge brillant, la tête et le thorax noir profond. Les larves se développent dans le bois mort, de préférence de conifères et plus rarement, de chênes ou de hêtres. Cependant, elles ne se nourrissent pas de bois, mais de larves d'autres insectes.

Répartition Surtout dans les forêts de pins. Assez commun dans la plupart des régions.

> **Éperons aux angles postérieurs du pronotum.**
> **Élytres rouge uni.**
> **Surtout dans les forêts de pins.**

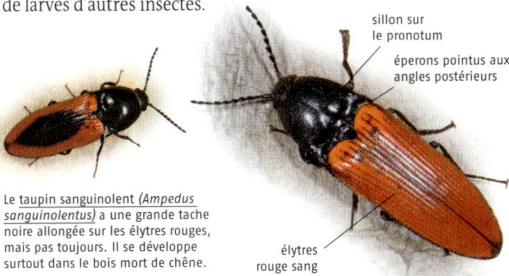

sillon sur le pronotum
éperons pointus aux angles postérieurs
élytres rouge sang

Le taupin sanguinolent (*Ampedus sanguinolentus*) a une grande tache noire allongée sur les élytres rouges, mais pas toujours. Il se développe surtout dans le bois mort de chêne.

Malachie à deux points

Malachius bipustulatus (mélyridés)
L 5,5–6 mm, avril-août

Ce petit coléoptère vert brillant est unique grâce aux deux taches rouges de l'extrémité de ses ailes. Il possède des excroissances de téguments rouges sur les coins antérieurs du pronotum et sur les côtés de l'abdomen, qu'il gonfle lorsqu'il est inquiété, mais dont la fonction réelle n'est pas connue.
Le mâle a des glandes à phéromones sur les antennes : lors de la parade, les phéromones attirent les femelles et les stimulent pour l'accouplement. On trouve souvent cette espèce sur les fleurs, dont elle mange le pollen. À l'occasion, elle mange des petits insectes.

Répartition Prairies et prés maigres, lisières forestières et bords de chemins. Largement distribuée et commune presque partout.

> **Ailes vertes à extrémité rouge.**
> **Excroissances turgescentes rouges.**
> **Glandes à phéromones dans les antennes du mâle.**

excroissances turgescentes rouges
individu sur le dos
l'abdomen dépasse des ailes
pointe de l'aile rouge

Clairon des ruches
Trichodes alvearius (cléridés)
L 10–17 mm, mai-juin

Répartition Endroits chauds et secs, avant tout prés maigres et lisières ensoleillées. Pas rare dans le sud de l'Europe.

> Fortement poilu.
> Barres rouges sur les élytres.
> Larves dans les nids d'abeilles sauvages.

Ce spectaculaire coléoptère très poilu a une couleur générale noir bleuté, à reflets métallisés. Il a trois larges bandes rouge brillant sur les ailes, ainsi qu'une étroite bordure rouge à leur extrémité. On le trouve régulièrement sur les fleurs où il se nourrit de pollen, mais aussi d'autres insectes. La larve, de couleur rose, se développe dans les nids d'abeilles sauvages. Elle se nourrit de leurs larves, et son développement dure au moins deux ans.

bordure rouge au bout des ailes — barres transversales rouges — renflement au bout des antennes — pas de rouge au bout des ailes

Le clairon des abeilles (*Trichodes apiarius*), très proche, n'a pas de bordure rouge au bout des ailes. Il vit dans les nids d'abeilles, aussi bien domestiques que sauvages.

Grand clairon
Clerus mutillarius (cléridés)
L 11–15 mm, avril-juillet

Répartition Surtout dans les chênaies des régions chaudes. Très rare en Europe centrale, plus commun dans le sud.

> Densément velu.
> Barres rouges et blanches sur les élytres.
> Mange des coléoptères lignicoles.

Ce coléoptère a des élytres noirs barrés de rouge à l'avant et de blanc dans la moitié postérieure. Il rappelle en cela les mutillidés du genre *Mutilla* (voir p. 171), surtout en considérant aussi son corps velu. On l'observe principalement sur les troncs de chênes empilés aux places de débardage, où il chasse d'autres coléoptères lignicoles. Parfois, il s'attaque à des proies plus grandes que lui, comme le montre l'illustration.

barre transversale rouge

grand clairon attaquant un bostryche

barre transversale blanche

Clairon des fourmis

Thanasimus formicarius (cléridés)
L 7–11 mm, toute l'année

Le clairon des fourmis ressemble au grand clairon, mais il est plus petit et un peu plus fin. Par ailleurs, il a une barre onduleuse blanche sur les élytres, en plus des barres rouges et blanches de l'avant et de l'arrière des ailes. Enfin, son pronotum est rouge. Adultes et larves sont considérés comme utiles d'un point de vue sylvicole, car ils se nourrissent presque exclusivement de scolytes et de leurs larves, en particulier du Scolyte typographe tellement craint des propriétaires forestiers.

Répartition Forêts de conifères, notamment les pessières attaquées par des scolytes. Commun partout.
Photo ci-dessus : accouplement.

> Barre onduleuse blanche sur les élytres.
> Pronotum rouge.
> Consomme des scolytes.

bande transversale rouge
bande blanche onduleuse
pronotum rouge
bande blanche

Le tille unifascié (*Tilloidea unifasciata*), semblable, est bien plus fin et n'a qu'une seule barre transversale blanche, sur le milieu des ailes. Cette espèce rare se nourrit également de scolytes.

Grand bupreste du pin

Chalcophora mariana (buprestidés)
L 24–30 mm, mai-août

Ce bupreste à reflets cuivrés, dont le dessus est marqué de sillons longitudinaux gris, est le plus grand représentant de cette famille en Europe centrale. Il est très craintif et vole bien. Lorsque le soleil brille, il se tient volontiers sur les troncs de pins fraîchement tombés, mais il s'envole au moindre dérangement. Comme chez tous les buprestes, sa larve a un corps très allongé qui est fortement épaissi et aplati à l'avant, et fin à l'arrière. Elle se développe sous l'écorce des pins dépérissants, en particulier sur les souches.

Répartition Pinèdes sablonneuses chaudes, en particulier dans le sud et l'est de l'Europe centrale. Assez rare.

> Le plus grand bupreste d'Europe centrale.
> Reflets cuivrés et sillons.
> Sur les pins.

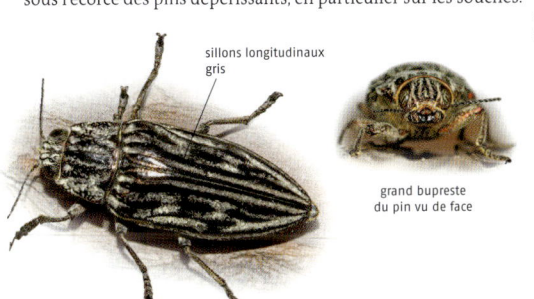

sillons longitudinaux gris

grand bupreste du pin vu de face

larve de grand bupreste

Capnode des arbres
Capnodis tenebrionis (buprestidés)
L 10–27 mm, mai-juillet

Répartition Largement distribué en région méditerranéenne ; vers le nord, remonte jusqu'au sud-est de l'Europe centrale.

> *Pronotum blanc avec des taches noires.*
> *Élytres noirs.*
> *Volontiers sur les pêchers.*

Ce bupreste massif, de taille très variable, est reconnaissable à son pronotum blanc en forme de cœur et à ses élytres presque tout noirs, hormis quelques petits points blancs. Le pronotum est orné de quatre taches noires ovales, et son bord postérieur est pourvu d'une dépression en fer à cheval. La larve se développe dans les racines de différentes espèces de Prunus, en particulier le pêcher, où l'on peut aussi trouver l'adulte.

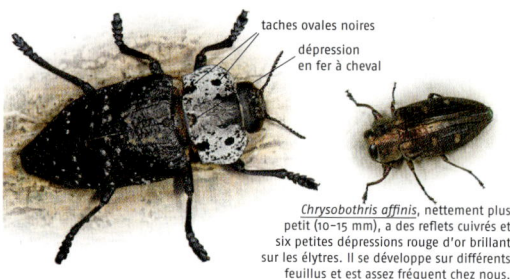

taches ovales noires
dépression en fer à cheval

<u>Chrysobothris affinis</u>, nettement plus petit (10-15 mm), a des reflets cuivrés et six petites dépressions rouge d'or brillant sur les élytres. Il se développe sur différents feuillus et assez fréquent chez nous.

 114

Bupreste à huit taches
Buprestis octoguttata (buprestidés)
L 9–18 mm, mai-août

Répartition Surtout pinèdes sablonneuses. Le plus souvent assez rare, un peu plus commun dans l'est de l'Europe.

> *Couleur bleue ou vert métallisé.*
> *4 taches jaunes sur chaque élytre.*
> *Dans les pinèdes.*

Cette belle espèce ne peut pas être confondue avec une autre grâce aux huit taches jaunes régulièrement espacées de ses élytres et à sa couleur générale bleue ou plus rarement vert métallisé. On trouve d'autres marques jaunes sur la tête, sur les bords du pronotum et sur les côtés de la partie antérieure des élytres. On rencontre ce coléoptère craintif et habile au vol principalement dans les trouées ensoleillées des pinèdes où il recherche des arbres morts, sur lesquels sa larve se développe.

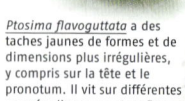

taches jaunes sur les élytres

marques jaunes

<u>Ptosima flavoguttata</u> a des taches jaunes de formes et de dimensions plus irrégulières, y compris sur la tête et le pronotum. Il vit sur différentes rosacées ligneuses et en Europe centrale. On ne le trouve que dans des lieux très chauds.

Agrile bleuâtre

Agrilus cyanescens (buprestidés)
L 4,5-7 mm, juin-août

Ce petit bupreste est uniformément bleu métallisé dessus (plus rarement vert) et noir dessous. Le scutellum est pourvu d'une nette crête transversale. Cette espèce est très difficile à distinguer de quelques autres de couleur identique. L'indice le plus sûr est fourni par les plantes sur lesquelles il s'alimente de préférence : sa larve vit en général sur les chèvrefeuilles (*Lonicera*), occasionnellement aussi sur les nerpruns (*Rhamnus*).

Répartition *Sur les chèvrefeuilles en lisière de forêts, plus rarement sur d'autres plantes. Localement assez commun.*

> **Dessus bleu ou vert métallisé.**
> **Dessous noir.**
> **Surtout sur les chèvrefeuilles.**

crête transversale sur le scutellum

dessus bleu métallisé

L'agrile du chêne (*Agrilus biguttatus*) est nettement plus fin et présente 2 points blancs velus à l'arrière des élytres. Il vit principalement sur les chênes.

Anthaxie brillante

Anthaxia nitidula (buprestidés)
L 5-7 mm, mai-août

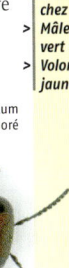

dessus vert uni

Mâle

Chez ce petit bupreste, la femelle est vivement colorée : sa tête et son pronotum sont rouge d'or brillant, tandis que les élytres ont des reflets vert-bleu. Le mâle est plus uniformément vert dessus ; ses élytres peuvent être foncés dans leur partie postérieure. On rencontre surtout cette espèce sur des fleurs jaunes, mais aussi sur les rosiers sauvages en fleur. La larve se développe sous l'écorce des prunelliers et autres rosacées ligneuses, dont différents arbres fruitiers.

Répartition *Lisières ensoleillées et prés maigres. Pas rare localement dans le sud de l'Europe.*

> **Tête et pronotum rouges chez la femelle.**
> **Mâle le plus souvent vert uniforme.**
> **Volontiers sur des fleurs jaunes.**

Chez l'anthaxie du saule (*Anthaxia salicis*), les élytres sont rougeâtres avec un croissant vert dans leur partie antérieure. Contrairement à ce que suggère son nom, elle vit sur les chênes.

élytres verts — tête et pronotum rouge doré

Femelle

Coccinelle à sept points
Coccinella septempunctata (coccinellidés)
L 5–8 mm, toute l'année

Répartition Commune partout, y compris dans les jardins et habitations. Ces dernières années, elle est concurrencée par la coccinelle asiatique.

> *Élytres rouges avec 7 points.*
> *Prédatrice utile de pucerons.*
> *Les larves aussi mangent des pucerons.*

Ce coléoptère connu et aimé de tous ne consomme presque que des pucerons. En cas de danger, il sécrète une goutte de liquide jaune vif très amer par les articulations de ses pattes. Les œufs jaunes sont pondus à proximité d'une colonie de pucerons. La larve, de couleur gris-bleu avec trois paires de taches jaunes sur le corps, se nourrit également de pucerons : pendant les quatre semaines de son développement, elle en consomme près de six cents. Finalement, comme toutes les larves de coccinelles (mais à la différence des autres coléoptères), elle se transforme en une pupe momifiée qui adhère à l'exuvie de la dernière mue larvaire.

pupe momifiée

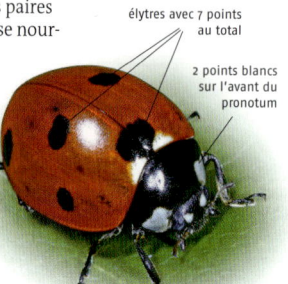
élytres avec 7 points au total
2 points blancs sur l'avant du pronotum

larve de coccinelle à sept points

Coccinelle à deux points
Adalia bipunctata (coccinellidés)
L 4–6 mm, toute l'année

Répartition Biotopes variés, y compris les zones cultivées. Une des coccinelles les plus communes d'Europe.

> *Élytres rouges avec 2 points.*
> *Couleurs souvent « inversées ».*
> *Prédatrice très utile de pucerons.*

Les élytres sont le plus souvent rouges avec deux points noirs. Mais il est assez fréquent que les couleurs soient « inversées », c'est-à-dire fond noir avec deux taches rouges. Dans ce cas, il y a souvent une paire de taches rouges supplémentaires sur les épaules. Plus rarement, certains individus ont des taches noires fusionnées d'étendue variable sur les élytres rouges. Cette espèce est très utile dans la lutte contre les pucerons qu'elle mange en grande quantité. Elle passe l'hiver sous l'écorce des arbres, souvent en grands rassemblements.

1 seul point par élytre

côté du pronotum blanc

accouplement d'individus de coloration normale

groupe passant l'hiver sous une écorce

Coccinelle asiatique

Harmonia axyridis (coccinellidés)
L 6–8 mm, toute l'année

3 types de coloration

Cette coccinelle, devenue abondante en Europe tempérée depuis peu, est très variable en dessins et en couleurs. Les élytres peuvent être jaunes, rouges ou orange. Quant aux points, le plus souvent au nombre de dix-neuf, ils peuvent être grands ou petits, voire absents. Il y a également des individus noirs à points rouges. Il y a souvent un «W» noir sur le pronotum. En dehors des pucerons, cette espèce mange aussi des fruits, par exemple du raisin, ce qui peut occasionner des dégâts. Enfin, elle affaiblit la coccinelle indigène en lui transmettant des maladies souvent mortelles. Elle peut aussi manger d'autres coccinelles et leurs larves.

«W» noir sur le pronotum

le plus souvent 19 points sur les élytres

Répartition Introduite dans les serres à des fins de lutte biologique contre les pucerons. S'est répandue dans presque toute l'Europe. Photo ci-dessus : accouplement avec une femelle noire.

> - Marques et couleurs très variables.
> - Souvent un «W» sur le pronotum.
> - Mange aussi des fruits et d'autres coccinelles.

bord de l'abdomen rouge

larve de coccinelle asiatique

Coccinelle à vingt-deux points

Thea vigintiduopunctata (coccinellidés)
L 3–5 mm, toute l'année

Cette petite coccinelle est facile à reconnaître avec ses caractéristiques assez constantes : une couleur jaune citron et vingt-deux points noirs sur les élytres, auxquels s'ajoutent cinq points noirs (parfois blancs) sur le pronotum. Il est rare de trouver des individus avec des points fusionnés entre eux ou dont le nombre est réduit. La larve, également jaune, possède des bosses poilues noires sur tout le corps. Les dessins et la coloration rappellent beaucoup ceux de l'adulte. Tous deux diffèrent fortement des autres coccinelles dans leur mode de vie : ils se nourrissent du mycélium de l'oïdium et sont donc considérés comme utiles.

5 points sur le pronotum

22 points sur les élytres

Répartition Surtout en lisière de forêts et dans les jardins, notamment sur les chênes atteints par l'oïdium. Presque partout commune.

> - Couleur générale jaune citron.
> - 22 points sur les élytres, 5 sur le pronotum.
> - Consomme l'oïdium.

Ptine bigarré
Ptinus fur (anobiidés)
L 2–4 mm, toute l'année

Répartition Régulier dans les maisons ; dans la nature, occupe les vieux nids d'oiseaux.

> **Mâle de corpulence fine.**
> **Femelle bombée, barrée de clair.**
> **Se nourrit de différentes denrées.**

Ce petit coléoptère sans signes distinctifs possède des antennes presque aussi longues que le corps et offre une grande différence entre les sexes : alors que le mâle est brun clair uni avec un corps étroit à bords presque parallèles, la femelle est brun sombre avec des bandes blanches sur les élytres et elle a une forme nettement bombée. En cas de danger, cet insecte se recroqueville et reste immobile durant de longues minutes. Il vit de différentes denrées végétales ou animales, mais il devient rarement une gêne sérieuse.

femelle recroquevillée

corps arrondi

bandes alaires claires

Femelle

Le ptine bombé (*Gibbium psylloides*), à corps très fortement bombé, vit également des provisions disponibles dans les maisons, mais il peut aussi se nourrir du matériel isolant des cloisons.

118

Dermeste du lard
Dermestes lardarius (dermestidés)
L 7–9 mm, toute l'année

Répartition Sur des vieux cadavres desséchés, dans d'anciens nids de guêpes, régulier aussi dans les maisons. Commun partout.

> **Couleur générale noire.**
> **Élytres jaunâtres à l'avant, avec des points noirs.**
> **Surtout sur de vieux cadavres d'animaux.**

Le dermeste du lard a un corps étroit et presque entièrement noir, sauf sur la première moitié des élytres qui est brun-jaune avec trois points noirs de chaque côté. L'adulte et la larve poilue se nourrissent surtout de restes secs de viande ce qui peut parfois représenter une gêne importante dans les maisons. Mais on peut avantageusement les utiliser pour faire des préparations de squelettes de vertébrés à exposer dans les musées, car ils les nettoient de tous les restes de viande.

moitié avant des ailes jaunâtre

larve du dermeste du lard

Le dermeste des peaux (*Dermestes maculatus*) a des élytres noirs avec de fines ponctuations blanches. Ses mœurs sont les mêmes que celles du dermeste du lard.

points noirs

Anthrène du bouillon blanc

Anthrenus verbasci (dermestidés)
L 2-3 mm, toute l'année

Ce très petit coléoptère a un corps large et court, et en même temps, aplati. Il est de couleur générale noire, avec de nombreuses touffes de poils blanc et jaunâtre, qui forment une bande claire sur le bord postérieur du pronotum, et trois bandes transversales discontinues sur les élytres. La larve porte des rangées transversales de poils bruns sur le dos, en partie en forme de dards, qu'elle peut hérisser en cas de danger : ils se cassent facilement et possèdent un certain effet urticant. L'adulte et la larve vivent surtout de restes d'animaux, en particulier de matières chitineuses et cornées. Dans les collections d'insectes, ils peuvent provoquer des dégâts considérables.

Répartition *Dans la nature, surtout sur des fleurs et dans de vieux nids d'oiseaux et de bourdons ; régulier dans les maisons.*

> Noir avec des poils blancs.
> 3 bandes claires sur les élytres.
> Très nuisible dans les collections d'insectes.

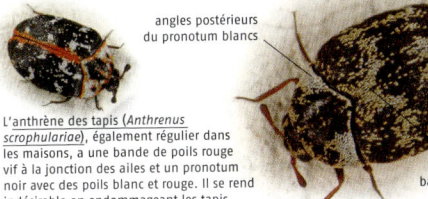

angles postérieurs du pronotum blancs

L'anthrène des tapis (*Anthrenus scrophulariae*), également régulier dans les maisons, a une bande de poils rouge vif à la jonction des ailes et un pronotum noir avec des poils blanc et rouge. Il se rend indésirable en endommageant les tapis.

bandes claires sur les ailes

larve de l'anthrène du bouillon blanc

Capucin

Bostrichus capucinus (bostrichidés)
L 8-14 mm, toute l'année

capucin vu de face

Ce remarquable coléoptère possède, comme la plupart des représentants de sa famille essentiellement tropicale, un corps cylindrique et droit, avec une tête cachée sous le pronotum. Cette allure caractéristique, à laquelle s'ajoute la couleur rouge vif des élytres, rend cette espèce impossible à confondre avec d'autres. On trouve occasionnellement le capucin sur les troncs d'arbres coupés, en particulier ceux de chêne, et occasionnellement aussi sur les ceps morts de vigne. La larve se développe dans les bois morts durs, ainsi que dans les racines. Il peut parfois occasionner des dégâts.

Répartition *Assez répandu en région méditerranéenne ; uniquement dans les régions les plus chaudes en Europe tempérée, et surtout sur les places de débardage.*

> Corps droit et cylindrique.
> Élytres rouge vif.
> Se développe dans du bois mort dur.

pronotum bombé

élytre rouge

tête cachée sous le pronotum

adulte vu de dessus

Ténébrion meunier

Tenebrio molitor (ténébrionidés)
L 12–18 mm, toute l'année

Répartition Principalement dans les maisons, sur les denrées alimentaires ; dans la nature, dans les arbres creux. Assez commun.

> Brun foncé avec des rayures sur les ailes.
> Rappelle un carabidé.
> Larve connue sous l'appellation de « ver de farine ».

Le ténébrion meunier est de couleur brun foncé. Il rappelle un carabidé par son allure, mais il possède un article dressé et aplati sur le côté de la tête, ce qui est une caractéristique des ténébrionidés. Les antennes sont légèrement épaissies à leur extrémité et les ailes ont de nettes rayures longitudinales. Sa larve, le bien connu « ver de farine », se développe dans des aliments à base de blé, par exemple la farine. Dans la nature, elle se trouve dans du bois en décomposition.

antennes légèrement renflées au bout

article en forme de langue sur le côté de la tête

rayures longitudinales sur les élytres

larve de ténébrion meunier

pupe de ténébrion meunier

120

Blaps sp.

Blaps sp. (ténébrionidés)
L 16–38 mm, toute l'année

Répartition Dans les vieilles maisons et sous les pierres ; une des espèces vit dans les galeries souterraines des rongeurs. Assez commun en région méditerranéenne, rare plus au nord.

> Noir mat, lisse.
> Élytres terminés par une petite pointe.
> Surtout dans les vieilles maisons.

Parmi les blaps, on compte les ténébrionidés les plus grands d'Europe, mais il y a aussi quelques espèces plus petites. Toutes sont assez difficiles à distinguer. Leurs élytres, lisses d'une couleur noir mat, se rejoignent à leur extrémité et se terminent en fine pointe. Les adultes se nourrissent de divers déchets dans les caves ; ils mangent aussi tous les déchets possibles dans les terriers des mammifères. En cas de danger, ils adoptent une posture de défense : l'extrémité de l'abdomen est relevée et ils peuvent en éjecter une sécrétion nauséabonde.

élytres noir mat sans relief

pointe à l'extrémité des élytres

adulte en position défensive

Opâtre des sables

Opatrum sabulosum (ténébrionidés)
L 7–10 mm, toute l'année

Ce ténébrionidé très plat a des élytres gris mat ou brunâtres, qui sont parcourus d'étroites rangées longitudinales d'aspérités. L'adulte et la larve se nourrissent, en surface et sous terre, de diverses plantes. Lorsqu'ils sont très nombreux, ils peuvent causer des dégâts aux plantes cultivées. Le développement de la larve dure deux ans.

Répartition *Lieux secs et ensoleillés, de préférence sablonneux. Commun en beaucoup d'endroits.*

> - **Très aplati.**
> - **Aspérités alignées sur les élytres.**
> - **Peut nuire aux plantes.**

bout de l'antenne légèrement épaissi

rangées d'aspérités sur les élytres

Bolitophage réticulé

Bolitophagus reticulatus (ténébrionidés)
L 6–7 mm, toute l'année

Ce petit ténébrionidé présente de fines côtes longitudinales sur ses élytres de couleur noir mat, entre lesquelles s'intercalent des rangées de points. Il se nourrit, tout comme sa larve, de polypores (champignons lignicoles). Il apprécie particulièrement les amadouviers âgés et il n'est pas rare de rencontrer de nombreux individus sur ces champignons. Leur intérieur est souvent parfaitement rongé par les larves.

groupe d'adultes mangeant un amadouvier

côtes et rangées de points sur les élytres

Répartition *Surtout en montagne, dans les hêtraies. Assez commun en beaucoup d'endroits.*

> - **Côtes et rangées de points sur les élytres.**
> - **Sur les polypores.**
> - **Surtout dans les hêtraies.**

Méloé printanier
Meloe proscarabaeus (méloïdés)
L 11–35 mm, mars-juin

Répartition *Lieux ouverts, souvent sablonneux, tels que les landes à bruyères. Pas commun.*
Photo ci-dessus : accouplement.

> *Très dodu avec des ailes atrophiées.*
> *Abdomen renflé.*
> *Se développe dans les nids d'abeilles sauvages.*

jeunes larves aux aguets

Chez le mâle, les antennes très coudées tombent presque dans les yeux. Après l'accouplement, la femelle pond plusieurs milliers d'œufs. Au premier stade, les larves sont orangées et se rassemblent en grand nombre sur des plantes, attendant l'arrivée d'une abeille pour s'accrocher à elle et être transportée jusqu'au nid. Une fois dans le nid, la larve mue au deuxième stade vermiforme et se développera jusqu'au stade adulte aux dépens des couvées d'abeille.

antennes très coudées

abdomen fortement renflé

élytres raccourcis

Mâle

Femelle

122

Cantharide officinale
Lytta vesicatoria (méloïdés)
L 9–21 mm, juin-juillet

Répartition *Lieux chauds, sur arbustes. Assez rare, bien que très abondante certaines années ; en général, plus commune en région méditerranéenne.*
Photo ci-dessus : accouplement.

> *Assez molle et aplatie.*
> *Couleur vert brillant.*
> *Se développe dans les nids d'abeilles sauvages.*

Ce coléoptère vert clair ressemble, par son allure générale et son corps assez mou, à un cantharidé. Il se nourrit de feuilles d'arbres à feuilles caduques, en particulier de frêne, et lorsqu'il lui arrive de pulluler, il peut aller jusqu'à dénuder les arbres. La larve effectue son développement dans les nids d'abeilles. Comme chez tous les méloïdés, le liquide sanguin de l'adulte contient de la cantharidine, produit hautement toxique. Autrefois, on collectait ces animaux pour extraire leur liquide afin d'en faire du poison ou un produit aphrodisiaque.

adulte entièrement vert clair brillant

Le méloé (*Epicauta rufidorsum*), proche parent présent en zone méditerranéenne, se reconnaît facilement à sa couleur générale foncée et à sa tête rouge. Sa larve se développe dans l'oothèque de différentes espèces de criquets.

Mylabre inconstant
Mylabris variabilis (méloïdés)
L 7–16 mm, juin-septembre

Les élytres de ce méloïdé sont orangés, avec trois larges bandes transversales noires dont la dernière se trouve à l'extrémité des ailes. On le trouve régulièrement sur les fleurs de beaucoup d'espèces de plantes. Là, il se nourrit des grains de pollen. Les larves se développent dans les oothèques de différentes espèces de criquets. Après l'éclosion, elles se rendent par leurs propres moyens dans la ponte souterraine de leur hôte.

Répartition Bords de chemins et prairies de la région méditerranéenne et des steppes d'Europe de l'Est. Commun presque partout (localisé plus au nord).

> *Corps cylindrique assez mou.*
> *Ailes orangées barrées de noir.*
> *Se développe dans les oothèques de criquets.*

3 bandes noires sur les ailes
corps cylindrique

Le mylabre à quatre points (*Zonabris quadripunctata*) est caractérisé par 4 taches noires sur chaque aile et le bout noir de son corps.

Lagrie hérissée
Lagria hirta (ténébrionidés)
L 7–10 mm, mai-août

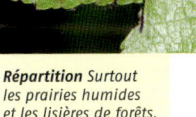

Ce coléoptère insignifiant a des élytres brun-jaune et le corps entièrement recouvert de longs poils jaunâtres un peu touffus. En cela, il ne peut pas être confondu avec d'autres coléoptères. Il consomme de nombreuses espèces de plantes différentes et il peut occasionner des dégâts lorsqu'il devient très abondant. Sa larve, également très poilue, se nourrit de parties de plantes en décomposition, surtout des feuilles mortes. Elle hiverne dans la terre.

Répartition Surtout les prairies humides et les lisières de forêts, aussi dans les jardins. Commune partout.

> *Noire avec élytres brun clair.*
> *Pilosité jaunâtre dense.*
> *Larve végétarienne dans feuilles mortes.*

pilosité jaunâtre dense sur tout le corps

élytres brun clair

Œdémère noble

Oedemera nobilis (pyrochroïdés)
L 8–11 mm, mai-août

Répartition Surtout des terrains vagues ensoleillés. Commun en région méditerranéenne ; plus au nord, seulement dans les lieux les plus chauds. Plusieurs espèces proches.

> Vert lumineux et fin.
> Élytres très écartés.
> Fémurs arrière du mâle très gros.

Ce coléoptère au corps fin est d'un vert clair brillant. Ses ailes sont très amincies et écartées l'une de l'autre à leur extrémité, ce qui fait que les ailes postérieures membraneuses sont partiellement visibles. Le mâle a les fémurs des pattes postérieures exceptionnellement gros. Chez la femelle, ils sont normaux. On trouve régulièrement cette espèce sur les fleurs, où elle mange du pollen. Sa larve se développe dans les tiges de différentes herbes.

Mâle — fémur des pattes arrière très enflés — Femelle — élytres écartés l'un de l'autre

124

Pyrochore écarlate

Pyrochroa coccinea (oedéméridés)
L 14–18 mm, juin-juillet

Répartition Clairières forestières et lisières. Partout assez commun.

> Pronotum et élytres rouges.
> Antennes plus ou moins dentées en scie.
> La larve chasse sous l'écorce des arbres.

Ce coléoptère au corps assez plat a le pronotum et les élytres rouges, le reste de son corps étant noir. Cette espèce appartient aux hétéromères (pages 120-124), un groupe de familles de coléoptères chez qui le tarse des deux paires de pattes antérieures comporte cinq articles et celui de la paire postérieure seulement quatre. L'adulte se tient souvent sur les fleurs d'ombellifères. La larve au corps plat possède deux fortes épines pointues au bout de l'abdomen. Elle chasse les larves d'autres insectes sous l'écorce des arbres morts.

larve de pyrochore écarlate

pronotum et élytres rouges — tête noire

Chez le cardinal à tête rouge (*Pyrochroa serraticornis*), la tête aussi est rouge.

Géotrupe des bois
Anoplotrupes stercorosus (géotrupidés)
L 12–19 mm, toute l'année

Ce coléoptère, à dos bombé et aux reflets bleutés, a des élytres discrètement rayés. Lorsqu'il trouve un tas d'excréments, il creuse à proximité une galerie de 7-8 cm de profondeur qu'il remplit de cette nourriture peu appétissante qui servira à la larve. Il creuse également des galeries pour sa propre alimentation, mais plus courtes dans ce cas. Les adultes fréquentent aussi les champignons pourris, les cadavres d'insectes ou les arbres d'où s'écoule de la sève fermentée.

rassemblement d'adultes sur une souche suintante

Répartition *Surtout en forêt, plus rarement en milieux ouverts. Coléoptère indigène partout le plus commun.*

> *Élytres avec des rayures longitudinales.*
> *Volontiers près des lieux de pique-nique.*
> *Développement larvaire surtout dans les excréments humains.*

Le géotrupe printanier (*Trypocopris vernalis*) a les élytres lisses, avec de nets reflets bleus ou verts.

rayures fines

Minotaure thyphée
Typhoeus typhoeus (géotrupidés)
L 12–20 mm, février-mai

Le mâle est unique grâce aux trois longues cornes pointues dirigées vers l'avant qu'il porte sur le pronotum. La femelle en est dépourvue, mais elle se reconnaît aux profondes rayures des élytres (également typiques chez le mâle). L'adulte a une prédilection pour les crottes de moutons et de lapins, qu'il fait rouler dans une galerie mesurant souvent plus de 1,5 m de profondeur et à partir de laquelle bifurquent horizontalement les chambres de ponte. Les mâles s'affrontent avec leurs cornes. Ils n'accordent aucune importance à la forme des boules d'excréments.

mâle transportant une crotte de mouton

Répartition *Sur les sols sablonneux ouverts. Localement commun.*

> *Élytres profondément rayés.*
> *3 cornes sur le pronotum chez le mâle.*
> *Sur des crottes de moutons et de lapins.*

3 cornes pointues sur le pronotum

élytres profondément rayés

Mâle   Femelle

Sisyphe de Schaeffer
Sisyphus schaefferi (scarabéidés)
L 8–10 mm, avril-juin

un couple roule une boule pour la reproduction

Répartition Terrains rocheux très chauds, en particulier le versant sud des montagnes. Assez rare.

> Corps court et tronqué.
> Pattes très longues.
> Roule des boules d'excréments sur le sol.

Ce coléoptère nettement court et tronqué, de couleur noir mat, possède des pattes extraordinairement longues. En particulier les pattes postérieures, semblables à des pattes d'araignées, sont assez hors du commun. À partir d'une crotte de mouton ou d'une bouse de vache, il forme une boule d'un bon centimètre de diamètre qui est roulée sur le sol en marche arrière par les deux adultes. Arrivée à destination, la boule est enterrée. Un œuf y est déposé. Une boule qui est roulée par un individu seul sert à sa propre subsistance.

corps court et tronqué

très longues pattes arrière

adulte roulant une boule pour sa propre consommation

<u>Scarabaeus rugosus</u>, nettement plus grand, a de nombreuses petites dépressions mates sur les élytres et le pronotum. Méditerranéen, il manque en Europe centrale.

Hanneton commun
Melolontha melolontha (mélolonthidés)
L 20–30 mm, mai-juin

7 grandes lamelles aux antennes

Mâle

Répartition Lisières de forêts et espaces ouverts. Assez commun selon les lieux et les années ; beaucoup plus rare que par le passé. Photo ci-dessus : accouplement.

> Pronotum noir.
> Pygidium à bords parallèles.
> Surtout dans les espaces ouverts.

Le pronotum est surtout noir et l'extrémité de l'abdomen, prolongée en forme de pointe (pygidium), a des bords parallèles. Tandis que le mâle a des antennes avec des lamelles assez grosses au nombre de sept, la femelle n'en a que six assez petites. La larve (ver blanc) se développe pendant quatre ans, voire trois lorsque les conditions sont propices, sur les racines des plantes. En cas de pullulation, elle peut provoquer de gros dégâts, par exemple dans les plantations de fraisiers. De telles années « à hannetons » surviennent tous les quatre ans.

larve (ver blanc)

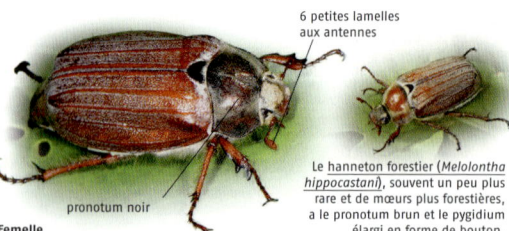

6 petites lamelles aux antennes

pronotum noir

Femelle

Le hanneton forestier (<u>Melolontha hippocastani</u>), souvent un peu plus rare et de mœurs plus forestières, a le pronotum brun et le pygidium élargi en forme de bouton.

Hanneton des jardins

Phylloperiha horticola (mélolonthidés)
L 8-11 mm, juin-juillet

5 adultes sur une feuille

Chez ce petit hanneton, aussi appelé « hanneton de juillet », les élytres sont brun-rouge et le pronotum noir avec des reflets métallisés verts ou bleus. Tout le corps est couvert de poils dispersés. Les adultes essaiment en journée et il n'est pas rare qu'ils se rassemblent en grand nombre sur les arbustes et les fleurs, en particulier les rosiers sauvages. Ils mangent les grains de pollen, si bien qu'il en reste peu après leur passage. Les larves se nourrissent sur les racines de graminées et autres plantes. Leur développement dure de un à deux ans.

Répartition *Lisières de forêts, jardins et espaces ouverts. Partout commun.*

> Noir à reflets métallisés.
> Élytres brun-rouge.
> Commun sur les arbustes en fleur.

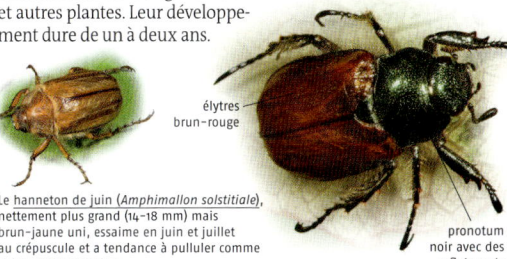

élytres brun-rouge

Le hanneton de juin (*Amphimallon solstitiale*), nettement plus grand (14-18 mm) mais brun-jaune uni, essaime en juin et juillet au crépuscule et a tendance à pulluler comme le hanneton commun.

pronotum noir avec des reflets verts

Scarabée rhinocéros

Oryctes nasicornis (mélolonthidés)
L 20-43 mm, juin-août

Ce hanneton, le plus grand d'Europe, est brun-rouge brillant à brun-noir. Le mâle porte une longue corne recourbée sur la tête. Son pronotum est déprimé en cuvette à l'avant et érigé en crête dentée transversale à l'arrière. La femelle possède seulement une minuscule protubérance sur la tête. La larve, qui mesure jusqu'à plus de 10 cm, se développe cinq ans dans les cavités vermoulues des arbres, sciures de bois ou tas de compost.

Répartition *En Europe centrale, surtout dans les jardins, parcs et scieries. Assez rare; plus commun en zone méditerranéenne.*

> Brun-rouge brillant jusqu'à brun-noir.
> Longue corne chez le mâle.
> Larves volontiers dans les tas de compost

longue corne sur la tête   cuvette du pronotum

Mâle

larve de scarabée rhinocéros

Cétoine dorée

Cetonia aurata (mélolonthidés)
L 14–20 mm, mai-octobre

adulte suçant la sève exsudée par un arbre

Répartition Lisières de forêts et espaces ouverts ; régulière aussi dans les jardins. Partout assez commune.

> Vert doré avec rayures transversales blanches.
> Vole avec les élytres fermés.
> Larve souvent dans les pots de fleurs et tas de compost.

Cette espèce vert doré a des rayures blanches transversales et quelques taches sur la partie postérieure des élytres. Contrairement à la grande majorité des coléoptères, elle vole avec les élytres fermés. Ses ailes postérieures membraneuses sortent latéralement par une encoche située sur la bordure des élytres. La larve assez gauche se développe dans les tas de compost, et ces dernières années, de plus en plus fréquemment dans les pots de fleurs et jardinières de balcon qui restent plus longtemps à l'extérieur. Elle se déplace en rampant vers l'avant, puis elle ramène les différents segments de son corps comme un ver de terre, puis s'étire à nouveau.

rayures transversales blanches

encoche sur le bord de l'aile

larve de cétoine dorée

En zone méditerranéenne, la cétoine cuivrée *(Potosia cuprea)* est de couleur vert doré uni ; en Europe centrale, elle possède des rayures transversales blanches, ce qui la rend très difficile à distinguer de la cétoine dorée.

Lucane cerf-volant

Lucanus cervus (lucanidés)
L 25–75 mm, mai-août

pièces buccales du mâle

Répartition Forêts avec vieux chênes. Ces dernières années, devenu rare presque partout. Photo ci-dessus : accouplement.

> Le plus grand coléoptère indigène.
> Mandibules du mâle en forme de bois de cerf.
> Vit surtout sur les chênes.

Le mâle se distingue grâce à ses mandibules supérieures incroyablement développées. Chez la femelle, plus petite, elles sont de taille presque normale. Tous deux possèdent, des antennes coudées avec une massue unilatérale à l'extrémité. Ce coléoptère lèche la sève fermentée avec ses pièces buccales inférieures en forme de pinceau, avant tout sur des chênes. Là, les mâles se livrent des combats animés autour des femelles, avec leurs énormes pinces. La larve mesure jusqu'à 10 cm de long et se développe pendant cinq à huit ans dans le sol, au pied de feuillus morts, en général des chênes.

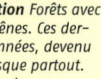

larve de lucane cerf-volant

mandibules courtes
Femelle
antenne coudée

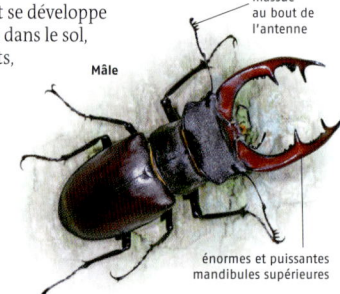
massue au bout de l'antenne
Mâle
énormes et puissantes mandibules supérieures

Petite biche
Dorcus parallelopipedus (lucanidés)
L 19–32 mm, mai-août

Ce coléoptère de couleur noir mat possède une tête très large, surtout chez le mâle. Aussi les fortes mandibules supérieures sont-elles écartées l'une de l'autre chez le mâle. Ceci est moins prononcé chez la femelle qui a une tête moins large et des mandibules plus petites. Les larves se développent en général dans des hêtres morts et aussi, mais cela demande plus de temps, dans les troncs ou branches mortes tombés au sol.

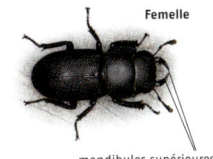

Femelle

mandibules supérieures rapprochées

mandibules supérieures très écartées

Mâle

Répartition *Forêts de feuillus plutôt humides, par exemple les forêts alluviales. Pas rare localement.*

> *Noir mat avec de fortes mandibules.*
> *Tête très large chez le mâle.*
> *Développement surtout dans les hêtres.*

 129

Suvodendre cylindrique
Sinodendron cylindricum (lucanidés)
L 12–16 mm, mai-juillet

Ce petit représentant des lucanidés possède un corps cylindrique, contrairement à son proche parent à corps aplati. Il est noir, souvent avec de nets reflets bleutés. Le mâle porte une corne qui est poilue sur l'arrière. La femelle en est dépourvue. La larve se développe de préférence dans du bois de hêtre vermoulu, rarement dans d'autres arbres feuillus. On peut parfois en trouver en grand nombre, voisinant souvent avec des individus dont le développement est déjà achevé et qui s'attardent sur les lieux.

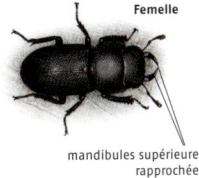

mâle et femelle sur du bois mort

Répartition *En général hêtraies âgées, proches d'un état naturel et riches en bois mort. Assez rare.*

> *Corps cylindrique.*
> *Corne sur la tête chez le mâle.*
> *Larves et adultes dans le bois pourri.*

pronotum creusé

corne sur la tête

Mâle

Ergate forgeron
Ergates faber (cérambycidés)
L 25–60 mm, juillet-septembre

Répartition Pinèdes claires, le plus souvent sablonneuses, sur des chandelles de vieux arbres. Assez rare ; plus abondant à l'est.

> Le plus grand capricorne indigène.
> Antennes plus courtes que le grand capricorne.
> Sur les chandelles de pins.

Ce grand longicorne indigène a une couleur allant du brun-rouge foncé au brun-noir et son corps est très aplati. Le pronotum est grossièrement granulé dessus et denté sur les côtés. Les antennes assez fines sont aussi longues que le corps chez le mâle et moitié moins longues chez la femelle. Le développement des larves a lieu le plus souvent dans les chandelles de pins vermoulues. Les adultes sont crépusculaires et nocturnes. En journée, ils se cachent dans l'entrée, grosse comme un pouce, de leurs galeries.

larve de l'ergate forgeron

pupe dans sa galerie d'alimentation

Femelle

pronotum grossièrement granulé

antennes de moitié aussi longues que le corps

130

Capricorne musqué
Aromia moschata (cérambycidés)
L 13–35 mm, juin-août

Répartition De préférence dans les zones humides avec de vieux saules, mais aussi dans les lieux secs si les arbres favorables à la reproduction sont disponibles. Localement, pas rare. Photo ci-dessus : femelle.

> Reflets métallisés.
> Développement dans les saules.
> Peut émettre une odeur musquée.

La couleur de ce beau capricorne peut varier du vert métallisé, au bleuté ou au bronze. Les antennes sont un peu plus longues que le corps chez le mâle, un peu plus courtes chez la femelle. Les adultes se tiennent régulièrement sur des plantes en fleur, en particulier sur des ombellifères. Ils peuvent émettre une sécrétion musquée grâce à leurs glandes. Le développement a lieu dans de vieux saules déjà un peu vermoulus, mais encore vivants. Les arbres de reproduction favorables peuvent être repérés aux galeries d'alimentation des larves.

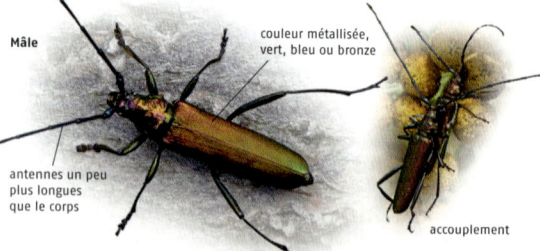

Mâle

antennes un peu plus longues que le corps

couleur métallisée, vert, bleu ou bronze

accouplement

Grand capricorne
Cerambyx cerdo (cérambycidés)
L 24–53 mm, mai-août

Ce capricorne imposant a des antennes de la longueur du corps chez la femelle et deux fois plus longues chez le mâle. Les élytres brun-noir sont brun-rouge vers leur extrémité. Le pronotum porte des granules grossiers et une dent pointue de chaque côté. La larve d'une longueur de 10 cm environ se développe dans des chandelles de vieux chênes encore vivants. Ce sont souvent les mêmes arbres qui sont utilisés pour la ponte des œufs (« chênes à capricornes »). Avec le temps, les chandelles de chêne utilisées sont entièrement perforées et finissent par dépérir.

Mâle
bout de l'aile brun-rouge
antennes deux fois plus longues que le corps

Le petit capricorne (*Cerambyx scopolii*), nettement plus petit (17–28 mm), est comme un grand capricorne en réduction mais il est tout noir. Il se développe surtout dans les hêtres et arbres fruitiers vermoulus.

Répartition Surtout dans le lit majeur des fleuves, dans les forêts alluviales humides avec de vieux chênes. Devenu très rare en Europe centrale.

> Très grand avec de longues antennes.
> Brun-noir avec pointe des ailes claire.
> Sur de vieux chênes.

Rosalie des Alpes
Rosalia alpina (cérambycidés)
L 15–38 mm, juillet-septembre

Ce capricorne bleu clair est l'un des plus beaux coléoptères d'Europe tempérée, mais aussi l'un des plus rares. Ses élytres ont des dessins noirs variables, composés de bandes transversales et de points. Ses antennes sont ornées d'anneaux de poils noirs. Les larves se développent de préférence dans des hêtres vermoulus. Les adultes sont fortement tributaires des arbres coupés et stockés au sol, dans lesquels ils pondent leurs œufs. Comme ce bois est toujours transporté avant la fin du développement des larves qui dure plusieurs années, ce coléoptère est quasiment éteint en Europe centrale. Son statut pourrait de nouveau s'améliorer en mettant en œuvre des mesures favorables ciblées.

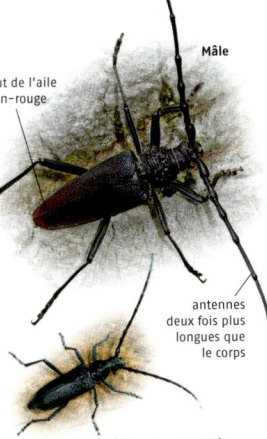

accouplement

antennes de même longueur que le corps
marques alaires noires
Femelle
couple vu de face

Répartition Forêts de hêtres clairsemées en montagne. Rare partout.
Photo ci-dessus : mâle.

> Couleur bleu clair.
> Antennes aussi longues ou plus que le corps.
> Sur les hêtres en montagne.

Raghie inquisitrice
Rhagium inquisitor (cérambycidés)
L 10–21 mm, avril-juin

adulte hivernant dans
le berceau de pupaison

Répartition *Forêts de conifères, notamment les pinèdes. Partout commune.*

> **Antennes très courtes.**
> **Se développe souvent sous l'écorce d'un pin.**
> **Pupaison dans un « nid ».**

Ce capricorne gris-brun, plutôt discret, porte une protubérance pointue de chaque côté du pronotum et deux bandes jaunâtre terne sur les élytres pas toujours très visibles. Les antennes sont étonnamment courtes pour un capricorne. La larve nettement aplatie, à grosse tête, se développe de préférence sous l'écorce des pins morts. La pupaison se produit sous l'écorce d'un arbre, dans un « nid » de forme circulaire et garni de petits copeaux de bois que la larve a construit elle-même avant de s'immobiliser. L'adulte émerge à la fin de l'été et reste dans ce berceau l'hiver suivant.

bandes transversales claires

larve de rhagie inquisitrice

antennes courtes

La rhagie mordante (*Rhagium mordax*), très semblable, a une tache noire sur les côtés de chaque élytre. Elle vit surtout dans les arbres feuillus.

Lepture rouge
Corymbia rubra (cérambycidés)
L 10–20 mm, mai-septembre

Répartition *Forêts de conifères et mixtes. Partout commun ; un des capricornes indigènes les plus abondants.*

> **Élytres jaunâtres chez le mâle.**
> **Élytres et pronotum rouges chez la femelle.**
> **Régulièrement sur les ombellifères.**

Les élytres de cette espèce sont très amincis vers l'arrière. Les deux sexes ont une coloration très différente : alors que, chez le mâle, les élytres sont jaunâtres et le pronotum noir, les deux sont rouges chez la femelle, plus forte. Les adultes se tiennent volontiers sur des plantes et arbustes en fleur, en particulier sur des ombellifères. La femelle dépose ses œufs de préférence dans des chandelles d'épicéas et de pins. Le développement de la larve dure plusieurs années et elle pénètre profondément dans le bois où elle effectuera sa pupaison.

élytres rouges — pronotum rouge — pronotum noir — élytres jaunâtres — **Mâle** — **Femelle**

Lepture tacheté
Leptura maculata (cérambycidés)
L 14–20 mm, mai-août

Ce capricorne particulièrement fin a des élytres jaunâtres barrés de noir de façon variable. La première barre antérieure est interrompue et la seconde l'est souvent aussi. On trouve souvent l'adulte sur des plantes et arbustes en fleur, où il se nourrit de grains de pollen. La larve se développe le plus souvent dans des chandelles d'arbres feuillus ou des arbres morts tombés au sol, plus rarement dans des conifères.

Répartition Forêts claires et lisières. Partout commun.

> - Corps très fin.
> - Élytres jaunes barrés de noir.
> - Développement surtout sur les arbres feuillus.

bandes noires antérieures interrompues

Le lepture à quatre bandes (*Leptura quadrifasciata*), également commun, possède 4 bandes noires transversales sur ses élytres jaunes.

Clyte bélier
Clytus arietis (cérambycidés)
L 7–14 mm, mai-juillet

Ce petit capricorne a des bandes jaunes marquantes sur ses élytres : la deuxième ressemble à des cornes de bélier. Craintif et habile en vol, il s'observe souvent sur des pièces de bois et des plantes en fleur. Avec d'autres espèces semblables, il constitue un bon exemple de mimétisme : certaines espèces sans défense ont acquis une ressemblance physique avec des espèces dangereuses ou au goût désagréable. Le développement de la larve a lieu dans des arbres à feuilles caduques morts, en particulier dans des branches de hêtres.

Répartition Forêts claires et lisières. Partout assez commun.

> - Élytres avec des «cornes de bélier» jaunes.
> - Pointe noire aux antennes.
> - Fréquent sur les fleurs et le bois mort.

base des antennes brune, extrémité noire

«corne de bélier» jaune

Le clyte arqué (*Plagionotus arcuatus*), plus puissant, a des marques jaunes étendues et des antennes orangées sur toute leur longueur.

Lamie tisserand
Lamia textor (cérambycidés)
L 15–30 mm, mai-juin

Répartition Forêts de feuillus humides, en particulier les forêts alluviales. Assez rare presque partout.

> **Très dodu.**
> **Noir mat avec des touffes de poils discrètes.**
> **Se déplace lentement au sol.**

Ce capricorne noir mat, assez gauche, présente des taches de poils dispersées sur tout le corps, qui peuvent entièrement disparaître par usure chez les individus âgés. Le pronotum a une excroissance pointue. Cet insecte a des ailes bien développées, mais il ne s'en sert que rarement. Il préfère se déplacer lentement au sol, notamment sur les chemins des forêts alluviales. Sa larve se développe dans les vieux saules et peupliers fragilisés, en particulier les saules taillés en têtard.

excroissance pointue sur le pronotum

touffe de poils clairs

Acanthocine charpentier
Acanthocinus aedilis (cérambycidés)
L 12–20 mm, mars-mai

Répartition Pinèdes clairsemées. Localement pas rare, en particulier sur les sols sablonneux de l'est et du sud de l'Europe centrale. Photo ci-dessus: femelle.

> **Antennes du mâle très longues.**
> **Long ovipositeur chez la femelle.**
> **Sur des pins.**

Malgré sa taille relativement petite, l'acanthocine charpentier est l'un des capricornes indigènes les plus imposants. Le mâle a des antennes qui font cinq fois la longueur de son corps, soit les antennes les plus longues de tous les capricornes européens. Chez la femelle, bien que plus courtes, elles atteignent néanmoins deux fois la longueur du corps. L'ovipositeur de la femelle est très visible au bout de l'abdomen. C'est l'un des premiers capricornes à apparaître au printemps, souvent dès mars. On le voit sur des troncs de pins au sol, des pièces de bois ou des chandelles de pins. Les larves se développent dans des pins morts.

antenne de deux fois la longueur du corps

Femelle ovipositeur

Mâle

4 excroissances jaunes sur le pronotum

antenne de cinq fois la longueur du corps

Obérée oculée
Oberea oculata (cérambycidés)
L 15–21 mm, juin-septembre

Ce beau capricorne, relativement petit, possède un corps très fin à bords parallèles. La tête et les antennes sont noires, les élytres gris avec de fines ponctuations foncées et le reste du corps, y compris les pattes, orange. Il a deux points noirs sur le pronotum. Les larves se développent dans des branches de saules d'environ 1 cm d'épaisseur. Pour la ponte, la femelle creuse des sillons transversaux sur la branche en rongeant l'écorce, puis glisse un œuf sous l'écorce par un trou.

obérée oculée vue de face

pronotum orange avec 2 points noirs

élytres gris avec des points foncés

Chez l'obérée pupillée (*Oberea pupillata*), les points noirs du pronotum sont situés sur les côtés, tandis que la base des élytres est tachetée d'orange. Sa larve vit dans les branches des chèvrefeuilles.

Répartition Lisières de forêts et bordures de chemins. En général, peu rare.

> *Pronotum orange avec 2 points noirs.*
> *Élytres gris avec points sombres.*
> *Se développe dans de fines branches de saules.*

Saperde noire du peuplier
Saperda populnea (cérambycidés)
L 9–15 mm, mai-juin

Les élytres brun-gris de ce petit capricorne portent huit ou dix points jaunâtres régulièrement espacés. Pour la ponte, la femelle ronge l'écorce d'une jeune branche de tremble en dessinant un « fer à cheval » et dépose un œuf dans un trou fait au milieu de cette figure. La larve se nourrit d'abord du cal de cicatrisation qui se forme autour de la blessure, puis s'enfonce plus loin au cœur de la branche. Celle-ci réagit en gonflant et en formant une galle globuleuse. Le développement des larves durant deux ans, les adultes apparaissent en nombre tous les deux ans.

femelle pondant

Répartition Sur les trembles en lisière de forêts et le long des chemins forestiers. Assez commune tous les deux ans. Photo ci-dessus: accouplement.

> *Élytres tachés de jaune.*
> *Le plus souvent sur des trembles.*
> *La femelle ronge l'écorce en « fer à cheval ».*

2 « fers à cheval » l'un au-dessus de l'autre

raies jaunâtres sur le pronotum

Doryphore

Leptinotarsa decemlineata (chrysomélidés)
L 7–11 mm, toute l'année

Répartition Champs de pommes de terre et jardins. Localement très commun ; l'un des déprédateurs de culture les plus craints.

> Élytres jaunes et rayés de noir.
> Avant du corps orange avec des taches noires.
> Gros dégâts sur les pommes de terre.

Ce coléoptère typique a des élytres jaunes, pourvus de dix rayures longitudinales noires. Le reste du corps est orange avec des marques noires irrégulières. Tout comme sa larve d'un rouge sale, l'adulte consomme exclusivement des feuilles de pomme de terre. En cas de pullulation, cela peut conduire à la destruction totale de champs de pommes de terre. Cette espèce a été introduite en Europe au XIXe siècle depuis l'Amérique du Nord : elle s'y est vite répandue en raison de l'absence de ses prédateurs naturels.

ponte de doryphore

élytres jaunes rayés de noir

feuilles de pommes de terre rongées

pronotum orange taché de noir

larve de doryphore

136

Crache-sang

Timarcha tenebricosa (chrysomélidés)
L 15–20 mm, mars-juillet

Répartition Pelouses maigres chaudes. Largement distribué et pas rare dans de nombreuses régions d'Europe.

> Le plus grand chrysomélidé indigène.
> Noir avec de légers reflets métallisés.
> Développement sur des gaillets.

Cette grande chrysomèle est noire avec de légers reflets métallisés bleutés. Le dessus de ses élytres très bombés est finement ponctué. Les tarses élargis de ses pattes sont bien visibles. Ce coléoptère un peu lent, inapte au vol, est actif dès les premiers beaux jours du printemps. En cas de danger, par exemple lorsqu'il est pris en main, il sécrète une goutte de liquide orange, d'où son nom de « crache-sang ». La larve, très dodue et lente, se développe sur des gaillets.

élytres noirs finement ponctués

tarse élargi

larve de crache-sang

Chrysomèle du peuplier

Melasoma populi (chrysomélidés)
L 10–12 mm, toute l'année

L'adulte est noir avec des reflets vert métallisé ; les élytres sont rouge brillant et leur extrémité est noire. Cette espèce vit sur différentes espèces de peupliers et de saules, et a deux générations par an. La larve blanchâtre porte des verrues noires en forme de bouton sur le corps et peut émettre, en cas de danger, une sécrétion sentant le phénol. Comme chez la coccinelle, la pupaison survient dans une pupe momifiée qui adhère à l'exuvie de la dernière mue larvaire.

pointe des élytres noire

tête et pronotum noirs

Répartition Lisières de forêts et bords de chemins. Commune partout.

> **Noire avec des reflets métallisés.**
> **Élytres rouges.**
> **Sur des peupliers et des saules.**

élytres rouges

pupe de la chrysomèle du peuplier

larve de chrysomèle du peuplier

Casside verte

Cassida viridis (chrysomélidés)
L 6–8 mm, juin-août

pupe de casside verte

Cette chrysomèle remarquable a des élytres élargis et aplatis, en forme de carapace, ainsi qu'un pronotum de même forme, sous lequel la petite tête reste le plus souvent cachée. Grâce à ses parties supérieures vert uni, l'adulte est mimétique sur les feuilles de sa plante nourricière, entre autres les menthes et les cirses. Il en est de même de sa larve verte, aux côtés du corps épineux, et de sa pupe momifiée verte et très aplatie. La larve a une queue fourchue rabattue vers l'avant, qu'elle utilise comme « bonnet de camouflage » en l'ornant de débris d'exuvies et de particules d'excréments qu'elle traîne avec elle.

Répartition Bords de chemins et prairies humides. Presque partout assez commune.

> **Tout l'adulte est carapaçonné.**
> **Dessus uniformément vert.**
> **Entre autres sur les chardons et menthes.**

élytres et pronotum comme une carapace

tête

tête cachée sous le pronotum

adulte vu de dessous

larve de casside verte

Clytre du saule

Clytra laeviuscula (chrysomélidés)
L 7–11 mm, mai-août

Répartition Lisières de forêts ensoleillées et prés secs. Assez commun.

> Corps très allongé.
> Ailes rouges avec 2 points noirs chacune.
> Larve dans une fourmilière.

Ce coléoptère allongé possède deux taches noires sur chaque élytre : une petite devant et une grande derrière. Il se nourrit surtout de feuilles de saules, mais aussi d'autres plantes. La femelle se tient au voisinage d'un nid de fourmis rousses dans les herbes et entoure chacun de ses œufs d'un étui constitué de petites particules de crottes. Les boulettes ainsi formées, d'environ 1 mm, ressemblent à un petit cône de pin : avec une certaine chance, elles seront transportées par les fourmis jusque dans la fourmilière comme matériaux de construction. Une fois éclose, la larve, qui consomme des œufs et des larves de fourmis, se construit un solide fourreau dans lequel elle se rétracte en cas de danger.

petite tache sur l'aile
grande tache sur l'aile

larve dans un fourreau de protection

La **casside dorée** (*Lachnaea sexpunctata*), méditerranéenne, possède 6 points noirs sur ses élytres jaunâtres.

Cryptocéphale sp.

Cryptocephalus sp. (chrysomélidés)
L 4–6 mm, mai-août

rassemblement d'adultes sur un salsifis fané

Répartition Lisières de forêts, prairies et prés secs. Assez commune.

> Corps un peu bossu, à bords parallèles.
> Coloration variable selon les espèces, souvent vert uni.
> Larves dans un sac de crottes au sol.

Les nombreuses espèces de ce genre de chrysomélidés paraissent un peu bossues, car le pronotum est arqué vers l'avant et qu'il cache en partie la tête. Les bords extérieurs des ailes sont parallèles. Parmi la soixantaine d'espèces indigènes, caractérisées par de grandes différences de couleurs et de dessins, on note des modèles de dessins spécifiques. Cependant, plusieurs espèces ont une même coloration vert doré métallisé et sont très difficiles à distinguer. Les adultes se tiennent sur les fleurs, dont ils se laissent tomber au moindre dérangement. Les larves vivent au sol, dans les tas de crottes, et se nourrissent de parties de plantes en décomposition.

tête en partie cachée sous le pronotum

bords des ailes parallèles

Hispe hirsute

Hispella atra (chrysomélidés)
L 3–4 mm, avril-juin

longue épine sur le 1ᵉʳ article des antennes

Ce petit chrysomélidé noir mat ne peut être confondu avec aucun autre coléoptère d'Europe centrale grâce aux nombreuses et longues épines qui ornent ses élytres et son pronotum. Le premier article des pattes est également pourvu d'une longue épine. Ce singulier coléoptère se tient de préférence dans les herbes. Dérangé, il peut émettre un son stridulant, produit en frottant la tête par des mouvements ascendants et descendants contre la partie antérieure du pronotum.

Répartition Le plus souvent lieux secs et ensoleillés, en particulier les pelouses sèches. Localement pas rare en Europe centrale.

> **Nombreuses épines sur le pronotum et les élytres.**
> **Une épine sur le 1ᵉʳ article des antennes.**
> **Herbes des lieux ensoleillés**

nombreuses épines sur les élytres et le pronotum

L'hispe jaune (*Hispa testacea*), de couleur brune, n'est présente qu'en Europe tempérée. Ses antennes ne portent pas d'épines.

Donacie sp.

Donacia sp. (chrysomélidés)
L 7–12 mm, avril-août

Les chrysomélidés à reflets verts ou cuivrés appartenant à ce genre ont un corps très fin et rappellent en cela les capricornes. En Europe tempérée, on trouve de nombreuses espèces proches, très difficiles à distinguer qui ne peuvent guère être identifiées que par le biais des plantes dont elles se nourrissent. Toutes ont des larves aquatiques liées à des plantes bien spécifiques, que ce soit des rubaniers, typhas ou sagittaires. Elles accèdent à la partie aérienne des plantes et s'approvisionnent ainsi en oxygène.

antennes presque aussi longues que le corps

Répartition Sur différentes plantes au bord de l'eau ; aussi sur des plantes flottantes. Le plus souvent commune.
Photo ci-dessus : accouplement.

> **Rappelle un capricorne.**
> **Reflets verts ou cuivrés.**
> **Chaque espèce vit sur une plante bien précise.**

accouplement

pattes arrière un peu renflées

Scolyte typographe
Ips typographus (curculionidés)
L 4–5 mm, mai–juillet

galeries sous l'écorce

Répartition *Épicéas morts ou dépérissants des forêts de conifères. Partout commun.*

> *Corps cylindrique.*
> *Arrière des élytres en plan incliné denté.*
> *Galeries d'alimentation sous les écorces.*

Le scolyte typographe possède un corps cylindrique court, délimité par un plan incliné denté à son extrémité postérieure. Il se développe sous l'écorce des épicéas dépérissants ou déjà morts. La ponte a lieu dans une galerie verticale. De là, les larves qui naissent creusent des galeries latérales qui partent en étoile. Il en résulte un dessin géométrique très esthétique. En cas de pullulation, ces petits coléoptères peuvent décimer toute une forêt d'épicéas.

antenne terminée par un renflement allongé

arrière du corps incliné et denté

larve de scolyte typographe

Charançon de la pétasite
Liparus glabrirostris (curculionidés)
L 17–21 mm, mai–juillet

Répartition *Ruisseaux de montagne bordés de massifs de pétasites. Pas rare en montagne.*

> *Le plus grand charançon indigène.*
> *Noir avec des touffes de poils clairs.*
> *Ruisseaux de montagne avec pétasites.*

Ce charançon noir, la plus grande des espèces indigènes, porte des touffes de poils jaunâtres en forme de cube sur les élytres et une ligne de poils en « Y » sur les côtés du pronotum. Ce coléoptère inapte au vol se déplace lentement au sol ou sur les feuilles de pétasites, dont il se nourrit en majorité. Les larves se développent sous terre, sur les racines de ces plantes, mais aussi sur les racines de tussilage.

taches de poils jaunâtres

accouplement

tache en forme de «Y»

Grand charançon du pin

Hylobius abietis (curculionidés)
L 8–14 mm, avril-octobre

Ce charançon brun-noir à noir, assez grand, possède des taches de poils clairs sur ses élytres qui forment une bande oblique claire de chaque côté, vers le milieu de l'aile. Les adultes consomment de préférence l'écorce et les bourgeons de jeunes pins ou épicéas, ce qui peut entraîner leur mort. Les dégâts causés de cette façon sont souvent considérables. Les larves s'attaquent aux racines, mais, en règle générale, elles occasionnent des dégâts bien moindres.

Répartition *Forêts, en particulier de conifères. Presque partout assez commun.*

> Élytres avec des bandes de taches claires.
> Fémur denté dessous.
> Consomme de jeunes conifères.

Le charançon du sapin (*Pissodes piceae*) présente une bande claire oblique sur l'arrière des élytres. Il se développe sur le sapin blanc et ne se rencontre qu'en montagne.

bande oblique de taches de poils clairs

fémur denté dessous

Charançon du hêtre

Rhychaenus fagi (curculionidés)
L 2,5–3 mm, toute l'année

Ce petit charançon noir et velu présente des lignes régulières de points sur ses élytres et possède un rostre entièrement recourbé vers le bas. Grâce à ses puissantes pattes arrière, il peut sauter très loin. Au printemps, l'adulte qui sort d'hibernation dépose ses œufs isolément sur la nervure centrale d'une feuille de hêtre. Juste après sa naissance, la larve aplatie consomme le milieu de la feuille, puis gagne le bord par un passage creusé dans la feuille et l'élargit peu avant de parvenir à une spacieuse zone de nourrissage, dans laquelle elle effectuera également la pupaison.

Répartition *Hêtraies. Partout très commun.*

> Petit, avec un rostre recourbé vers le bas.
> Capable de sauter.
> Vit sur les hêtres.

élytres avec des lignes de points et des bandes longitudinales

rostre recourbé vers le bas

feuille minée par une larve

larve de charançon du hêtre

Balanin des noisettes
Curculio nucum (curculionidés)
L 6–9 mm, mai-juillet

Répartition *Forêts de feuillus sur les noisetiers, aussi dans les jardins.*

> **Rostre presque aussi long que le corps chez la femelle.**
> **Corps écaillé de brun-jaune.**
> **Sur les noisetiers.**

Le balanin des noisettes possède un rostre très fin et recourbé qui atteint presque la longueur du corps chez la femelle, mais qui est un peu moins long chez le mâle. La femelle l'utilise pour déposer ses œufs (qui se trouvent à son extrémité) dans les noisettes encore tendres : elle commence par faire un trou à travers la coquille molle, puis jusqu'au cœur du fruit et, finalement, dépose un œuf. Plus tard, la larve consomme la noisette de l'intérieur. Dans l'arrière-saison, une fois la noisette tombée au sol, elle perce un trou dans la coquille devenue dure entre-temps pour en sortir et s'enfonce dans le sol. Elle y effectuera la pupaison.

larve sortant d'une noisette

Femelle

Femelle

rostre fin, presque aussi long que le corps

accouplement

Phyllobie sp.
Phyllobius sp. (curculionidés)
L 5–10 mm, avril-juillet

Répartition *Forêts de feuillus et arbustes. Partout commun.*

> **Rostre court.**
> **Écaillé de vert ou de bronze.**
> **Surtout sur des arbres feuillus et des arbustes.**

Les charançons appartenant à ce genre sont vert brillant ou couleur bronze. Ils possèdent un rostre assez court et épais. Dans nos régions, vivent environ quinze espèces différentes, qui ne peuvent être distinguées que très difficilement. Les adultes consomment des feuilles de différents arbres feuillus, rarement celles de conifères. Les larves se développent sous terre sur les racines des arbres ou sur celles de plantes herbacées. En cas de prolifération, elles peuvent accidentellement entraîner la mort de jeunes arbres.

tout le corps est écaillé de vert

rostre court et épais

adulte rongeant le bord d'une feuille

Charançon du bouleau

Deporaus betulae (rhynchitidés)
L 3–5 mm, avril-juillet

Ce coléoptère noir assez petit a un rostre droit projeté en avant, qui est à peu près aussi long que la tête. Il vit surtout sur les bouleaux, plus rarement sur d'autres arbres à feuilles caduques, aulnes ou noisetiers. La femelle découpe le limbe d'une feuille en forme de « S », puis fait de même sur l'autre limbe, en une courbe moins prononcée. Enfin, elle ronge la feuille le long de la nervure centrale, puis elle enroule les deux moitiés de limbes découpées pour constituer une enveloppe en forme de cigare. L'extérieur sèche, mais l'intérieur reste humide ; la femelle y pond, et une à six larves s'y développent, jusqu'à ce que le tout dessèche et tombe au sol.

enveloppe de feuilles enroulées

Répartition Lisières de forêts et bords de chemins avec bouleaux. Presque partout commun.

> Reflets noirs.
> Rostre aussi long que la tête.
> Forme des rouleaux avec les feuilles.

nettes lignes de points

adulte rongeant une nervure centrale

rostre court, presque droit

Charençon du noisetier

Apoderus coryli (attélabidés)
L 6–8 mm, mai-septembre

Chez ce coléoptère facile à reconnaître, l'arrière de la tête est allongé comme un cou, le pronotum est rouge et les élytres aussi. La femelle se tient sur les feuilles de noisetiers, plus rarement sur celles d'aulnes ou de bouleaux, afin de les découper et de les enrouler comme le fait l'espèce précédente. À l'intérieur de cette cache protectrice, une seule larve se développe, plus rarement deux.

vue de face

Répartition Forêts de feuillus et lisières avec noisetiers. Pas rare.

> Arrière de la tête très allongé.
> Pronotum et élytres rouges.
> Sur des noisetiers.

pronotum deux fois plus étroit que le dos

arrière de la tête très allongé

Chez l'attelabe du chêne (*Attelabus nitens*), le pronotum est presque aussi large que le dos, et l'arrière de la tête n'est pas allongé comme un cou.

enveloppe de feuilles enroulées

Stylops

Stylops melittae (stylopidés)
E♂ 6–10 mm, L♀ 4–7 mm, février-avril

tête-thorax triangulaire

2 femelles sur l'abdomen d'une abeille

Répartition *Lieux ouverts avec des abeilles. Assez rare. Photo ci-dessus : accouplement sur l'abdomen d'une abeille.*

> Ailes du mâle en éventail.
> Femelle vermiforme.
> Se développe sur des abeilles.

Chez cet insecte très singulier qui vit en parasite des abeilles solitaires (genre *Andrena*), le mâle a de grandes ailes postérieures en éventail et des ailes antérieures réduites à de petites massues étroites. La femelle dépourvue d'ailes, vermiforme, passe sa vie entière sur l'abdomen d'une abeille. Seule sa tête brune (en réalité tête et thorax fusionnés) dépasse des anneaux de l'abdomen de l'abeille. Après l'accouplement qui a lieu sur l'abdomen de l'hôte, la femelle produit des milliers de larves dans son abdomen surdimensionné. Elles sont ensuite déposées sur des fleurs que l'abeille butine. De là, elles grimpent sur une autre abeille et gagnent ainsi une nouvelle colonie.

antennes bifides
ailes postérieures en éventail
Mâle
ailes antérieures en bâtonnets

abdomen rempli d'œufs
tête-thorax triangulaire
femelle séparée de son hôte

144

Mouche-scorpion

Panorpa communis (panorpidés)
E 25–30 mm, mai-août

Répartition *Forêts, prairies et bords des chemins. Commune. Photo ci-dessus : femelle.*

> Tête formant un bec allongé.
> Ailes mouchetées de sombre.
> Mâle à pince abdominale très recourbée.

adulte mangeant une proie dans une toile d'araignée

La mouche-scorpion (ou panorpe) a deux paires d'ailes presque semblables, mouchetées de sombre, et une tête allongée en forme de bec, au bout de laquelle se trouvent les pièces buccales broyeuses. Chez le mâle, l'extrémité de l'abdomen est pourvue d'une pince rouge recourbée vers le haut qui évoque une queue de scorpion. Cette pince ne constitue toutefois pas une arme, mais sert à saisir la femelle lors de l'accouplement. L'espèce se nourrit surtout d'insectes morts, dont ceux pris dans des toiles d'araignée. La larve, semblable à une chenille, vit dans le sol et se nourrit d'insectes morts, ainsi que de débris végétaux.

tête allongée en forme de bec
Mâle
portrait de la mouche-scorpion
pièces buccales au bout du « bec »
pince abdominale fortement recourbée

Borée des neiges
Boreus hyemalis (boréidés)
L 3,5 mm, octobre-mars

borée des neiges figée après un saut

Ce petit insecte inapte au vol est principalement noir, avec des reflets métallisés. Tandis que le mâle possède des moignons d'ailes en forme de faux, la femelle porte un ovipositeur assez long. Tous deux ont une tête allongée en forme de bec, comme la mouche-scorpion et tout mécoptère. Ces insectes actifs en hiver sont régulièrement visibles sur la surface de la neige par temps doux. Ils se nourrissent surtout de mousses et de débris végétaux. En cas de dérangement, ils peuvent sauter loin et ils restent ensuite figés dans une position d'inquiétude pendant un certain temps. Pour l'accouplement, le mâle saisit une femelle qu'il installe sur son dos pour la transporter.

Répartition Lisières de forêts, en hiver. Pas rare localement, mais seulement visible sur la neige. Photo ci-dessus : accouplement.

> Moignons d'ailes en forme de faux.
> Femelle avec un ovipositeur.
> Souvent sur la neige.

ailes vestigiales en forme de faux

Femelle

ovipositeur

Mâle

tête allongée en forme de bec

Bittacus
Bittacus italicus (bittacidés)
E 35-40 mm, juillet-septembre

Cet intéressant mécoptère ressemble superficiellement à une tipule, mais il possède deux paires d'ailes et une couleur générale qui tend vers l'orange. Il se suspend à une tige d'herbe ou à une branchette avec ses longues pattes antérieures qui peuvent s'enrouler comme des collets autour des tiges. Il laisse pendre les autres pattes. Que survienne en vol une mouche ou un autre insecte, il est capturé en un éclair avec les pattes arrière pendantes et ramené vers les pièces buccales pour être dévoré.

s'accroche avec les pattes antérieures

tête allongée en bec

Répartition Lieux chauds, semi-ombragés et un peu humides, en particulier les forêts alluviales. Assez commun dans le sud de l'Europe, très rare plus au nord.
Photo ci-dessus : Bittacus mangeant une mouche.

> Comme une tipule avec 4 ailes.
> Couleur brun orangé clair.
> Capture des insectes avec ses pattes arrière.

capture ses proies (ici une mouche) avec ses pattes postérieures

Bittacus vu de face

Bittacus à l'affût

Tipule sp.
Tipula sp. (tipulidés)
E 25-50 mm, avril-octobre

tête de tipule

Répartition *Forêts et zones ouvertes. Commune partout.*

> Assez grandes.
> Très longues pattes fines.
> Larves avec une «face de diable».

Elles sont totalement inoffensives. Comme tous les diptères, les ailes postérieures sont réduites à de minuscules « balanciers » qui servent à la coordination des mouvements en vol. Ces grands insectes aux pattes démesurées sont souvent attirés aux fenêtres par la lumière et leur aspect effraye. Mais ils ne peuvent pas piquer ni prendre de nourriture, car leurs pièces buccales sont atrophiées.
La larve grise, dépourvue de pattes, se développe dans le sol et consomme des feuilles mortes et des racines de plantes. À l'extrémité de l'abdomen, elle possède deux orifices respiratoires ronds entourés de plusieurs appendices cutanés qui, vus de derrière, évoquent une « face de diable ».

pattes très longues et fines

une paire d'ailes

balanciers

«face de diable» à l'extrémité arrière de la larve

larve de tipule

146

Tanyptère noire
Tanyptera atrata (tipulidés)
E 30-40 mm, juin-juillet

Répartition *Forêts alluviales humides. Peu commune. Photo ci-dessus: femelle en train de pondre.*

> Mâle jaune ou noir.
> Femelle avec un long ovipositeur.
> Se développe dans du bois vermoulu.

Les deux sexes sont nettement différents. Les mâles possèdent des antennes pectinées et ont un abdomen jaune ou noir. Chez la femelle, celui-ci est rouge brillant dans la partie antérieure et noir sur la partie postérieure, qui se termine en un ovipositeur long et pointu, tenu relevé. Cela donne à la femelle une apparence dangereuse, alors qu'elle est inoffensive. Elle utilise son ovipositeur pour pondre ses œufs dans le bois vermoulu où se développeront les larves.

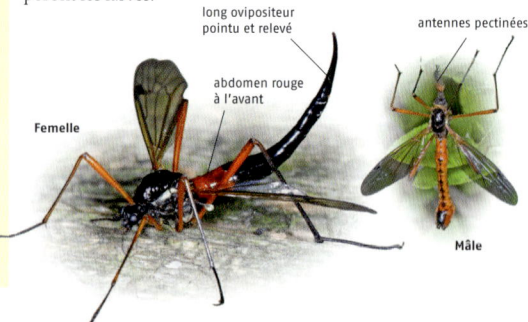

long ovipositeur pointu et relevé

antennes pectinées

abdomen rouge à l'avant

Femelle

Mâle

Moustique de neige

Chionea belgica (limoniidés)
L 4-5 mm, décembre-février

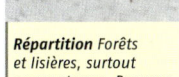
accouplement

Chez ces diptères actifs en hiver, les ailes antérieures ont disparu, bien que leurs stabilisateurs soient normalement développés. Les longues pattes fines donnent à cet insecte une certaine ressemblance avec une araignée. La femelle possède un ovipositeur effilé à l'extrémité de l'abdomen. Lors des douces journées hivernales, on voit souvent cette espèce sur la neige, y compris par paires accouplées. Les adultes ne se nourrissent pas.

Répartition Forêts et lisières, surtout en montagne. Pas rare.

> **Dépourvu d'ailes mais balanciers présents.**
> **Femelle avec un ovipositeur.**
> **Souvent sur la neige.**

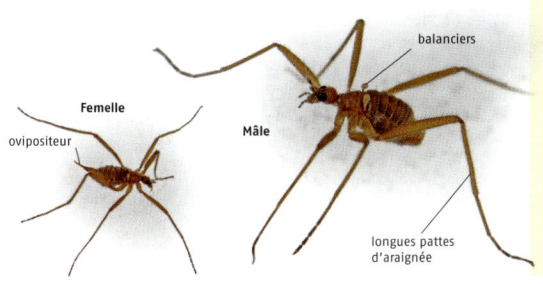

Femelle — ovipositeur Mâle balanciers longues pattes d'araignée

Liponeure sp.

Liponeura sp. (blépharicéridés)
E 15-20 mm, juin-octobre

4 pupes collées sur une pierre

Ces diptères très intéressants ont de longues pattes et de nombreuses nervures à travers les ailes. Ils se nourrissent d'autres petits insectes, qu'ils capturent et dont ils aspirent le contenu avec leur rostre de succion. Leurs larves sont munies de six ventouses sur les côtés du thorax qui leur permettent de s'accrocher solidement aux pierres lisses des cours d'eau à eaux vives. Pour se déplacer, elles décrochent et refixent les ventouses une par une. Leur nourriture consiste en algues qui poussent sur les pierres. Les pupes, très aplaties, sont collées sur les pierres.

Répartition Ruisseaux propres et torrentueux de montagne. Assez rares, bien qu'abondants là où ils sont présents.

> **Réseau de nervures dense sur les ailes.**
> **Larve avec 6 ventouses.**
> **Eaux turbulentes et propres.**

pattes longues et fines
réseau de nervures sur les ailes

larve rampant sur une vitre

Moustique commun
Culex pipiens (culicidés)
L 4-6 mm, toute l'année

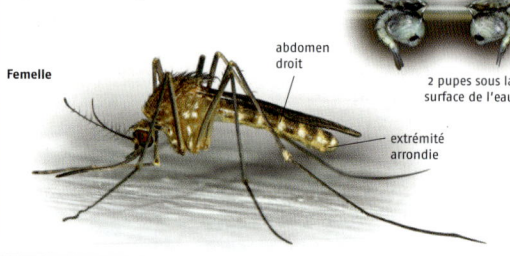
radeau d'œufs

Répartition Jardins et habitations, mais aussi forêts humides et abords de l'eau. Partout commun. Photo ci-dessus : éclosion d'un mâle.

> Abdomen parallèle au support.
> Extrémité de l'abdomen arrondi.
> Long siphon respiratoire chez la larve.

Chez la femelle, l'extrémité de l'abdomen est arrondie. Au posé, l'abdomen est pratiquement parallèle au support. La femelle passe volontiers l'hiver dans les caves ou cavités. Les œufs sont déposés dans l'eau, collés les uns aux autres, comme de petits radeaux flottants. Les larves se tiennent sous la surface de l'eau, avec le siphon de respiration vers le haut, et se nourrissent de petites particules en suspension dans l'eau. En cas de danger, elles s'enfoncent dans l'eau avec des mouvements de contorsion. Les pupes peuvent aussi se déplacer assez rapidement en agitant leur abdomen.

Femelle — abdomen droit — 2 pupes sous la surface de l'eau — extrémité arrondie

2 larves sous la surface de l'eau

148

Anophèle
Anopheles maculipennis (culicidés)
L 6-8 mm, avril-octobre

Répartition Zones humides, surtout les marais et les forêts alluviales. Assez commun, mais en Europe centrale, plus rare que d'autres moustiques.

> Corps tenu oblique par rapport au support.
> Long capteur labial.
> Pas de siphon respiratoire chez la larve.

On reconnaît l'anophèle à la position qu'il adopte au repos : son corps est tenu de façon oblique par rapport au support sur lequel il se tient. Les palpes labiaux sont beaucoup plus longs chez *maculipennis* que chez d'autres anophèles. Sous les tropiques, cette espèce est redoutée parce qu'elle transmet la malaria. En Europe, elle a été exterminée en grande partie. La larve n'a pas de siphon respiratoire : elle se tient en position horizontale juste sous la surface de l'eau et consomme des particules en suspension avec ses pièces buccales.

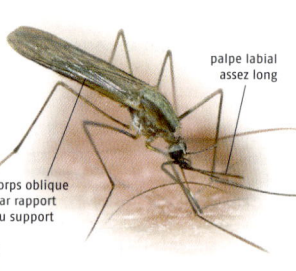
palpe labial assez long
corps oblique par rapport au support

larve d'anophèle

Chez les femelles du genre *Aedes*, l'extrémité de l'abdomen est pointue. Les différentes espèces sont très difficiles à distinguer, mais représentent partout les moustiques les plus abondants.

Chaobore sp.

Chaoborus sp. (chaoboridés)
L 6-7 mm, mai-août

Les moustiques appartenant à ce genre portent des pièces buccales atrophiées et sont incapables de se nourrir. Les antennes du mâle ont la forme de touffes plumeuses, tandis que celles de la femelle sont filiformes. Les œufs sont déposés à la surface de l'eau et forment des disques flottants entourés de gélatine. La larve est allongée et totalement transparente. Elle peut flotter sans effort grâce à deux paires de vessies remplies d'air, dont elle modifie la taille, ce qui lui permet d'équilibrer le poids de son corps avec la densité de l'eau. Elle consomme avant tout des petits crustacés, qu'elle saisit avec ses antennes crochues. La pupe flotte également sans effort, mais en position verticale, le corps tendu.

pupe flottante

Femelle

antennes filiformes — pas de rostre piqueur

Répartition Dans des eaux claires. Presque partout commun. Photo ci-dessus : mâle.

> Moustique à pièces buccales atrophiées.
> Larve transparente.
> La larve consomme des petits crustacés.

larve évoluant librement dans l'eau

Simulie sp.

Simulium sp. (simulidés)
L 3-6 mm, mai-août

Les simulies sont assez corpulentes et paraissent bossues : elles évoquent plus une mouche qu'un moustique. La femelle possède un rostre piqueur court et puissant, dont la piqûre est douloureuse. La salive injectée lors de la piqûre peut provoquer de fortes enflures. La larve se développe dans des eaux courantes, le plus souvent un peu polluées. Elle possède, près du labre en éventail, des annexes emmanchées, qu'elle tient dans le courant. Les particules en suspension qu'elle recueille de cette façon lui servent de nourriture. La pupe est installée dans le courant, protégée dans un habitacle en forme de sac.

abdomen épais
allure bossue
2 pupes dans leur habitacle
femelle suçant du sang

Répartition De préférence près des eaux courantes ; aussi dans des eaux souillées. Partout assez commune.

> Corpulente.
> Rostre piqueur court et épais.
> La piqûre enfle souvent beaucoup.

larve de simulie

Chironome sp.
Chironomus sp. (chironomidés)
L 10–14 mm, toute l'année

Répartition À proximité de l'eau ; régulièrement attiré par les fenêtres éclairées le soir. Partout commun.
Photo ci-dessus : une femelle.

> **Ailes plus courtes que l'abdomen.**
> **Antennes finement plumées chez le mâle.**
> **Les mâles volent en grands essaims.**

Chez ce moustique assez grand, les ailes sont nettement plus courtes que l'abdomen. Le mâle a des antennes courtes et densément plumées, tandis qu'elles sont filiformes chez la femelle. Cet insecte se développe en grande concentration dans les eaux modérément polluées. Lors des chaudes soirées d'été, les mâles, qui comme les femelles ne prennent aucune nourriture, virevoltent dans les airs en grandes colonnes denses au-dessus des eaux où ils sont nés. Les larves attirent le regard par leur couleur rouge. Elles vivent au fond de l'eau, enfoncées dans la vase, dressées dans un fourreau de soie incurvé et elles constituent une source de nourriture importante pour les poissons (« ver de vase »).

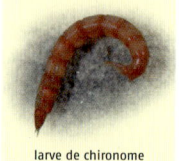
larve de chironome

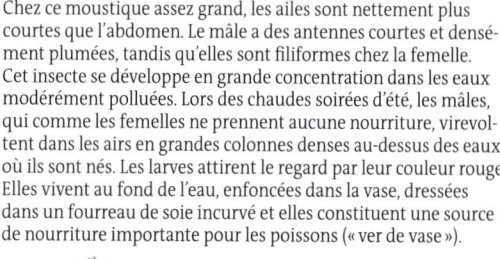
abdomen plus long que les ailes — antennes finement plumées — Mâle

Psychodide sp.
Pericoma sp. (psychodidés)
L 1,5–2,5 mm, mai-octobre

Répartition Berges des cours et forêts ; volontiers aussi dans les toilettes ouvertes. Partout commune.

> **Fortement poilue.**
> **Touffes de poils clairs sur les ailes.**
> **Ailes tenues écartées au repos.**

Cette espèce minuscule possède des ailes très larges et velues par taches, qu'elle tient écartées en position de repos, formant presque un angle droit entre elles. L'ensemble du corps est également velu. Les larves se développent dans différents types de milieux humides, que ce soit une falaise ruisselante ou un tronc d'arbre humide. Des représentants d'espèces apparentées se développent même dans des matières fécales (« mouches de WC ») et se rencontrent régulièrement dans les sanitaires négligés par exemple.

pelisse poilue sur le corps — ailes tenues écartées — taches de poils clairs

Mouche de la Saint-Marc

Bibio sp. (bibionidés)
L 8-10 mm, mars-mai

mâle vu de face

Bien que cette espèce très poilue ne soit pas une mouche, elle en donne l'impression avec son allure corpulente et ses antennes courtes, d'où son nom commun. Les yeux du mâle sont très gros et semi-hémisphériques, ceux de la femelle sont beaucoup plus petits. Il existe plusieurs espèces très difficiles à distinguer. Chez certaines d'entre elles, les femelles ont les ailes noires. Ces insectes, assez lents en vol, apparaissent souvent en grand nombre au printemps. Leurs larves se développent dans le sol et causent parfois des dégâts aux racines. Mais elles sont utiles car elles contribuent au recyclage des feuilles mortes et autres déchets végétaux.

Répartition Lisières de forêts, espaces ouverts et jardins. Commune partout ; pullule certaines années.
Photo ci-dessus : accouplement.

> Ressemble à une mouche et densément poilue.
> Gros yeux chez le mâle.
> Ailes souvent sombres chez le mâle.

Mâle — gros yeux, ailes foncées, antennes courtes
Femelle — petits yeux

151

Cécidomyie du hêtre

Mikiola fagi (cécidomyiidés)
L 4-5 mm, mars-mai

Cette espèce à longues pattes est remarquable par son abdomen rouge : on pourrait la prendre pour un moustique ayant sucé du sang. Cependant, elle n'a pas de rostre piqueur. Elle se développe dans une galle de 12 mm de haut, pointue, fixée sur le dessus d'une feuille de hêtre. D'abord de couleur verte, cette galle devient progressivement rouge et son enveloppe durcit : elle tombe au sol à maturité ou lors de la chute des feuilles. La larve puis ensuite la pupe se trouvent à l'intérieur et y passent l'hiver. Elle en sort au printemps suivant sous la forme d'un adulte parfait, ceci en perçant avec sa tête une fine membrane se trouvant à la base de la galle.

galles sur une feuille de hêtre

Répartition Lisières de forêts avec hêtres. Abondance très variable selon les années.

> Abdomen rouge.
> Galle lisse, pointue au sommet.
> Sur la face supérieure des feuilles de hêtre.

abdomen rouge — pattes longues et fines

membrane fine
pupe hivernant dans une galle

Stratiome caméléon
Stratiomys chamaeleon (stratiomyidés)
L 12-16 mm, juin-septembre

Répartition Prairies humides et proximité des petits plans d'eau. En général pas rare.

> Abdomen très large marqué de jaune.
> Écusson avec 2 épines.
> La larve nage près de la surface de l'eau.

Cette mouche très aplatie, à dessins jaune brillant et noir, possède un abdomen fortement élargi qui déborde très nettement sur les côtés des ailes. L'écusson jaune en croissant porte sur son bord postérieur deux épines dirigées obliquement vers l'arrière (d'où son nom de « mouche armée », bien que cet insecte soit totalement inoffensif). La larve, en forme de fuseau, nage juste en dessous de la surface de l'eau et filtre les fines particules en suspension avec ses pièces buccales.

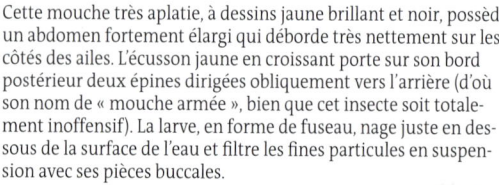

bordure élargie de l'abdomen

écusson jaune

Odontomyia hydroleon, assez rare et nettement plus petite, a des bandes d'un vert clair lumineux sur l'abdomen et des reflets bronze sur le pronotum.

larve de stratiome caméléon

152

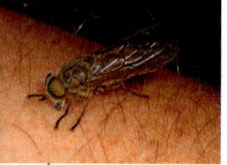

Taon tropique
Tabanus tropicus (tabanidés)
L 13-15 mm, mai-août

Répartition Lisières de forêts et espaces ouverts. Commun.

> Yeux rayés de rouge.
> Yeux légèrement séparés chez la femelle.
> Pique surtout le bétail.

Ce taon relativement grand possède des yeux chatoyants vert et rouge, décorés de rubans horizontaux rouges ou violets. Chez le mâle, ils sont jointifs sur toute leur hauteur, tandis que, chez la femelle, ils sont séparés par un étroit espace. Comme chez toutes les espèces de cette famille, les mâles ne peuvent pas piquer et ils ne visitent que des fleurs. Seules les femelles piquent pour sucer du sang. Elles se posent surtout sur du bétail, mais il leur arrive aussi de piquer des hommes (comme l'illustration le montre). La larve se développe sur les sols humides.

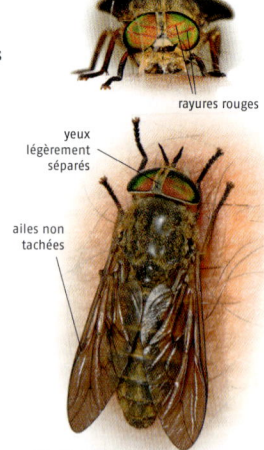

vue de face d'une femelle aspirant du sang

rayures rouges

yeux légèrement séparés

ailes non tachées

femelle aspirant du sang

larve de taon tropique

Taon des pluies

Haematopota pluvialis (tabanidés)
L 8–12 mm, juin-août

Le taon des pluies a des yeux bariolés et chatoyants, présentant toutes les couleurs de l'arc-en-ciel et parcourus de traits violet foncé onduleux. Son nom vulgaire se rapporte au fait qu'il est le plus actif par un temps lourd qui annonce la pluie. Une promenade dans un pré humide peut alors devenir une véritable torture tant l'espèce se montre pressante. Cependant, une fois qu'il s'est posé pour piquer, il est très facile à écraser...

Répartition *Surtout dans les lieux ouverts un peu humides. Partout commun et peut-être le taon le plus abondant en Europe tempérée.*

> *Yeux bariolés, avec des bandes qui serpentent.*
> *Ailes finement tachetées.*
> *Peut devenir très gênant par temps lourd.*

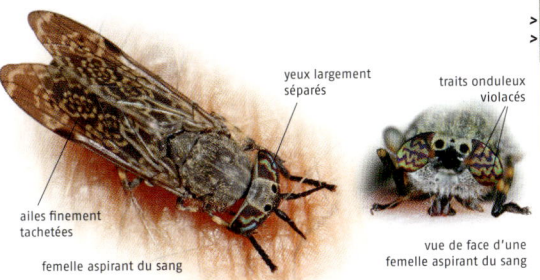

yeux largement séparés

traits onduleux violacés

ailes finement tachetées

femelle aspirant du sang

vue de face d'une femelle aspirant du sang

Petit taon aveuglant

Chrysops relictus (tabanidés)
L 9–11 mm, mai-septembre

vue de face d'une femelle aspirant du sang

Le petit taon aveuglant possède des yeux vert brillant, tachés de violet. Les ailes sont barrées, en leur milieu, d'une bande sombre un peu arquée. Au repos, il tient ses ailes écartées (formant un triangle). Il pique beaucoup plus rarement l'homme que le taon des pluies et il semble nettement lui préférer d'autres victimes. Par ailleurs, il pique plutôt sur la tête que sur d'autres parties du corps.

Répartition *Lisières de forêts et espaces ouverts. Partout assez commun.*

> *Yeux verts tachés de violet.*
> *Bande sombre sur les ailes.*
> *Au repos, ailes tenues écartées.*

taches violettes sur les yeux

bande alaire noire

ailes tenues séparées

Mâle

femelle aspirant du sang

Mouche ibis
Atherix ibis (athéricidés)
L 9-11 mm, mai-juillet

Répartition Eaux propres à courant fort, pierreuses ou sableuses ; surtout en montagne. Localement assez commune.

> Ailes tachées de sombre.
> Forme un essaim pour pondre.
> Près d'eaux courantes propres.

Cette mouche assez corpulente ressemble à un taon. Ses ailes sont tachées de sombre et sont tenues écartées au repos. Son abdomen porte des anneaux foncés. Elle forme de grands essaims pour pondre ses œufs, déposés sous des ponts ou sur des branches proches de l'eau. Le gros amas qui en résulte évoque un essaim d'abeilles : il se compose des mouches qui pondent (et qui meurent peu après) et de leurs œufs. À l'éclosion, les larves consomment d'abord les cadavres des adultes, puis se laissent choir dans l'eau où elles poursuivront leur développement en menant une vie aquatique.

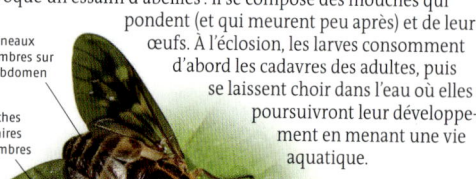

dépose de la ponte sous un pont

anneaux sombres sur l'abdomen

taches alaires sombres

larve de mouche ibis

Femelle

Mâle

154

Raghion ver-lion
Vermileo vermileo (vermiléonidés)
L 5-12 mm, mai-juillet

3 rayures noires

raghion ver-lion vu de face

Répartition Lieux chauds, semi-ombragés à ombragés. Largement répandu en région méditerranéenne ; vers le nord, remonte jusqu'aux vallées alpines sud.

> Corps très mince.
> 3 rayures noires sur le thorax.
> La larve construit des cônes de capture.

Cette mouche très intéressante, jaune et noir, possède un corps très mince et un thorax fortement bombé. Ce dernier possède trois rayures longitudinales noires. La larve, le « ver-lion », construit une petite dépression en entonnoir très semblable à celle du fourmilion, mais elle préfère l'installer à l'ombre, par exemple au pied d'un mur. Pour la construire, elle projette le sable avec la partie antérieure du corps et le dépose en anneau pour aboutir à un piège de 2-3 cm de diamètre. Comparé à l'entonnoir du fourmilion, celui-ci est plutôt arrondi au fond, comme un coquetier. Le ver-lion y capture surtout des fourmis.

thorax très bombé

abdomen très mince

larve de raghion ver-lion

pièges du raghion ver-lion

Grand bombyle

Bombylius major (bombyliidés)
L 9–12 mm, avril-juin

Cette « mouche » à pilosité brune a une trompe presque aussi longue que le corps, tendue vers l'avant au repos. Une large bande brun foncé, échancrée à l'arrière, orne le bord antérieur des ailes. Cet insecte ressemble à un bourdon et il prélève le nectar des fleurs avec son rostre en volant sur place et en appuyant légèrement les pattes sur la fleur, mais sans se poser. La femelle vole également sur place près de l'entrée des nids d'abeilles sauvages, afin d'y jeter ses œufs préalablement saupoudrés de poussière. Les larves pénètrent dans le nid, y muent, deviennent vermiformes et se nourrissent d'abord des provisions des abeilles, puis de leurs larves.

butinage en vol sur place

bande sur le bord d'attaque de l'aile

longue trompe

Répartition *Lisières de forêts ensoleillées et forêts claires ; régulier aussi dans les jardins. Pas rare.*

> - *Comme un bourdon brun velu.*
> - *Trompe aussi longue que le corps.*
> - *Se développe dans les nids d'abeilles.*

Anthracine morio

Hemipenthes morio (bombyliidés)
L 6–12 mm, mai-août

Cette représentante des bombyliidés d'un noir intense possède un rostre court, invisible de dessus. Ses ailes sont également noires sur plus de la moitié de leur base. La limite entre le noir et la partie transparente est échancrée et coupe toute l'aile en oblique. À cause de son rostre court, l'anthracine morio se pose sur les fleurs pour se nourrir. Le mode de vie de la larve diffère nettement de celle du grand bombyle : elle parasite les larves de mouches du genre tachinidés, qui sont elles-mêmes des parasites de larves de papillons. Un tel parasitisme de deuxième ordre est qualifié d'« hyperparasitisme ».

Répartition *Lisières de forêts ensoleillées et pelouses sèches. Assez commune localement et selon les années.*

> - *Couleur générale noire.*
> - *Rostre court.*
> - *Hyperparasite de larves de mouches.*

ligne échancrée sur l'aile

pas de longue trompe

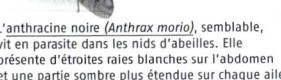

L'anthracine noire *(Anthrax morio)*, semblable, vit en parasite dans les nids d'abeilles. Elle présente d'étroites raies blanches sur l'abdomen et une partie sombre plus étendue sur chaque aile.

Lapurie jaune
Laphria flava (tachinidés)
L 17-25 mm, juillet-septembre

Répartition Lisières de forêts ensoleillées, bords de chemins forestiers et lieux de stockage des troncs coupés. Assez commune.

> Corps velu de bourdon, jaune et brun.
> Rostre court et très puissant.
> Capture d'autres insectes.

Cette grande et puissante mouche prédatrice évoque beaucoup un bourdon par sa toison velue, jaune et brun. D'apparence assez redoutable, elle se met volontiers à l'affût sur des tas de bois ou autres pièces ligneuses. Elle décolle périodiquement de son poste de guet pour de courts circuits aériens et revient presque toujours à la même place. De temps en temps, elle capture un autre insecte en vol et retourne se poser pour en sucer le contenu avec son puissant rostre tendu en avant.

toison velue dense

rostre puissant, tendu vers l'avant

capture d'un taupin par une lapurie jaune

156

Empis marqueté
Empis tesselata (empididés)
L 11-13 mm, mai-août

Répartition Lisières de forêts et arbustes. Le plus souvent, assez commun.

> Long rostre suceur.
> Ailes larges et foncées chez le mâle.
> Accouplement avec «offrande nuptiale».

Cette mouche de taille moyenne, assez fine et peu velue, possède un long rostre de succion dirigé vers l'arrière. On peut souvent l'observer à la recherche de fleurs. Pour l'accouplement, le mâle capture un insecte, le tue avec son rostre et danse avec lui dans les airs en montant et descendant. Dès qu'une femelle apparaît, il lui propose son butin, se pose sur une branchette et s'accouple avec elle pendant qu'elle est distraite par son offrande. D'autres espèces de cette famille donnent à la femelle des proies enveloppées avec des fils de coton ou même un cocon vide.

accouplement avec une tipule comme offrande

rostre dirigé vers l'arrière

mâle transportant une mouche de la Saint-Marc comme future offrande

Conops flavipède
Conops flavipes (conopidés)
L 9-13 mm, mai-août

accouplement

Cette mouche est reconnaissable à sa grosse tête globuleuse. Son abdomen rappelle celui d'une guêpe : il est très fin à la base et élargie en massue à l'extrémité. Le long rostre est dirigé obliquement vers l'avant. On observe souvent cette mouche sur les fleurs. Sa larve parasite les larves de différentes guêpes, abeilles sauvages et bourdons.

tête globuleuse
rostre dirigé en oblique vers l'avant
abdomen en massue

Répartition *Lisières de forêts et régions ouvertes. Assez commun ; peut-être l'espèce la plus commune de la famille.*

> *Tête assez grosse et globuleuse.*
> *Abdomen en massue.*
> *Larve parasite de guêpes et d'abeilles.*

Syrphe ceinturé
Episyrphus balteatus (syrphidés)
L 10-11 mm, toute l'année

syrphe ceinturé en vol stationnaire

Ce syrphe assez fin a des reflets cuivrés et trois bandes longitudinales grises sur le thorax. L'arrière de l'abdomen jaune présente deux à quatre bandes noires, tandis que le deuxième segment est marqué d'une croix noire. Comme la plupart des syrphes, cette mouche peut aisément faire du vol stationnaire. Elle recherche des plantes en fleur, en particulier les ombellifères. Elle passe l'hiver à l'état adulte et vole parfois en plein hiver. Elle vagabonde souvent sur de longues distances. La larve blanchâtre, un peu transparente, capture des pucerons avec ses crochets buccaux et en aspire le contenu. Elle est utilisée comme moyen de lutte biologique contre les pucerons.

Répartition *Dans tous les types de milieux. Très commun.*

> *Croix noire sur le 2ᵉ segment abdominal.*
> *Vagabonde souvent sur de grandes distances.*
> *Important prédateur des pucerons.*

reflets cuivrés sur le thorax
croix noire sur l'abdomen
3 adultes sur les étamines d'une rose

Syrphe du poirier
Scaeva pyrastri (syrphidés)
L 14-15 mm, avril-septembre

Répartition Lisières de forêts et régions ouvertes. Commun partout.

> *Couleur générale noire.*
> *2 bandes interrompues droites et 2 incurvées.*
> *La larve consomme des pucerons.*

Ce syrphe aux dessins prononcés possède un thorax noir, avec des reflets métalliques verts. L'abdomen noir porte des barres transversales claires et interrompues : de forme droite sur le deuxième segment, incurvée sur les troisième et quatrième. L'espèce recherche des plantes en fleur, surtout des ombellifères et des composées. La larve est verte, plus rarement rose, avec des raies longitudinales sur le milieu du corps. Elle compte parmi les plus grands consommateurs de pucerons.

bandes incurvées

bande droite

larve de syrphe du poirier

Rhingie champêtre
Rhingia campestris (syrphidés)
L 8-11 mm, avril-septembre

Répartition Lisières de forêts et prairies, en particulier près des écuries et des étables. Commune partout.

> *Tête avec un «nez» allongé.*
> *Abdomen brun-rouge.*
> *Se développe dans les bouses de vache.*

Le front de ce syrphe très marquant est prolongé par un long « nez » entre les yeux. En dessous se trouve un rostre de succion atteignant presque la longueur du corps. L'abdomen brun-rouge porte des marques foncées. L'espèce recherche les fleurs. Elle montre une prédilection particulière pour celles qui sont bleues ou violettes. Grâce à son long rostre, elle peut - contrairement à la plupart des mouches - butiner beaucoup de fleurs à orifice nectarifère profond, telles que les labiacées.

long rostre tendu

protubérance en forme de nez sur le front

abdomen brun-rouge

Volucelle bourdon

Volucella bombylans (syrphidés)
L 11–15 mm, mai-août

Avec sa dense toison velue, ce syrphe ressemble à s'y méprendre à un bourdon. La couleur de son abdomen peut varier du noir à extrémité rouge, au noir et jaune à extrémité blanche. Ces variations de dessin et de coloration peuvent parfaitement correspondre aux différentes espèces de bourdon qui existent. Les larves se développent dans les nids souterrains des bourdons et se nourrissent de leurs larves mortes et d'autres déchets alimentaires. Mais pour pondre, les femelles ne choisissent pas forcément les nids de bourdons dont la coloration est proche de la leur.

Répartition Prairies forestières et lisières. Localement pas rare.

> - **Toison velue de bourdon.**
> - **Extrémité de l'abdomen rouge ou blanche.**
> - **Larves dans les nids de bourdons.**

bande jaune sur l'abdomen

variante « jaune et blanc »

Chez la volucelle transparente (*Volucella pellucens*), très peu poilue, le 2ᵉ segment abdominal est blanc.

abdomen à bout blanc

Éristale gluante

Eristalis tenax (syrphidés)
L 14–16 mm, toute l'année

Ce syrphe ressemble beaucoup à une abeille domestique : il présente une coloration brun foncé et deux grandes taches orangées sur les côtés du troisième segment de l'abdomen. Son nom populaire, « mouche pourceau », solidement ancré, vient de sa prédilection pour les accumulations d'eau très riche en matières organiques, en particulier les fosses à purin et les bordures de tas de fumier, utilisées comme site de croissance de ses larves. Celles-ci, appelées « vers à queue de rat », possèdent un siphon respiratoire extensible qui peut atteindre 10 cm. Cela leur permet de s'approvisionner en air pur, même dans les eaux les plus souillées.

taches latérales jaunes

Répartition Très commune dans tous les types de milieux ; peut-être le syrphe indigène le plus commun.

> - **Semblable à une abeille.**
> - **2ᵉ segment taché d'orange.**
> - **Larve dénommée « ver à queue de rat ».**

longs siphons respiratoires

larves d'éristale gluante

Dolichopode sp.
Dolichopus sp. (dolichopodidés)
L 5-7 mm, mai-septembre

Répartition Berges de rivière ombragées. Partout assez commun.

> *Dessus vert clair, dessous gris.*
> *Yeux rouge et vert chatoyant.*
> *Berges ombragées.*

Cette petite mouche, vert métallisé dessus, possède de chatoyants yeux rouge et vert. Le dessous du corps est au contraire gris clair. Au repos, les très longues pattes sont assez tendues, ce qui fait que l'insecte semble très haut perché. Cette espèce est souvent abondante sur les feuilles des plantes qui poussent sur les berges des cours d'eau. Les mouches guettent les petits insectes qu'elles capturent avec leur rostre et dont elles sucent le contenu ensuite. Parfois, elles se mettent à l'affût à la surface de l'eau, pattes bien dressées. La larve se développe dans le sol.

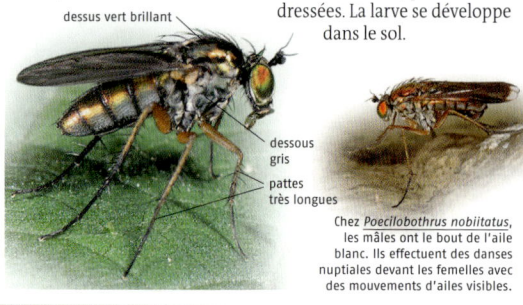

dessus vert brillant

dessous gris

pattes très longues

Chez *Poecilobothrus nobiitatus*, les mâles ont le bout de l'aile blanc. Ils effectuent des danses nuptiales devant les femelles avec des mouvements d'ailes visibles.

Mouche du chardon
Urophora cardui (téphritidés)
L 5-6 mm, juin-juillet

mâle vu de face

Répartition Surtout lieux ombragés un peu humides. Assez commune. Photo ci-dessus : mâle.

> *Motifs en arc de cercle sur les ailes.*
> *Yeux très bariolés.*
> *Forme des galles sur les chardons*

Cette mouche multicolore a des yeux chatoyants présentant toutes les couleurs de l'arc-en-ciel, des antennes rouges et des marques sombres en forme d'oméga sur les ailes. On reconnaît la femelle à son long ovipositeur à reflets noirs. Le développement a lieu dans une épaisse galle, en forme d'œuf de 5 cm de long et 2 cm d'épaisseur, située sur la tige d'un cirse des champs. D'abord verdâtre et molle, la galle devient progressivement brunâtre et dure. Elle abrite plusieurs cavités internes, qui contiennent chacune un œuf, puis une larve.

galle sur un cirse

yeux chatoyants

marques sombres en arc de cercle

ovipositeur

Femelle

Lipara sp.
Lipara lucens (chloropidés)
L 6-7 mm

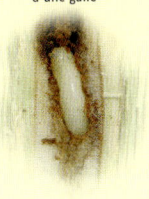

La femelle de cette mouche assez sombre et un peu bossue présente des raies claires sur le dessus du thorax, contrairement au mâle. Les yeux sont rouges avec un éclat vert. Le développement de la larve a lieu dans une galle en forme de cigare, longue de 10-15 cm, dans la partie supérieure de la tige d'un roseau. La présence de la galle ralentit la croissance du roseau et l'espacement des feuilles est réduit. À l'intérieur, se trouve une chambre allongée qui abrite la larve. La galle qui persiste plusieurs années après l'envol de l'adulte sert volontiers de nid à certaines espèces d'abeilles sauvages et de guêpes.

galle en cigare sur un roseau

Répartition Grandes roselières. Commune presque partout. photo ci-dessus : mâle.

> *Mâle tout noir.*
> *Raies claires sur le thorax de la femelle.*
> *Développement dans les roselières.*

larve à l'intérieur d'une galle

raies claires sur le thorax

Femelle

yeux avec un éclat vert

Drosophile
Drosophila melanogaster (drosophilidés)
L 2-3 mm, toute l'année

Cette mouche très petite, de couleur brun-jaune, a des yeux rouge brillant. Les segments de l'abdomen sont bordés de noir, de largeur croissante vers l'extrémité de l'abdomen. Très gênante dans les habitations, la drosophile (ou mouche du vinaigre) est devenue un animal de laboratoire célèbre, grâce au rythme élevé de renouvellement des générations (dix jours dans de bonnes conditions), au fort taux de mutation et au petit nombre de chromosomes (quatre paires seulement), ce qui est idéal pour des études sur la génétique. La larve se développe dans des fruits fermentés ou dans les restes de bière, de vin ou de vinaigre.

Répartition Très commune partout, en particulier près des fruits trop mûrs.

> *Brun-jaune avec des yeux rouges.*
> *Abdomen plus sombre vers l'arrière.*
> *Larve souvent dans les fruits fermentés.*

drosophile vue de face

bordure sombre aux segments de l'abdomen

yeux rouge brillant

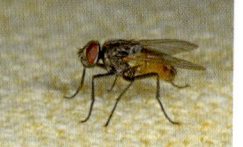

Mouche domestique
Musca domestica (muscidés)
L 6–8 mm, toute l'année

Répartition Très commune partout, surtout dans les habitations et les jardins.

> Gris sombre avec l'abdomen brun-jaune.
> Peut transmettre des germes infectieux.
> Larve souvent dans le fumier.

Cette mouche très connue est gris foncé, avec l'abdomen brun-jaune sur les côtés et noir à l'extrémité. Peu craintive, elle se pose sur toutes les nourritures et les provisions possibles. De ce fait, elle peut transmettre de nombreuses maladies par le contact de ses pattes. Elle ne se nourrit pas que de substances liquides, mais aussi d'aliments solubles comme le sucre, qu'elle aspire mélangés à de la salive avec sa trompe en forme de disque. Les larves blanchâtres sont des asticots typiques dépourvus de pattes, qui se développent souvent dans le fumier. La pupaison a lieu à la dernière mue larvaire, dans un puparium durci en forme de tonnelet.

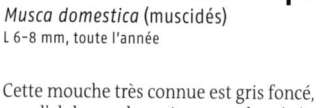

2 pupes en tonnelet

abdomen brun-jaune sur les côtés

trompe en forme de disque

larve de mouche domestique

162

Mouche charbonneuse
Stomoxys calcitrans (muscidés)
L 6–8 mm, avril-octobre

Répartition En particulier près des écuries et des pâturages à chevaux. Commune partout.

> Ressemble beaucoup à la mouche domestique.
> Rostre piqueur droit.
> Désagréable suceur de sang.

À première vue, la mouche charbonneuse ressemble beaucoup à la mouche domestique, mais elle s'en distingue par deux critères : elle possède un rostre piqueur fin et dirigé vers l'avant et, au repos, elle tient toujours ses ailes écartées (en triangle). Elle se pose le plus souvent la tête en haut sur les murs (c'est l'inverse chez la mouche domestique). Elle pique surtout des animaux de pâturage, en particulier des chevaux, plus rarement des hommes et de préférence aux chevilles. La piqûre est douloureuse. La larve se développe, tout comme celle de la mouche domestique, dans des substances en décomposition ou dans du fumier.

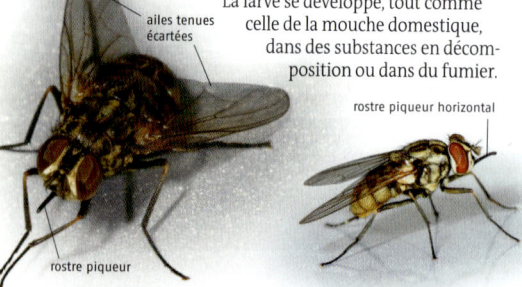

ailes tenues écartées

rostre piqueur

rostre piqueur horizontal

Scatophage du fumier
Scatophaga stercoraria (sarcophagidés)
L 5-10 mm, avril-octobre

Chez cette mouche très poilue, le mâle est jaune d'or, la femelle jaune verdâtre. Elle visite régulièrement les fleurs, mais se nourrit aussi de petits insectes, qu'elle aspire avec son rostre suceur. Les couples se rencontrent sur les bouses fraîches de vache, souvent encore chaudes. La femelle dépose à leur surface des œufs de 1 mm de long et munis d'étroites ailes latérales. Les asticots d'environ 10 mm de long se développent dans les bouses, qui une fois sèches peuvent être percées de toutes parts.

Répartition *Surtout près des pâturages avec des vaches, mais aussi ailleurs. Commun partout.*

> *Pilosité jaune d'or ou jaune verdâtre.*
> *Se tient souvent sur les bouses de vache.*
> *Développement larvaire dans le fumier de vache.*

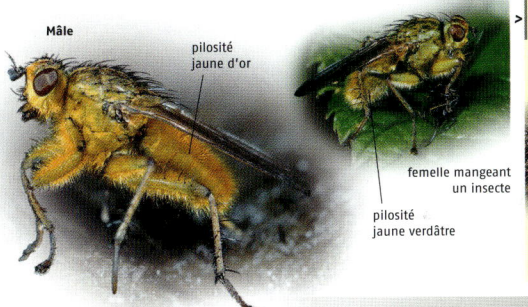

Mâle — pilosité jaune d'or
femelle mangeant un insecte
pilosité jaune verdâtre

œufs dans une bouse de vache

Mouche à damier
Sarcophaga carnaria (calliphoridés)
L 13-15 mm, avril-octobre

Cette mouche, assez grande et grise, présente des carrés clairs sur l'abdomen et des rayures longitudinales claires sur le dessus du thorax. Les modalités du développement larvaire sont sujettes à controverses. D'après les dernières recherches, les larves parasitent le vers de terre : la ponte a lieu sur l'orifice buccal, les larves pénètrent à l'intérieur du ver, le tuent et achèvent leur développement en quelques jours. Par le passé, on pensait que les larves se développaient dans la viande et dans les excréments, d'où ses autres noms de mouche à viande et mouche à merde.

Répartition *Partout très commune, également dans les zones habitées.*

> *Bien plus grosse que la mouche domestique.*
> *Damier clair sur l'abdomen.*
> *Développement larvaire dans les vers de terre.*

carrés gris clair
rayures longitudinales claires

Mouche bleue
Calliphora vicina (calliphoridés)
L 8–12 mm, mars–novembre

Répartition *Lieux d'habitations et tous les autres espaces de vie imaginables. Très commune.*

> *Couleur bleu-gris à bleu-noir.*
> *Reflets sombres sur l'abdomen.*
> *Développement larvaire dans la viande.*

Cette mouche de couleur bleu-gris métallique à bleu-noir, fortement poilue, semble un peu rondelette et a des reflets sombres sur l'abdomen. Elle butine des fleurs, surtout les ombellifères, mais on l'observe aussi sur les cadavres et les excréments. C'est une source de transmission de germes infectieux. Elle visite également des champignons dégageant une forte odeur, telles que des morilles déjà passées, pour en sucer le jus : les spores sont déféquées plus loin, car elles ne sont pas digérées, ce qui contribue à la dispersion de ces champignons. La larve se développe le plus souvent dans de la viande crue ou cuite, ainsi que dans les cadavres.

couleur bleu métallique

rostre en forme de disque

mouche bleue se nourrissant

Mouche dorée
Lucilia caesar (calliphoridés)
L 7–11 mm, mai–octobre

Répartition *Dans différents milieux de vie; se trouve moins dans les habitations que d'autres espèces. Commune partout.*

> *Verte à reflets dorés.*
> *Moins poilue que la mouche bleue.*
> *Développement larvaire dans les plaies.*

Cette proche parente de la mouche bleue, en moyenne un peu plus petite qu'elle, a un corps vert moins densément poilu, à reflets dorés. Comme elle, elle visite régulièrement les fleurs, ainsi que les cadavres et excréments. Les larves se développent dans différentes substances en décomposition. Accidentellement, elles peuvent aussi être un parasite des plaies de l'homme. Les larves d'une espèce proche ont déjà été utilisées pour nettoyer des plaies : elles les débarrassent des chairs mortes, ce qui accélère la guérison.

vert brillant

yeux rouge mat

Tachinaire sauvage
Tachina fera (tachinidés)
L 9-16 mm, avril-octobre

Cette mouche originale a un large corps pourvu de poils hérissés comme des piquants de hérisson à l'extrémité de l'abdomen. Les côtés arrière de la tête et l'abdomen sont orangés. Ce dernier présente une large bande longitudinale noire en son milieu. Comme beaucoup d'autres espèces de cette famille, la larve se développe dans les chenilles de différentes espèces de papillons, parmi lesquels la nonne, le bombyx disparate et la piéride du chou. Elle se révèle ainsi être un prédateur naturel précieux des espèces de papillons qui peuvent occasionner des dégâts en forêt ou dans les cultures.

Répartition Clairières de forêts et lisières. Assez commune.

> *Abdomen orangé avec une bande longitudinale.*
> *Piquants hérissés au bout de l'abdomen.*
> *Développement larvaire dans les chenilles.*

bande noire
poils hérissés

Mouche du cerf
Lipoptena cervi (hippoboscidés)
L 5-6 mm, toute l'année

portrait de la mouche du cerf

Cette mouche a un corps brun foncé très aplati. Elle vit aux dépens des chevreuils et des cerfs, dont elle suce le sang. Elle forme des essaims lors des beaux jours d'automne (en septembre-octobre) et recherche un éventuel hôte. Dès que l'un d'eux est repéré, les mouches s'agrippent solidement à la fourrure et cassent leurs ailes à un point de rupture prédéfini. La femelle donne naissance à des larves déjà formées qui effectuent leur pupaison peu après. Lors du vol des essaims, il arrive que des individus isolés se posent sur un homme et lui sucent le sang.

Répartition Forêts, en particulier dans les lisières ensoleillées. Commune presque partout.

> *Corps fortement aplati.*
> *Brun foncé brillant.*
> *Suce surtout le sang des chevreuils et cerfs.*

rostre suceur

L'hippobosque du cheval (*Hippobosca equina*), plus grand (6-8 mm), a un corps plus large et des marques claires plus contrastées. Il garde ses ailes toute sa vie.

corps aplati, brun foncé

Puce aviaire sp.
Ceratophyllus sp. (cératophyllidés)
L 2-3 mm, toute l'année

Répartition *Nichoirs et autres lieux régulièrement fréquentés par les oiseaux.*

> **Corps comprimé latéralement.**
> **Peut sauter loin.**
> **Suce aussi le sang de l'homme.**

La très petite puce aviaire est brun foncé brillant. Elle a un corps très comprimé latéralement et, grâce à ses pattes postérieures puissantes, elle peut effectuer de très grands sauts. Elle prend normalement sa ration journalière de sang sur les oiseaux, mais elle s'alimente aussi volontiers, notamment lorsqu'elle a faim, sur l'homme. Une telle situation survient régulièrement lors du nettoyage des nichoirs à oiseaux au printemps, où les puces ont passé l'hiver et attendent le retour des oiseaux pour leur premier repas. Les larves blanchâtres apodes vivent dans les nids d'oiseaux et s'y nourrissent de déchets divers.

corps très comprimé latéralement

puce aviaire vue de profil

larves de puce aviaire

vue de face d'une puce aviaire

Tenthrède de la scrofulaire
Allantus scrophulariae (tenthrédinidés)
L 11-14 mm, mai-août

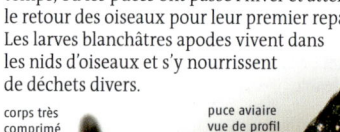

Répartition *Chemins forestiers et lisières. Assez commune.*

> **Dessins d'une guêpe.**
> **Pas de «taille de guêpe».**
> **Larve sur les scrofulaires.**

Cette tenthrède rappelle une guêpe par son corps à motifs jaunes et noirs. Cependant, elle n'a pas l'étranglement caractéristique du corps des guêpes. Ses antennes et pattes sont presque entièrement jaunes. Comme toutes les tenthrèdes, elle est dépourvue de dard à venin, mais son apparence la protège des prédateurs (mimétisme). La larve est blanche, ponctuée de noir, et ressemble beaucoup à une chenille de papillon. À la différence près qu'elle n'a pas de paires de pattes sur le premier segment de l'abdomen (deux paires de pattes libres chez les chenilles). Elle se nourrit sur des plantes, de préférence les scrofulaires.

antennes et pattes jaunes

pas de taille de guêpe

larve de tenthrède de la scrofulaire

Tenthrède du bouleau

Croesus septentrionalis (tenthrédinidés)
L 7-11 mm, avril-août

Cette tenthrède noire porte de larges anneaux rouges sur l'abdomen. Sa particularité est d'avoir le tibia de la patte arrière et le premier article du tarse élargis en forme de feuille. Chez cette espèce aussi les larves ressemblent à une chenille : leur corps est vert, jaune aux deux extrémités, avec une ligne de points noirs de chaque côté. Elles se nourrissent de feuilles, le plus souvent de bouleaux, en société. En cas de danger, elles prennent simultanément une posture d'inquiétude en « S ». Deux générations sont habituellement produites chaque année.

tibia postérieur élargi

1er article du tarse postérieur élargi

larges anneaux rouges à l'abdomen

Répartition Lisières de forêts et espaces ouverts avec bouleaux. Assez commune.

> **Noire avec anneaux rouges sur l'abdomen.**
> **1er article des pattes postérieures élargi.**
> **Larves de préférence sur des bouleaux.**

larves en posture d'inquiétude

Cimbex du bouleau

Cimbex femorata (cimbicidés)
L 17-23 mm, mai-août

individu avec l'abdomen rouge

Cette espèce de grande taille a un corps assez large et aplati, mais sans étranglement comme chez les guêpes. L'abdomen est souvent en partie rouge ou jaune. Les antennes, élargies en massue, s'éclaircissent à leur extrémité. Cet insecte ronge un anneau autour des rameaux de bouleaux et lèche la sève qui s'en écoule. La larve verte, qui atteint 40 mm de long, a la tête jaune et une ligne foncée sur le dos. Elle se nourrit surtout sur des bouleaux et, en cas de menace, s'enroule en spirale. La pupaison a lieu dans un cocon de 2 cm posé sur une branchette.

Répartition Lisières de forêts avec bouleaux. Assez rare.

> **Très grande, antennes en massue.**
> **Noire, abdomen souvent rouge ou jaunâtre.**
> **Larve sur les bouleaux.**

La tenthrède du chèvrefeuille (*Zaraea fasciata*), bien plus petite (9-11 mm), a la base de l'abdomen blanche et une bande alaire sombre. Elle vit sur divers arbustifs, comme le chèvrefeuille.

antenne à massue claire

absence de « taille de guêpe »

pointe de l'aile noire

larve de cimbex du bouleau

Tenthrède du pin sylvestre
Neodiprion sertifer (diprionidés)
L 6-9 mm, juillet-octobre

Répartition Forêts de conifères. Abondante certaines années.

> **Mâle noir, antennes pectinées.**
> **Femelles rougeâtres.**
> **Larves de préférence sur les pins.**

Alors que le mâle est d'un noir profond et possède des antennes pectinées, la femelle est rougeâtre avec des antennes simples. La femelle pond ses œufs en ligne sur les aiguilles de pins avec son ovipositeur : ils y passent l'hiver. Nées au printemps, les larves sont vert-gris à noirâtres avec des raies longitudinales plus claires. Elles se nourrissent en groupes sur les jeunes pousses de pins et peuvent totalement dénuder un arbre. De tels dégâts sont cependant rares.

jeunes larves sur une branchette de pin

antennes simples — rougeâtre — Femelle — noir — longues antennes pectinées — Mâle

larves de tenthrède du pin sylvestre

Sirex géant
Urocerus gigas (siricidés)
L 15-40 mm, juin-août

Répartition Forêts de conifères, notamment sur les places de débardage. Pas rare.

> **Ressemble à un frelon.**
> **Long ovipositeur sous l'abdomen.**
> **Développement larvaire surtout dans les épicéas.**

Cette guêpe impressionnante est l'un des plus grands hyménoptères locaux. L'abdomen est rouge chez le mâle, principalement jaune chez la femelle. Les deux ont une tache jaune derrière les yeux. L'ovipositeur de la femelle, moins long que le corps, prend naissance à la base de l'abdomen. Malgré sa ressemblance avec le frelon, l'espèce est inoffensive. La ponte a lieu dans les bois de conifères (surtout d'épicéas), volontiers dans des troncs stockés au sol ou dans des stères. La larve blanchâtre se nourrit en creusant des galeries dans le bois et son développement dure plusieurs années.

Mâle

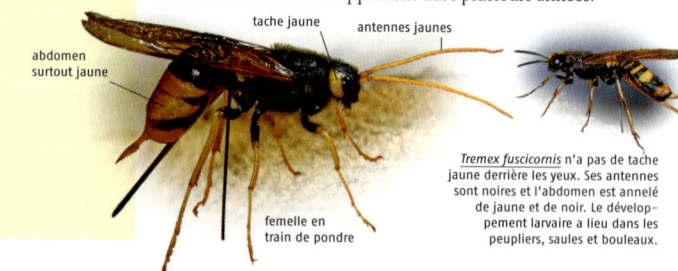
abdomen surtout jaune — tache jaune — antennes jaunes — femelle en train de pondre

Tremex fuscicornis n'a pas de tache jaune derrière les yeux. Ses antennes sont noires et l'abdomen est annelé de jaune et de noir. Le développement larvaire a lieu dans les peupliers, saules et bouleaux.

Rhysse persuasive
Rhyssa persuasoria (ichneumonidés)
L 18-35 mm, juillet-août

Ce grand ichneumon a un corps noir taché de blanc et des pattes rouges. L'ovipositeur de la femelle est un peu plus long que le corps. Cette guêpe pond ses œufs dans les larves de siricidés qui vivent dans le bois, en particulier celles de sirex géant. Pour cela, elle introduit profondément son ovipositeur dans le bois, souvent jusqu'à sa base. Les deux gaines qui entourent l'ovipositeur restent à l'extérieur du trou et sont repoussées en arrière au fur et à mesure que l'ovipositeur pénètre dans le bois.

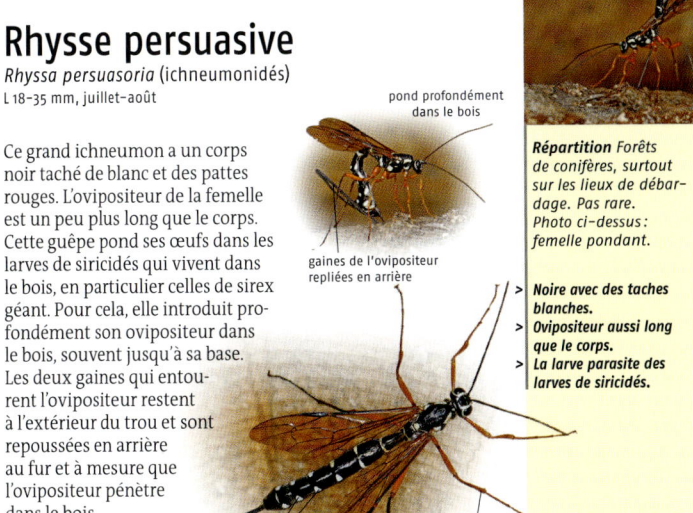

pond profondément dans le bois

gaines de l'ovipositeur repliées en arrière

long ovipositeur

taches blanches sur l'abdomen

pattes rouges

Femelle

Répartition Forêts de conifères, surtout sur les lieux de débardage. Pas rare.
Photo ci-dessus : femelle pondant.

> Noire avec des taches blanches.
> Ovipositeur aussi long que le corps.
> La larve parasite des larves de siricidés.

Agriotype armé
Agriotypus armatus (ichneumonidés)
L 6-10 mm, avril-mai

Ce petit ichneumon noir a un long abdomen pétiolé, des ailes tachées de sombre et une épine pointue sur le scutellum. Après l'accouplement, la femelle se rend dans l'eau pour pondre ses œufs dans les larves de trichoptères à fourreau de pierre. Après avoir dévoré son hôte, la larve tisse une bande de soie d'environ 1 mm de large qui sort sur le côté du fourreau et qui alimentera en air la pupe, puis l'adulte à son émergence. Ce dernier passe l'hiver dans le fourreau et ne gagne la terre qu'au printemps suivant.

Répartition Ruisseaux à eau propre, en particulier en montagne. Pas rare.

> Noire avec des ailes marquées de sombre.
> Scutellum avec une épine pointue.
> La larve parasite des larves de phryganes.

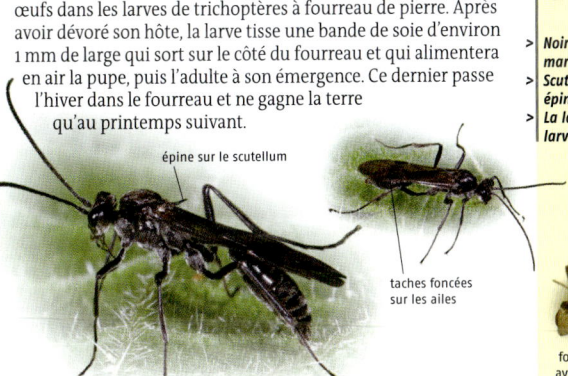

épine sur le scutellum

taches foncées sur les ailes

fourreau de trichoptère avec les bandes de soies

Cynips de la feuille de chêne
Cynips quercusfolii (cynipidés)
L 3-4 mm, novembre-juin

Répartition Sur les chênes. Répandu, mais abondance variable selon les années. Photo ci-dessus : guêpe sexuée de 2e génération.

> Abdomen compressé latéralement.
> Galle en forme de pomme à la 1re génération.
> Galle en bourgeon à la 2e génération.

galle « pomme » donnant des femelles parthénogénétiques

Chez cette guêpe insignifiante, les individus de génération bisexuée sont très différents de ceux de génération unisexuée (femelles). Celles-ci sortent à la fin de l'hiver des galles bien connues, en forme de petites pommes de 2 cm de diamètre, situées sous les feuilles de chênes et tombant au sol en automne. Les femelles de cette 1re génération sont parthénogénétiques (reproduction sans fécondation) et pondent leurs œufs dans les bourgeons de chênes. Des galles violet foncé de 2-3 mm se forment, dans lesquelles se trouvent les individus de 2e génération, sexués et composés de mâles et de femelles.

brun-noir

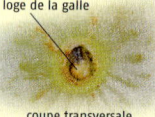

pupe dans la loge de la galle

coupe transversale d'une galle « pomme »

corps comprimé latéralement

femelle parthénogénétique (1re génération)

galle « bourgeon » donnant des individus sexués

Cynips de l'églantier
Diplolepis rosae (cynipidés)
L 3-4 mm, mai-juin

Répartition Lisières de forêts, bords des chemins et espaces ouverts avec rosacées sauvages. Commun partout.

> Abdomen rouge à l'avant.
> Galle ronde chevelue sur l'églantier.
> Nombreuses loges dans la galle.

« barbe de Saint-Pierre » sur une tige de rosier

L'abdomen de ce cynips est rouge à l'avant et noir à l'arrière. En Europe moyenne, on ne trouve que des femelles (reproduction parthénogénétique). On observe occasionnellement des mâles en région méditerranéenne. La ponte a lieu dans des bourgeons de feuilles d'églantiers en train de débourrer. Cela provoque la formation d'une galle appelée « bédégar » ou « barbe de Saint-Pierre » qui atteint 5 cm de diamètre ou plus. Cette boule arrondie et chevelue constitue la partie dure qui abrite plusieurs loges contenant chacune une larve. Sa couleur varie du vert au jaune ou au rouge.

abdomen rouge à l'avant

coupe d'une galle avec les loges des larves

cynips de l'églantier en train de pondre

ovipositeur

Chryside trimaculée
Chrysis trimaculata (chrysididés)
L 8-10 mm, mars-juin

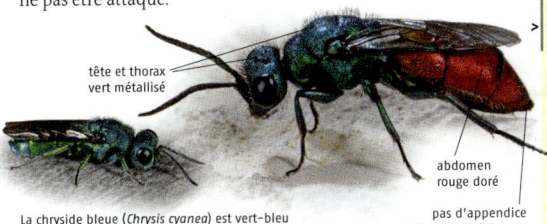

œufs de chryside (à g.) et œufs d'abeille

Chez cette chryside, la tête et le thorax sont vert métallisé, tandis que l'abdomen est rouge doré. À l'inverse de quelques autres espèces proches, elle n'a pas d'appendices ou d'excroissances à l'extrémité de son abdomen. La larve vit en parasite dans les nids des abeilles sauvages du genre Osmia (p. 185). L'adulte profite de l'absence de l'abeille pour pondre un œuf dans son nid installé dans une coquille d'escargot vide. S'il est surpris par le retour inopiné de la propriétaire du nid, il se roule en boule pour ne pas être attaqué.

Répartition Lisières ensoleillées et pelouses sèches. Localement pas rare.
Photo ci-dessus : chryside trimaculée sur une coquille d'escargot.

> Vert métallisé devant, rouge doré derrière.
> Pas d'appendice à l'abdomen.
> Larve dans un nid d'abeille sauvage.

tête et thorax vert métallisé

abdomen rouge doré

pas d'appendice au bout de l'abdomen

larve mangeant une larve d'abeille

La chryside bleue (*Chrysis cyanea*) est vert-bleu métallisé brillant sur tout le corps. Sa larve se développe dans les nids de guêpes fouisseuses.

Mutille européenne
Mutilla europaea (mutillidés)
L 10-17 mm, mai-août

mâle ailé

Chez cet hyménoptère velu, le mâle est ailé, tandis que la femelle est totalement inapte au vol. Le thorax est rouge, bordé de noir (voire tout noir) chez le mâle. L'abdomen noir a trois bandes claires transversales incomplètes. La femelle pénètre dans les nids souterrains de bourdons pour pondre. La larve s'y développe en parasitant le couvain. La femelle possède un très puissant dard, nettement recourbé, et un venin assez fort. En cas de danger, elle commence par donner un avertissement en émettant un bourdonnement fort. Celui-ci est produit en rétractant et étendant alternativement, et de façon rapide, les anneaux de son abdomen.

Répartition De préférence dans les espaces ouverts ensoleillés, occasionnellement aussi dans les jardins. Partout, mais localisée.

> Femelle sans ailes.
> Bandes blanches à l'abdomen.
> Larve dans des nids de bourdons.

bandes claires sur l'abdomen

thorax rouge

Dasylabris maura a souvent 4 taches blanches sur l'abdomen et sa larve vit en parasite dans les nids de guêpes fouisseuses.

Femelle

Fourmi rousse

Formica rufa (formicidés)
L 4–11 mm, toute l'année

ouvrière projetant de l'acide
abdomen replié vers l'avant entre les pattes

Répartition De préférence dans les forêts de conifères. Dans la plupart des régions, pas rare.
Photo ci-dessus : ouvrières avec une proie.

> Rouge et brun-rouge.
> Fourmilière pouvant atteindre 1 m de haut.
> Peut projeter de l'acide formique par l'extrémité de l'abdomen.

Chez la fourmi rousse, la tête et le thorax sont en partie rouges et l'abdomen est noir. Comme chez tous les membres de la sous-famille des formicinés (genres *Formica*, *Camponotus* et *Lasius*), elle possède une écaille plate redressée sur le pétiole de l'abdomen. Les ouvrières édifient un dôme d'aiguilles de conifères pouvant dépasser 1 m de haut, recouvrant une partie souterraine qui occupe à peu près le même volume. L'espèce se nourrit en général de proies animales, traînées jusqu'au nid par plusieurs ouvrières qui unissent leurs forces. Elles se défendent en projetant de l'acide formique par l'extrémité de leur abdomen.

individus ailés sexués avec des ouvrières

écaille du pétiole dressée

jeune reine venant de perdre ses ailes

172

Fourmi charpentière

Camponotus ligniperda (formicidés)
L 6–18 mm, toute l'année

ouvrières avec des cocons de pupes

Répartition Surtout lisières forestières ensoleillées. Localement. Photo ci-dessus : femelle ailée.

> La plus grande fourmi indigène.
> Brun-rouge et noir.
> Nid dans des arbres morts ou sous des pierres.

Le thorax et la partie antérieure de l'abdomen de la plus grande fourmi de nos régions sont brun-rouge, tandis que le reste du corps est noir.
Ses nids sont installés dans les arbres morts ou sous les pierres. En général, elle se nourrit du miellat des pucerons. La période d'essaimage des individus sexués s'étend de mai à juillet. Après l'accouplement, la jeune reine perd ses ailes et se met à pondre dans un trou creusé dans le sol ou dans le bois, pour produire la première génération de larves. Durant cette période, elle subsiste grâce aux réserves que constituent les muscles de ses ailes.

jeunes larves — thorax très bombé — jeune reine avec le premier couvain — mâle ailé

Fourmi jaune

Lasius flavus (formicidés)
L 2-9 mm, toute l'année

forte densité de nids en dôme

Les ouvrières de cette petite espèce sont jaunâtre pâle, tandis que les individus sexués sont plus foncés. Cette fourmi construit des nids typiques, d'environ 50 cm de haut, souvent présents en grande densité. Parfois, toute une prairie peut être couverte de ces nids denses. Cette espèce se nourrit principalement du miellat des poux de racines dont elles s'occupent et on ne la voit quasiment pas en surface. Comme chez la plupart des formicinés, les pupes sont enveloppées dans un cocon. Ceux qui contiennent de futurs individus sexués sont plus gros.

cocons plus gros que les ouvrières

Répartition En général, terrains herbeux secs. Assez commune partout.

> *Couleur jaune ambre.*
> *Écaille redressée sur le pétiole.*
> *Niche dans un tas de terre imbriqué dans les herbes.*

ouvrières avec des larves et des cocons d'ouvrières

cocons aussi gros que les ouvrières

ouvrières et cocons d'individus sexués

Fourmi des trottoirs

Tetramorium caespitum (formicidés)
L 2,5-8 mm, toute l'année

pupe aussi grosse que les ouvrières

Comme chez toutes les espèces de la sous-famille des myrmicinés (genres *Myrmica*, *Tetramorium* et *Messor*), le pétiole de l'abdomen est composé de deux articles noueux, ce qui le rend assez long. Les angles postérieurs du thorax sont allongés en pointe. Cette fourmi niche le plus souvent sous des pierres ou construit un insignifiant petit tas de terre. Comme c'est la règle chez les myrmicinés, les pupes ne sont pas enveloppées dans un cocon. Celles des individus sexués sont énormes en comparaison de celles des ouvrières.

ouvrières avec des pupes d'ouvrières

Répartition Terrains chauds et ensoleillés. Assez commune.

> *Couleur brun foncé.*
> *2 protubérances sur l'arrière du thorax.*
> *Pupes sans cocon.*

ouvrières avec des larves d'individus sexués

larves plus grosses que les ouvrières

pupes plus grandes que les ouvrières

ouvrières avec des pupes d'individus sexués

Fourmi rouge
Myrmica sp. (formicidés)
L 3,5-6,5 mm, toute l'année

ouvrières dans une colonie de fourmis

Répartition Forêts et espaces ouverts (pas dans les lieux secs). Commune partout.

> Couleur orangée.
> 2 épines sur le thorax.
> Piqûre plutôt désagréable.

Cette fourmi a une coloration rouge clair. Il existe de nombreuses espèces proches très difficiles à distinguer. La tête et l'abdomen peuvent être plus sombres. Le thorax comporte deux longues épines pointues. Le nid forme un tertre terreux ou est installé sous des pierres et des morceaux de bois, ou encore dans des cavités d'arbres morts. Souvent, plusieurs reines s'y trouvent. Les ouvrières visitent régulièrement les colonies de pucerons. En cas de danger, elles peuvent faire usage de façon fort désagréable de leur dard venimeux.

ouvrières avec des larves

2 articles noueux au pétiole

Fourmi moissonneuse
Messor sp. (formicidés)
L 4-15 mm, toute l'année

ouvrières avec le couvain

Répartition Lieux secs et chauds. Commune en région méditerranéenne, plus rare au nord.
Photo ci-dessus : transport de graines sur une piste de fourmis.

> Noire et assez grande.
> Grosse tête chez les grands individus.
> Se nourrit de graines de plantes.

Chez ce myrmiciné de couleur brun foncé à noir, il existe une grande variation de taille parmi les ouvrières : on trouve des individus de grande taille à grosse tête (« *major* »), des intermédiaires (« *media* ») et des petits (« *minor* »). Mais comme il existe de nombreux chevauchements entre ces catégories, on ne peut pas parler de « castes » soldats-ouvrières. Ces fourmis se nourrissent essentiellement de graines qu'elles rapportent au nid par des pistes très bien tracées. Arrivées à destination, elles les épluchent et les mâchonnent en salivant, ce qui a pour effet de libérer l'amidon qui leur sert de nourriture.

pétiole formé de 2 articles noueux

nid contenant un stock de graines

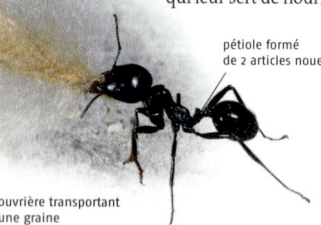

ouvrière transportant une graine

Guêpe commune

Vespula vulgaris (vespidés)
L 11-19 mm, avril-octobre

nid de la guêpe commune

La guêpe commune a un trait vertical noir sur la face, qui s'élargit en bas et forme un « T » inversé. L'espèce construit son nid, de couleur plus ou moins brun-jaune, soit sous terre dans d'anciens trous de rongeurs, soit au-dessus de la surface, dans des cavités cachées. Dans des circonstances favorables, le nid peut atteindre 0,5 à 1 m de diamètre et abriter jusqu'à sept mille individus. En été, la guêpe commune peut constituer une gêne importante aux terrasses de café et dans les pâtisseries. La couvée est cependant élevée avec de la nourriture carnée, en particulier des insectes, ce qui fait que l'espèce peut aussi s'avérer utile.

Répartition *Très commune partout, en particulier dans les zones habitées. Photo ci-dessus: ouvrières léchant le miellat de pucerons.*

> *Masque facial en forme de «T» inversé.*
> *Peut être très gênante.*
> *Nid jaunâtre jusqu'à 1 m de diamètre.*

rayons du couvain — reine — ouvrière vue de face — cocons des pupes — ouvrières — trait noir s'élargissant en bas

larves dans les alvéoles

Guêpe germanique

Vespula germanica (vespidés)
L 13-19 mm, avril-octobre

coupe d'un nid de guêpe germanique

La guêpe germanique ressemble beaucoup, à tous points de vue, à la guêpe commune. Elle s'en distingue le plus souvent par trois points noirs sur la face. Par ailleurs, les rayures jaunes des côtés du thorax forment un triangle pointu vers le haut. Enfin, le nid est plutôt gris et il est, en général, plus large que haut. Comme chez les autres espèces de guêpes, le nid n'est occupé qu'une saison. Comme l'espèce précédente, cette guêpe peut également constituer une gêne, à l'inverse de toutes les autres, non encore présentées ici parmi les espèces coloniales.

Répartition *Très commune partout, y compris dans les zones habitées. Photo ci-dessus: ouvrière vue de face.*

> *Très semblable à la guêpe commune.*
> *3 points noirs sur la face.*
> *Nid plus large que haut.*

tache noire médiane sur le 1er segment — tache jaune élargie en triangle en bas — points noirs — jeune reine en diapause hivernale

Frelon européen
Vespa crabro (vespidés)
L 18-35 mm, avril-octobre

Répartition En général, forêts clairiérées ; aussi autour des habitations. Pas rare dans la plupart des régions. Photo ci-dessus : nid vu de dessous.

> Marques rouges sur la tête et le thorax.
> Face jaune.
> Nid souvent dans les cavités d'arbres.

La plus grande guêpe indigène est facile à distinguer des autres espèces coloniales par les marques rouges qui ornent sa tête et son thorax. En outre, les « joues » (partie latérale de la tête derrière les yeux) sont élargies chez elle et la face (le clypéus) est d'un jaune uni. Le nid, installé dans des lieux cachés (les cavités d'arbres par exemple), peut atteindre 70 cm de haut et 40 cm de large. À l'inverse des deux espèces de *Vespula* précédentes, cette guêpe est plutôt craintive et elle n'attaque jamais, sauf si elle est dérangée près de son nid.

Poliste gaulois
Polistes dominulus (vespidés)
L 10-15 mm, avril-septembre

Répartition Espaces ouverts, dont les abords des habitations. Commune partout dans le sud de l'Europe tempérée, plus rare au nord.

> Allure gracieuse.
> Antennes jaunes.
> Nid à un seul rayon.

Cette guêpe très gracieuse a le clypéus jaune uni et des antennes jaunes. Chez le mâle, l'extrémité des antennes est étroitement enroulée. L'espèce construit un nid ouvert qui ne comporte qu'un seul rayon et qui est relié par un pédoncule à un support (par exemple, une pierre). Ce nid est le plus souvent construit dans des endroits cachés (contrairement à d'autres espèces parentes), sous les toits ou dans les failles des rochers. La surface ouverte du rayon s'ouvre souvent sur le côté ou vers le bas.

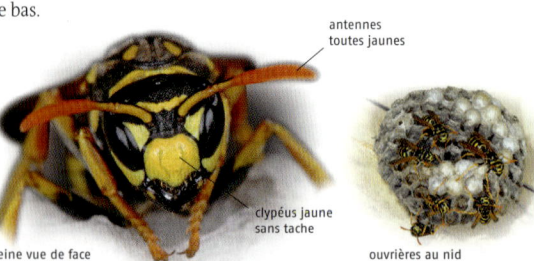

Odynère

Odynerus spinipes (vespidés)
L 10-13 mm, mai-juillet

Cette espèce de guêpe solitaire est noire avec des marques jaunes très visibles. Chez le mâle, l'extrémité des antennes est enroulée. La guêpe creuse, en général dans une surface raide, un tunnel horizontal qui finit par plusieurs loges de reproduction. Elle humidifie le sol avec de l'eau et colle ce matériau de façon circulaire autour de l'entrée du nid, pour aboutir à un goulet de 1 cm d'épaisseur et 5 cm de long, recourbé vers le bas. Dans chaque loge de reproduction sont déposés un œuf et une larve verte de charançon.

Répartition *Lieux ouverts, sablonneux ou limoneux, en particulier les sablières. Pas rare localement. Photo ci-dessus : mâle.*

> *Fin avec des anneaux jaunes à l'abdomen.*
> *Goulet d'entrée du nid incurvé vers le bas.*
> *La larve se nourrit de larves de charançons.*

fines bandes abdominales jaunes

larve de charançon

femelle construisant son nid

femelle avec une proie

Guêpe maçonne

Eumenes sp. (vespidés)
L 12-17 mm, mai-septembre

loge de reproduction encore ouverte, sur de la bruyère

La guêpe maçonne qui compte également parmi les guêpes solitaires se reconnaît facilement à son pétiole en forme de massue à l'arrière. Elle construit une loge de reproduction en limon, de la forme d'une pilule, fixée sur des tiges de plantes, des pierres ou des murs. Elle réalise ensuite un col à l'entrée du nid, ce qui lui donne l'apparence d'une petite amphore. L'entrée est si étroite que la femelle ne peut plus y pénétrer : pour pondre, elle introduit son fin abdomen jusqu'au pétiole et dépose un œuf sur la cloison interne. Elle y introduit aussi une fine chenille et cimente l'entrée avec les matériaux du col d'entrée.

Répartition *Lieux ouverts secs. Présente presque partout, mais en diminution.*

> *1er segment de l'abdomen transformé en pétiole.*
> *Loge de reproduction en forme de pilule ronde.*
> *La larve se nourrit de chenilles.*

ailes repliées dans le sens de la longueur

pétiole mince

guêpe maçonne avec une boulette de limon

guêpe maçonne collectant de la terre

Pompile des chemins
Anoplius viaticus (pompilidés)
L 8-14 mm, juillet-septembre et avril-juin

Répartition Lieux ouverts sablonneux. Assez commun.

> **Base de l'abdomen rouge.**
> **Chasse des araignées.**
> **Transporte sa proie à reculons.**

Cette guêpe tout à fait preste et aux longues jambes a l'avant de l'abdomen rouge et des ailes foncées. Elle chasse des araignées lycosidés, souvent plus grosses qu'elle-même : elle les paralyse par une piqûre dans le système nerveux et les porte en marche arrière jusqu'à une surface sableuse dégagée. Là, elle dépose sa proie, creuse une galerie oblique et y introduit l'araignée. Après avoir pondu un œuf, elle referme l'entrée. Les individus de la génération suivante émergent en été et s'accouplent. Seules les femelles passent l'hiver.

pompile ayant capturé une araignée

base de l'abdomen rouge

grattage alterné du sol avec les pattes antérieures

Pompile charbonneux
Auplopus carbonarius (pompilidés)
L 7-10 mm, juin-août

Répartition Lieux ouverts, y compris zones habitées. Assez commun.

> **Noir avec des ailes foncées.**
> **Construit des tonnelets de limon.**
> **Proie transportée en marche avant.**

Cette guêpe uniformément noire possède un corps particulièrement fin, des ailes foncées et de très longues pattes. Contrairement à presque toutes les autres espèces de pompiles, elle construit des nids limoneux ouverts vers le haut, ayant la forme de tonnelets de 1 cm. Ensuite, elle part à la chasse des araignées. Elle capture différentes espèces, les paralyse par une piqûre précise et leur coupe toutes les pattes ou, au moins, quelques-unes. Elle saisit l'araignée par les glandes à soie et traîne sa proie jusqu'au nid, en marche avant. Elle n'effectue des marches arrière que sur les parties de chemin difficiles. Comme toutes les espèces apparentées, elle porte une seule araignée par trajet.

tient l'araignée par les glandes à soie

pattes de l'araignée amputées pour le transport

nids maçonnés du pompile charbonneux

loge de reproduction avec la larve et une araignée

Ammophile pubescente

Ammophila pubescens (sphécidés)
L 13-19 mm, juin-septembre

Cette guêpe fouisseuse allongée et fine a la base de l'abdomen rouge et l'arrière noir. Celui-ci est très longuement et finement pétiolé. La femelle dépose une ou deux chenilles dans le nid et pond un œuf. Lorsque la larve est née, la femelle lui apporte encore deux fois une proie, en arrivant le plus souvent en vol. Après chaque ouverture du nid, celui-ci est toujours refermé avec les mêmes cailloux (deux ou trois petits et un plus gros). Après le dernier nourrissage, la femelle cache l'entrée du nid avec du sable.

guêpe avec une chenille

pétiole très fin

base de l'abdomen rouge

guêpe à l'entrée du nid

Répartition Lieux sablonneux. Pas rare localement.

> Très fine et abdomen longuement pétiolé.
> Abdomen rouge devant, noir derrière.
> Capture des chenilles.

larve d'ammophile pubescente

larve avec un stock de proies

Sphex funéraire

Sphex funerarius (sphécidés)
L 16-23 mm, juillet-septembre

Cette guêpe fouisseuse assez robuste a une coloration rappelant celle de l'ammophile pubescente, mais son abdomen n'est que très brièvement pétiolé. Elle chasse des sauterelles vertes et des grillons, et domine souvent des proies bien plus grosses qu'elle. En général, elle transporte la proie en vol jusqu'au nid, sauf si elle est trop lourde : dans ce cas, elle la traîne en marchant. Le nid est une galerie oblique creusée dans le sol qui se termine par plusieurs chambres de reproduction. Chacune est remplie de plusieurs sauterelles pour servir de nourriture aux larves.

Répartition Lieux très chauds, sablonneux. Commun en région méditerranéenne, plus rare au nord.

> Forte corpulence.
> Abdomen peu pétiolé.
> Capture des sauterelles vertes et des grillons.

sphex funéraire en train de creuser

pétiole court

creuse simultanément avec les deux pattes avant

sphex ayant capturé une sauterelle verte

Pélopée courbée
Sceliphron curvatum (sphécidés)
L 16-20 mm, juin-août

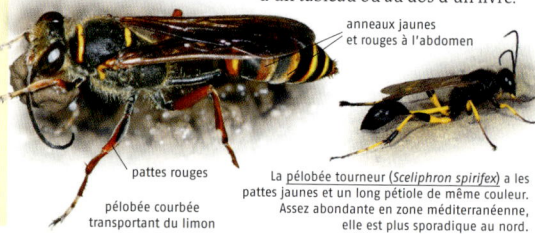

3 loges de reproduction de la pélobée courbée

Répartition Presque uniquement dans les lieux habités. Originaire d'Asie du Sud-Est ; signalée en Autriche en 1979, d'où elle a gagné le sud de l'Allemagne, ainsi que le sud-est de la France.

> **Noire avec des marques jaunes et rouges.**
> **Construit des nids d'argile dans les bâtiments.**
> **Capture des araignées.**

Cette guêpe fouisseuse est noire avec les pattes rouges et des anneaux jaunes et rouges sur l'abdomen, longuement pétiolé. Elle collecte du limon humide et construit des petits pots de 2 cm de long, le plus souvent disposés verticalement : elle y stocke des araignées de différentes tailles et espèces, puis pond un œuf dans chacun d'eux. Selon la taille des araignées, il peut y en avoir jusqu'à quarante par nid. Comme les pots d'argile ne résistent pas aux intempéries, les guêpes les construisent uniquement dans les bâtiments, souvent à des endroits singuliers, par exemple derrière le cadre d'un tableau ou au dos d'un livre.

anneaux jaunes et rouges à l'abdomen

pattes rouges

pélobée courbée transportant du limon

La pélobée tourneur (*Sceliphron spirifex*) a les pattes jaunes et un long pétiole de même couleur. Assez abondante en zone méditerranéenne, elle est plus sporadique au nord.

180

Philanthe apivore
Philanthus triangulum (crabonidés)
L 8-17 mm, juin-septembre

philanthe transportant une proie vers son nid

Répartition En général dans les zones sablonneuses ouvertes. Pas rare dans la plupart des régions. Photo ci-dessus : philanthe apivore ayant capturé une abeille domestique.

> **Tête assez grosse.**
> **Tête avec une marque jaune trifide.**
> **Capture des abeilles domestiques.**

Cette guêpe à grosse tête et marquée de jaune est une prédatrice d'abeilles, comme le clairon des ruches (p. 112) : elle est spécialisée dans la capture d'abeilles, en particulier les domestiques. Elle les surprend lors de leur séance de butinage et les pique sur le côté du thorax, ce qui a pour effet de les paralyser presque immédiatement. Ensuite, elle compresse l'abdomen pour en faire sortir une goutte de miel qu'elle absorbe. Finalement, elle le transporte à son nid pour servir de nourriture à la larve. Le nid est le plus souvent un tunnel horizontal creusé dans un mur.

nuque rouge

philanthe apivore vue de face

abdomen jaune, avec d'étroites bandes noires

marque jaune trifide

Bembex à rostre
Bembix rostrata (crabonidés)
L 15-22 mm, juillet-septembre

Cette guêpe vive, noir-jaune, fait partie des plus grandes espèces de crabonidés. Son labre est allongé en un fin bec, rabattu en arrière, qui n'est pas visible en position normale, mais qui est redressé pour creuser. Pour nourrir ses larves déjà écloses, elle capture différentes espèces de mouches. Pour pénétrer dans son nid, toujours creusé dans le sable léger, elle doit à chaque fois rafraîchir l'entrée et la refermer ensuite.

bembex à rostre dégageant l'entrée de son nid

creuse simultanément avec les deux pattes

long abdomen barré de noir-jaune

mouche capturée

un bembex à rostre transportant une proie dégage l'entrée de son nid

Répartition *Surfaces sableuses ouvertes et à végétation clairsemée, avant tout dans les dunes côtières et les vastes régions sablonneuses. Assez rare.*

> **Noir-jaune avec des yeux verts.**
> **Labre en forme de bec.**
> **Larve nourrie avec des mouches.**

Cerceris de sable
Cerceris arenaria (crabonidés)
L 11-15 mm, mai-septembre

La caractéristique la plus importante de cette guêpe noir et jaune concerne ses segments abdominaux qui sont nettement rétrécis aux jointures, ce qui fait que chaque anneau paraît un peu renflé au milieu. Elle capture exclusivement certaines espèces bien précises de charançons, en particulier à carapace dure, mais elle les maîtrise grâce à une piqûre paralysante précise au niveau des articulations, plus tendres. Elle les transporte vers le nid en vol et pique vers le sol tête la première pour atteindre l'entrée du nid dans un petit tas de terre.

Répartition *Surfaces sableuses ouvertes, en particulier dans les sablières. Assez rare.*

> **Segments abdominaux rétrécis aux jointures.**
> **Bandes jaunes sur l'abdomen.**
> **Capture des charançons pour ses larves.**

cerceris transportant une proie à son nid

ailes obliques au repos

segments abdominaux rétrécis aux jointures

cerceris de sable ayant capturé un charançon

charançon

Abeille masquée
Hylaeus sp. (colletidés)
L 5-7 mm, mai-septembre

Répartition Lisières forestières et lieux ouverts ; aussi dans les jardins. Assez commune.

> *Ressemblance avec la famille précédente.*
> *Face avec un « masque » jaunâtre.*
> *Collecte pollen et nectar dans son jabot.*

Cette petite abeille insignifiante rappelle beaucoup les espèces de la famille des crabonidés par ses caractéristiques : dessus du corps lisse et dépourvu de pilosité. Son corps noir possède très peu de marques jaunâtre clair. Elle visite surtout des ombellifères et collecte le pollen dans son jabot, en même temps que le nectar. Elle niche dans les cavités des tiges de plantes ou dans les nids vides d'autres insectes. Les rayons pour le couvain sont fabriqués à partir de la sécrétion de la glande salivaire qui durcit en une sorte de parchemin.

corps lisse, sans poils

portrait d'abeille masquée

taches jaunes sur la face

taches jaunâtres sur le thorax et les pattes

Collète commune
Colletes daviesanus (colletidés)
L 8-9 mm, juin-août

Mâle

Répartition Lieux ouverts, y compris les zones habitées. Commune presque partout.

> *Pilosité brun clair sur la tête et le thorax.*
> *Abdomen avec des bandes blanches.*
> *Parois des rayons de reproduction parcheminées.*

Cette petite abeille sauvage a des bandes gris feutré sur le bord postérieur de ses anneaux abdominaux. Elle visite exclusivement des fleurs de composées, par exemple tanaisie et achillée. Les nids sont installés de préférence sur de fortes ruptures de pente stabilisées, telles que les berges de sablières. La galerie du nid, creusée horizontalement, est revêtue à l'intérieur de la sécrétion salivaire qui durcit en une matière parcheminée. Aux endroits favorables, on trouve de nombreuses entrées de nids proches les unes des autres. Certains ont déjà été trouvés aussi dans des substrats durs, comme les murs de maison en grès.

femelle apportant du pollen à son nid

femelle récoltant du pollen

bandes gris feutré

pattes arrière chargées de pollen

Andrène vague
Andrena vaga (andrenidés)
L 10-14 mm, mars-mai

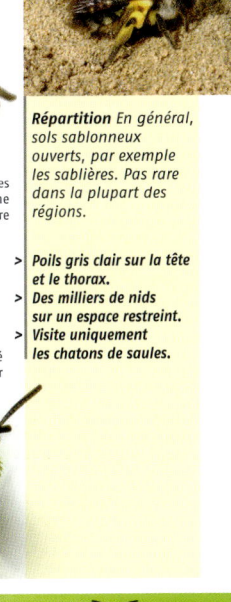

Cette abeille est densément poilue sur la tête et le thorax. Les mandibules supérieures du mâle sont très fines et en forme de sabre. L'espèce niche souvent en grandes colonies, réunissant parfois des milliers d'individus. Elle creuse une galerie dans le sol qui peut atteindre 50 cm de profondeur et à partir de laquelle sont creusées latéralement les loges de reproduction. Le sable excavé est stocké à l'entrée en un tas d'environ 5 cm de haut. Cette abeille collecte exclusivement du pollen et du nectar de saule.
Le pollen est transporté sur les pattes, comme chez beaucoup d'abeilles.

mâle vu de face
mandibules en forme de sabre
femelle sur un chaton de saule
pilosité gris clair
abdomen noir brillant
amas de sable à l'entrée du nid

Répartition *En général, sols sablonneux ouverts, par exemple les sablières. Pas rare dans la plupart des régions.*

> **Poils gris clair sur la tête et le thorax.**
> **Des milliers de nids sur un espace restreint.**
> **Visite uniquement les chatons de saules.**

Halicte cylindrique
Lasioglossum pauxillum (halictidés)
L 5-6 mm, mars-septembre

vue arrière d'une femelle

Cette abeille insignifiante porte des petites taches de poils blanchâtres sur les segments 2 et 3 de l'abdomen. La femelle possède un sillon longitudinal glabre sur le dessus de l'extrémité de l'abdomen. L'espèce appartient aux abeilles coloniales primitives : après avoir hiberné, la femelle creuse un nouveau nid au printemps, qui comporte trois à vingt-cinq loges de reproduction. Les ouvrières qui naissent, de taille plus petite, s'occupent des nichées suivantes et érigent progressivement une petite cheminée de 5 cm de haut à l'entrée du nid.

sillon glabre

Répartition *Sols limoneux, par exemple des pelouses sèches. Assez commune. Photo ci-dessus : mâle.*

> **Taches de poils clairs sur le thorax.**
> **Forme des petites colonies.**
> **Cheminée au-dessus de l'entrée du nid.**

femelle à l'entrée du nid
3 entrées de nids avec « cheminée »

Mégachile de Willoughby
Megachile willoughbiella (mégachilidés)
L 12–16 mm, juin-septembre

***Répartition** Lisières de forêts, espaces ouverts et jardins. Assez commune. Photo ci-dessus : mâle.*

> *Abdomen un peu aplati.*
> *Brosse à pollen rouge à l'avant, noire à l'arrière.*
> *Construit les loges de reproduction avec des feuilles.*

Cette abeille « coupeuse de feuilles » a l'abdomen légèrement aplati et à peine poilu. Elle transporte le pollen sous son abdomen, et non sur les pattes, grâce à des poils disposés en brosse : cette partie du corps (scopa) est rouge à l'avant, noir à l'arrière. Avec ses mandibules, l'adulte découpe des bouts de feuille et les utilise pour construire des fourreaux dans des cavités d'arbre mort, qui serviront de loges de reproduction. Des bouts de feuille ronds servent de couvercles à ces loges, et des morceaux ovales, de parois latérales et de socle.

loge dans du bois vermoulu

bandes de poils indistinctes

feuilles de rosier découpées

femelle avec un bout de feuille découpé

bout de feuille ovale

Mégachile des murailles
Megachile parietina (mégachilidés)
L 14–18 mm, mai-juillet

***Répartition** Lieux très chauds, pierreux ou rocheux. Assez commune dans le sud de l'Europe, plus rare au nord. Photo ci-dessus : mâle.*

> *Poils brun-rouge chez le mâle.*
> *Femelle noire avec des ailes foncées.*
> *Construit les loges de reproduction avec des petits cailloux.*

La femelle est d'un noir profond, avec des reflets bruns et bleus, tandis que le mâle est brun-rouge avec des ailes transparentes. Cette proche parente de la mégachile coupeuse de feuilles utilise des petits cailloux pour faire le mortier servant à construire ses loges de reproduction cylindriques de 2 cm de diamètre, sur des pierres, des falaises ou des murs. Elle y dépose un peu de pollen et de nectar par le haut, y pond un œuf et referme le tout. Après avoir construit environ cinq loges de reproduction l'une à côté de l'autre ou imbriquées, elle les recouvre d'une couche de mortier supplémentaire, évoquant une boule d'argile naturelle.

ailes brunes à reflets bleus

femelle récoltant du matériau de construction

femelle au nid

Osmie bicorne
Osmia bicornis (mégachilidés)
L 8-12 mm, mars-juin

nids dans une tige de bambou

Cette abeille brun foncé, couverte de poils clairs, a un éclat métallique verdâtre. La femelle porte deux cornes pointées vers l'avant, ainsi qu'une brosse à pollen orangée sous l'abdomen. Cette espèce très adaptative occupe toutes les cavités possibles ; on la trouve régulièrement dans les « hôtels à insectes » pour abeilles sauvages. Dans les cavités tubulaires, elle se contente de construire des murs de séparation en argile pour individualiser des loges de reproduction. Dans de plus grandes cavités, elle est amenée à construire la totalité des parois de ces loges.

Répartition Surtout lisières ensoleillées et zones habitées. Commune partout. Photo ci-dessus : femelle avec sa brosse à pollen pleine.

> Brun foncé avec éclat métallique vert.
> 2 petites cornes sur la tête chez la femelle.
> Occupe volontiers les nichoirs à insectes.

femelle visitant une fleur
brosse à pollen orangée sous l'abdomen
corne sur la tête
Mâle

larve au nid

Osmie bicolore
Osmia bicolor (mégachilidés)
L 9-11 mm, mars-juin

La femelle de cette abeille « maçonne » a l'avant du corps noir et l'abdomen couvert de poils roux, tandis que le mâle est d'un gris insignifiant avec des poils bruns. La femelle construit son nid, presque toujours unique, dans une coquille d'escargot vide. Elle dépose des morceaux de feuilles mâchées, puis du pollen et du nectar, pond un œuf et construit une paroi. Devant, elle dépose un tas de cailloux, qu'elle maintient par une nouvelle paroi. La coquille d'escargot est tournée de façon à ce que l'ouverture soit dirigée vers le sol, puis recouverte de brins d'herbe ou d'aiguilles de conifères.

Répartition Lisières ensoleillées et pelouses sèches. Commune presque partout dans les endroits les plus chauds et dans le sud de l'Europe. Photo ci-dessus : mâle.

> **Femelle noire avec abdomen rouge.**
> **Niche dans les coquilles d'escargot.**
> **Garnit le nid avec des feuilles.**

abdomen couvert de poils roux
tête et thorax noirs
adulte camouflant une coquille d'escargot
coquille cachée sous des brins d'herbe
femelle sur une coquille d'escargot couverte de morceaux de feuilles

œuf   cailloux
nid d'osmie bicolore dans une coquille d'escargot

Anthidie cotonnière
Anthidium manicatum (mégachilidés)
L 11–18 mm, juin-septembre

mâle vu de derrière

épines sur l'abdomen

Répartition Surtout chemins forestiers, gravières et jardins. Assez commune.
Photo ci-dessus : femelle avec du matériau de construction.

> *Richement marquée de jaune.*
> *Mâles plus grands que les femelles.*
> *Coton végétal utilisé pour construire le nid.*

Cette robuste abeille « cotonnière » ressemble beaucoup à une guêpe avec ses dessins jaunes. Le mâle est plus grand que la femelle et porte des épines dressées sur les côtés du dernier segment de son abdomen. La femelle collecte la bourre des plantes cotonneuses et l'utilise comme matériau de construction pour les loges de reproduction installées dans des cavités, ce qui évoque un tampon d'ouate. Les mâles patrouillent de-ci, de-là, près des plantes en fleur, à la recherche de femelles. Ils saisissent tous les congénères qui se présentent, ainsi que des individus d'autres espèces d'abeille.

Mâle

femelle arrivant au nid en vol

bandes jaunes sur l'abdomen

boule de coton végétal

brosse à pollen jaune

Anthophore plumeux
Anthophora plumipes (apidés)
L 14–16 mm, mars-juin

Répartition Surfaces verticales ensoleillées, vieux murs. Assez commun.
Photo ci-dessus : femelle butinant.

> *Comme un petit bourdon.*
> *Femelle souvent noire.*
> *Niche dans des parois verticales argileuses.*

Cette abeille sauvage est assez ronde, un peu comme un bourdon. Les femelles peuvent être couvertes de poils noirs ou bruns, mais leur brosse à pollen ventrale est toujours de couleur rousse. Les mâles toujours bruns ont une paire de pattes médianes fines et très longues, pourvues d'un fin pinceau à l'extrémité. Les femelles construisent le plus souvent leurs nids sur des murs verticaux. Ils se composent d'une courte galerie principale du diamètre d'un crayon, à partir de laquelle partent des loges de reproduction. Aux endroits favorables, l'espèce niche souvent en grandes colonies.

Femelle

pilosité brune

clypéus jaune

pinceau de poils au bout des pattes médianes

Mâle

Eucère noircissante
Eucera nigrescens (apidés)
L 13-15 mm, avril-juin

Cette abeille est très velue. Le mâle a des antennes aussi longues que le corps et la femelle possède des bandes claires sur les anneaux de l'abdomen. Cette espèce visite exclusivement des papilionacées, avec un goût particulier pour les vesces. Au printemps, les mâles apparaissent trois ou quatre semaines plus tôt que les femelles. Dans l'attente de leurs partenaires, ils patrouillent de façon constante autour des plantes mellifères de haut en bas et n'atterrissent que momentanément pour prélever du nectar. Plus tard, les femelles creusent leur galerie de nidification dans le sol, en des endroits un peu cachés et rarement proches les uns des autres.

antennes aussi longues que le corps

Mâle

antennes plus courtes

larges bandes claires sur l'abdomen

Femelle

Répartition Lisières et bords de chemins ensoleillés. Localement assez commune.
Photo ci-dessus : mâle.

> *Antennes du mâle aussi longues que le corps.*
> *Bandes abdominales claires chez la femelle.*
> *Ne butine que des papilionacées.*

Xylocope violet
Xylocopa violacea (anthophoridés)
L 20-28 mm, août-septembre et avril-juillet

Cette abeille est la plus grande de nos régions : elle dépasse même la taille d'une reine de bourdon. Elle est d'un noir brillant, avec de courts poils gris foncé. Même les ailes à reflets bleus sont entièrement foncées. Le mâle possède des antennes éclaircies, un peu coudées. Les deux sexes hibernent et s'accouplent au printemps. La femelle creuse une galerie de nidification dans du bois mort encore assez ferme, puis construit les parois qui sépareront les loges de reproduction disposées en enfilade. Ces parois sont composées de sciure mélangée à de la salive.

femelle arrivant au nid en vol

ailes brun foncé avec des reflets bleutés

bout des antennes un peu coudé

Mâle

Femelle

Répartition Lieux ouverts très chauds, surtout près des zones habitées. Pas rare dans les régions viticoles.

> *La plus grande abeille sauvage indigène.*
> *Noir à reflets bleutés, y compris sur les ailes.*
> *Nid dans le bois mort.*

Nomade rousse
Nomada lathburiana (apidés)
L 11–12 mm, avril-juin

Répartition *Lieux sablonneux ouverts. Pas rare dans l'ensemble.*

> *Ressemble beaucoup à une guêpe.*
> *Marquée de jaune et de rouge.*
> *Parasite l'andrène vague.*

Cette abeille, qui ressemble nettement à une guêpe, présente des marques jaunes sur le thorax et des bandes jaune-noir sur l'abdomen, la base de celui-ci étant rouge. Les antennes sont également rouges, ainsi que les yeux et les pattes. Cette espèce est très difficile à distinguer de quelques autres. Pour se reproduire, elle parasite de préférence les nids d'andrène vague (p. 183). Elle pénètre dans des nids pour pondre. Sa larve tue ensuite celle de l'andrène, dont elle utilise le corps comme réserve de nourriture.

antennes rouges

1ers segments rouges, les autres jaunes

nomade rousse endormie

pattes rouges

188

Bourdon des champs
Bombus pascuorum (apidés)
L 9–18 mm, avril-octobre

Répartition *Régions pas trop densément boisées ou ouvertes. Commun partout.*

> *Pas de nettes bandes.*
> *Pilosité orangée ou brun-gris.*
> *Niche souvent dans d'anciens terriers de campagnols.*

Cette espèce de bourdon assez petite est orangée sur le dessus du thorax, grise dans la partie antérieure de l'abdomen et à nouveau orangée à l'extrémité de l'abdomen. Comme tous les bourdons, il forme des colonies qui ne durent qu'un an et qui sont fondées par une femelle ayant passé l'hiver. Une fois la colonie installée, on y trouve des vésicules de cire brunes contenant de nombreuses larves, des cocons de pupes et du miel produit à partir des cocons vides. Les œufs sont rassemblés dans des petites cellules en cire, qui seront plus tard agrandies en loges par les larves.

coupe transversale d'une loge de larves

loges de larves

réserves de miel

abdomen gris à extrémité brun clair

cocon de pupes

pilosité brun clair sur le thorax

nid du bourdon des champs

Bourdon terrestre

Bombus terrestris (apidés)
L 11-22 mm, avril-octobre

nid du bourdon terrestre — reine — ouvrières

« corbeille » remplie de pollen

bandes jaunes — abdomen à bout blanc

Ce bourdon assez grand est noir avec une bande jaune sur le thorax, une autre sur l'abdomen et une tache blanche à l'extrémité du corps. Il est difficile à distinguer de quelques espèces proches. Le nid est presque toujours dans des cavités souterraines, souvent dans des terriers abandonnés de campagnols. De tous les bourdons indigènes, c'est celui qui établit les colonies les plus grandes : elles peuvent compter jusqu'à six mille individus environ.

Répartition *Forêts clairiérées et espaces ouverts. Presque partout commun.*

> *Bande jaune sur le thorax.*
> *Bandes blanches et jaunes sur l'abdomen.*
> *Nid presque toujours souterrain.*

Abeille domestique

Apis mellifera (apidés)
L 11-18 mm, mars-octobre

« faux-bourdon » — ouvrières

L'abeille domestique a l'abdomen barré de bandes feutrées brun clair. Une colonie est fondée par une reine, reconnaissable à son abdomen plus long, et peut compter jusqu'à quatre-vingt mille ouvrières. Au printemps apparaissent les mâles, les « faux-bourdons », dont l'unique tâche consiste à féconder la nouvelle reine de l'année. Au même moment, la vieille reine quitte la colonie avec une partie des ouvrières pour en fonder une nouvelle ailleurs. L'essaim ainsi constitué est récupéré, autant que possible, par l'apiculteur.

Répartition *Insecte domestiqué par l'homme. Partout très commune. Photo ci-dessus : ouvrière collectant du pollen.*

> *Bandes feutrées brun clair sur l'abdomen.*
> *Petites « corbeilles » aux pattes postérieures.*
> *Gros yeux chez le mâle.*

reine — ouvrières — adultes sur un rayon avec le couvain

larve d'abeille

Phrygane sp.
Glyphotaelius pellucidus (limnephilidés)
E 28–38 mm, mai–août

Répartition Mares forestières ombragées et cours d'eau lents. Assez commune.

> **Extrémité de l'aile tronquée.**
> **Tache transparente dans l'aile.**
> **Fourreau de la larve fait de morceaux de feuilles ronds.**

Cette phrygane possède des ailes gris-brun, tachées de foncé, tronquées à leur extrémité et arrondies, avec une encoche. Le centre de l'aile présente une tache claire transparente. Les œufs sont pondus sur les plantes de la berge, enrobés dans une boule de gélatine. À leur naissance, les larves se laissent tomber dans l'eau. Elles se construisent alors un fourreau de protection avec des morceaux de feuilles arrondis ou ovales dans lequel leur corps fragile est à l'abri.

larve de phrygane dans son fourreau de feuilles

bout de l'aile tronqué

tache alaire transparente

Phrygane sp.
Anabolia nervosa (limnephilidés)
E 27–34 mm, septembre–octobre

Répartition Rives d'eaux stagnantes ou à faible courant, piscicultures. Partout assez commune.

> **Bout de l'aile arrondi.**
> **Marques claires peu visibles dans l'aile.**
> **Fourreau de la larve fait de longs morceaux de plantes.**

Cette phrygane brune ne possède que très peu de marques claires sur les ailes, hormis une courte tache oblique et deux petits points vers le centre de l'aile. L'extrémité de l'aile est nettement arrondie. La larve se construit un fourreau d'environ 30 mm de long, sur lequel sont fixés latéralement des brindilles et d'autres matériaux atteignant 70 mm de long, qui dépassent nettement à l'avant et à l'arrière. Ce fourreau encombrant offre à la larve une bonne protection contre les poissons qui souhaiteraient la gober.

larve dans son fourreau de graviers et de bâtonnets

point clair   tache alaire claire

Phrygane sp.

Enoicyla reichenbachi (limnephilidés)
E ♂ 12–16 mm, L ♀ 3–5 mm, septembre–octobre

Chez cette phrygane, les ailes du mâle sont normalement bien développées, tandis que celles de la femelle sont très raccourcies : elles ne dépassent pas la moitié de l'abdomen. La larve ne vit pas dans l'eau, mais à terre, dans un endroit humide. Elle se construit un fourreau légèrement arqué d'environ 1 cm de long et constitué de petits bouts de bois. Comme chez toutes les phryganes, ces matériaux sont fixés par des fils de soie que la larve défile avec ses mandibules. Elle se nourrit de feuilles tombées et de mousses. Elle grimpe aussi volontiers aux troncs des arbres pour se nourrir dans la couronne.

Répartition Berges ombragées et forêts humides. Assez rare, mais passe souvent inaperçue.
Photo ci-dessus : mâle.

> Aile de longueur normale chez le mâle.
> Aile moitié moins longue que l'abdomen chez la femelle.
> Développement larvaire à terre.

ailes très courtes

Femelle

larve dans son fourreau de particules terrestres

Phrygane sp.

Hydropsyche sp. (hydropsychidés)
E 18–30 mm, avril–septembre

Les espèces du genre *Hydropsyche* ont des ailes relativement étroites, munies de fines barres transversales. Les huit-dix premiers articles des antennes comportent des traits foncés obliques. Les larves, sombres, portent des touffes de branchies trachéales sur les côtés du ventre. Avec les petits cailloux du fond des cours d'eau, elles se construisent un fourreau. Puis elles tissent une sorte de filet de capture rond posé au sol devant elles : avec ses mailles grossières, il rappelle une passoire à thé. Toutes les particules en suspension dans l'eau, telles que les résidus de plantes ou les larves d'insectes dérivantes, s'y prennent. Elles sont périodiquement collectées par la larve qui s'en nourrit.

filet de capture de la larve

Répartition Divers cours d'eau, en général un peu pollués. Commune partout.

> Larve dans un fourreau irrégulier.
> Filet devant l'ouverture.
> Consomme différents restes de plantes et d'animaux.

fines marques réticulées

ailes assez étroites

larve construisant son filet

Adèle verdoyante
Adela reaumurella (adélidés)
E 14–18 mm, avril-mai

mâles dansant dans les airs

Répartition Lisières des forêts de feuillus, en particulier les chênes. Assez commune. Photo ci-dessus: femelle.

> Ailes vert métallisé.
> Antennes du mâle trois fois plus longues que les ailes.
> Les mâles dansent en vol en lisière de forêts.

Chez ce petit papillon, les mâles ont des antennes trois fois plus longues que les ailes, alors qu'elles ne sont que 1,5 fois plus longues chez la femelle. Les ailes antérieures sont vert doré lumineux, et les postérieures, noires avec des reflets violets. Au printemps, les mâles dansent au soleil devant les arbres et arbustes de différentes espèces, en particulier les chênes. Ils montent et descendent, parfois en grands essaims. Aussitôt qu'une femelle pénètre dans le groupe, elle est saisie par un mâle et le couple chute au sol. La chenille jaunâtre vit dans un fourreau de feuilles, dans la litière.

Mâle

antennes 3 fois plus longues que le corps

ailes vert métallisé brillant

Chez la coquille d'or (*Nemophora degeerella*), encore plus commune, les ailes jaune doré et rayées de sombre portent une bande transversale jaune.

192

Mineuse du marronnier
Cameraria ochridella (gracillariidés)
E 7–9 mm, avril-septembre

Répartition Lieux de présence des marronniers d'Inde. Commune presque partout.

> Ailes orange avec des rayures noires et blanches obliques.
> Bout des ailes avec des touffes de poils.
> Fait dépérir les feuilles de marronnier.

Les ailes antérieures de ce minuscule papillon sont de couleur orange à ocre, avec des rayures obliques noires surlignées de blanc et présentent de longues franges à leur extrémité. La larve est très plate et ne mesure que 4 mm de long. Elle se développe sur les feuilles de marronniers et provoque des taches brunes arrondies. Ce papillon produit trois ou quatre générations par an. En cas de surpopulation, il provoque une chute précoce des feuilles. Cette espèce a été repérée pour la première fois en 1986 dans les Balkans. De là, elle s'est rapidement répandue dans toute l'Europe.

larve de mineuse du marronnier

feuilles de marronnier minées

franges au bout des ailes

bandes transversales noires et blanches

Ptérophore blanc
Pterophorus pentadactylus (ptérophoridés)
E 26–34 mm, mai-septembre

Chez ce papillon blanc à longues pattes, les ailes antérieures sont divisées en deux lobes plumeux presque jusqu'à leur base, et les ailes postérieures, en trois lobes plumeux. Au repos, le papillon tient le plus souvent ses ailes antérieures perpendiculairement au corps et replie ses ailes postérieures dessous. La larve vert clair, recouverte de longs poils, a une longue raie blanche ponctuée de jaune sur le dos. Elle vit sur les liserons, dont elle mange le dessous des feuilles, provoquant la formation de taches brunes dessus. L'espèce produit une ou deux générations par an.

Répartition Surtout bords de chemins et jardins. Partout assez commun.

> Très gracile et blanc.
> Antennes divisées en lobes plumeux.
> Chenilles sur les liserons.

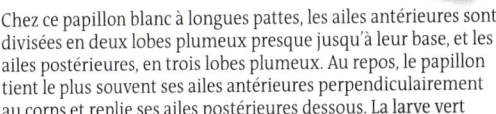

ailes antérieures divisées en 2 lobes

ailes postérieures divisées en 3 lobes

larve de ptérophore blanc

Chez *Pterotopteryx dodecadactyla*, les ailes antérieures et postérieures sont divisées en 6 lobes plumeux. Leurs larves se développent sur les chèvrefeuilles.

Hyponomeute du fusain
Yponomeuta evonymella (yponomeutidés)
E 22–26 mm, juin-août

Ce papillon blanc porte cinq lignes de points noirs sur ses ailes étroites. Sa chenille jaunâtre, brunâtre ou gris foncé, à tête noire et mesurant jusqu'à 20 mm, a deux rangées longitudinales de points noirs sur les côtés du corps. Elle se développe presque uniquement sur le merisier à grappes, mais aussi sur le fusain et le nerprun. Très sociable, on la trouve souvent en nombre incroyable sur des arbustes voisins. Ces derniers sont souvent totalement recouverts du voile blanc de soie sous lesquelles se nourrissent les chenilles. Mais, dans tous les cas, les arbustes totalement déplumés reconstituent rapidement leur feuillage.

chenilles recouvertes d'un voile de soie blanc sur un merisier

Répartition Lisières de forêts et haies le long des ruisseaux. Commun presque partout ; pullulation certaines années.

> Ailes blanches avec 5 lignes de points noirs.
> Chenilles sociables sous des voiles de soie.
> Presque uniquement sur le merisier à grappes.

chenille d'hyponomeute du fusain

lignes de points noirs sur les ailes

Hydrocampe du potamot
Elophila nymphaeata (crambidés)
E 22–30 mm, juin-août

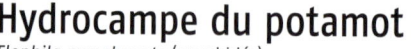

accouplement

Répartition *Eaux stagnantes riches en végétation aquatique. Commun presque partout.*

> Ailes blanches avec dessins arrondis bruns.
> Toujours près de l'eau.
> Chenille immergée sur des potamots.

Les ailes blanches de ce petit papillon ont des dessins contrastés, composés de lignes et de larges bandes dentelées brunes. Il se tient le plus souvent sur la face inférieure des plantes de la berge. Sa chenille jaunâtre ou vert clair vit dans l'eau, sur les feuilles des plantes aquatiques, volontiers sur celles flottantes des potamots. Elle construit un abri en découpant un morceau d'environ 1 cm de la surface d'une feuille qu'elle tisse ailleurs sur la face inférieure de cette feuille. Elle se cache ensuite entre les deux morceaux de feuille.

lignes foncées en cercle

larve d'hydrocampe du potamot

feuille découpée et morceau de feuille tissé sur un potamot

bande terminale jaunâtre bordée de sombre

194

Mite des fourrures
Tinea pellionella (tinéidés)
E 11–17 mm, juin-août

Répartition *À l'origine, dans les nids d'animaux. Aujourd'hui, surtout dans les maisons. Assez commune partout.*

> Ailes foncées avec un point noir.
> Chenilles dans un cocon de fibres.
> Les chenilles consomment fourrure, plumes et fibres végétales.

Ce papillon assez petit a des ailes brun-jaune à reflets métallisés, avec un point foncé bien visible à l'arrière de l'aile. Sa chenille de 9 mm de long, blanche ou rouge clair, ne vit pas sur des plantes mais sur des matières animales, en particulier fourrure, laine, plume et tapis. Elle fréquente aussi des objets élaborés en fibres végétales. Avec une partie de ce qui compose sa nourriture, elle se construit un cocon transportable d'environ 10 mm de long, ouvert des deux côtés, qui rappelle un étui à lunettes par sa forme. Comme l'espèce n'est pas sujette à pullulation, les dégâts causés sont en général moindres qu'avec la mite des vêtements.

larve de mite des fourrures dans son cocon

point sombre

La mite des vêtements (*Tineola bisselliella*) est uniformément jaunâtre. Ses chenilles se nourrissent des fibres des vêtements.

Psyché lustrée
Psyche casta (psychidés)
E ♂ 10–14 mm, L ♀ 4–5 mm, mai–août

Alors que le mâle est normalement développé, avec des ailes uniformément brun sombre, la femelle est dépourvue d'ailes et ressemble à un asticot brun clair. La chenille se construit un fourreau transportable, d'environ 8-10 mm de long, avec des bouts de tiges sèches. Elle se nourrit des feuilles de différents arbustes et arbres à feuillage caduc. Lorsque vient le temps de la nymphose, elle fixe son fourreau à un support avec de la soie. La femelle vermiforme émerge par l'arrière du fourreau et attire un mâle pour l'accouplement, en émettant une phéromone spécifique. Puis, elle pond ses œufs dans le fourreau et meurt peu après.

Répartition *Forêts et espaces ouverts, aussi autour des habitations. Commune partout.*

> **Mâle avec des ailes brun foncé.**
> **Femelle dépourvue d'ailes, vermiforme.**
> **Chenille avec un fourreau de matières végétales.**

femelle émergeant du fourreau larvaire

frange jaunâtre au bout de l'aile

aile brun foncé uni

chenille dans son fourreau de débris végétaux

Sésie apiforme
Sesia apiformis (sésiidés)
E 30–45 mm, mai–août

Ce papillon de nuit, ressemblant incroyablement à un hyménoptère, a l'abdomen annelé de jaune et de noir, et des ailes transparentes sans écailles. Avec sa grande taille, on peut très facilement le prendre pour un frelon. C'est un bel exemple de mimétisme (aposématiques). Sa chenille blanchâtre ou jaunâtre, presque glabre, vit dans les racines ou dans la base du tronc des peupliers, plus rarement dans les saules. Son développement dure plusieurs années. Elle se métamorphose sous l'écorce de l'arbre. Avant la sortie de l'imago, la chrysalide très mobile peut se déplacer de plusieurs centimètres pour permettre l'émergence de celui-ci.

Répartition *Espaces ouverts un peu humides, avec des peupliers. Pas rare dans la plupart des régions.*

> **Ailes transparentes peu écailleuses.**
> **Motifs noirs et jaunes de guêpe.**
> **Chenille sur les peupliers.**

large bande grise
aile transparente

Chez la sésie du lotier (*Dipsophecia ichneumoniformis*), nettement plus petite (20 mm d'envergure), les ailes transparentes ont une plaque écailleuse orangée. Les larves se développent dans les racines des lotiers.

chrysalide dans un tronc de peuplier

Cossus gâte-bois
Cossus cossus (cossidés)
E 65–80 mm, mai–août

Répartition *Le plus souvent près de l'eau, dans les massifs de saules ; aussi dans les jardins. Pas rare.*

> **Ailes grises avec un réseau de traits noirs.**
> **La chenille sent le vinaigre.**
> **Chenille dans les troncs d'arbres feuillus.**

Ce papillon assez grand et insignifiant, de couleur gris clair et cannelle, a un motif de fins traits noirs en réseau sur ses ailes. Sa chenille rougeâtre, atteignant jusqu'à 10 cm de long, a une tête noire et sent fort le vinaigre de bois. Elle perce des galeries du diamètre d'un doigt dans les troncs de différents feuillus, en particulier les saules. Leur développement dure deux à quatre ans. La nymphose a lieu juste sous l'écorce de l'arbre chez certaines, tandis que d'autres quittent le tronc et se déplacent à la recherche d'une place propice pour la nymphose.

fin anneau jaune

rayures noires étroites et plus larges

chenille de cossus gâte-bois

galeries d'alimentation dans le tronc d'un saule

Carpocapse des pommes
Cydia pomonella (Wickler)
E 14–18 mm, mai–octobre

Répartition *Jardins et vergers. Commune partout.*

> **Ailes grises avec des lignes onduleuses.**
> **Bout de l'aile avec des taches dorées brillantes.**
> **Chenille dans les pommiers et poiriers.**

Ce petit papillon a des ailes gris-bleu, marquées de lignes transversales onduleuses gris foncé et de points clairs. Dans le tiers postérieur des ailes, il porte une tache brune bordée de deux lignes brun doré brillant. La chenille est rouge clair, avec une tête brune, et atteint jusqu'à 15 mm de long. Elle se développe surtout dans les pommes et les poires, dont elle se nourrit des pépins et de la pulpe environnante. À la fin de son développement, elle sort du fruit et se laisse tomber au sol pour la nymphose. Il y a une ou deux générations par an.

bande sombre

chenille de carpocapse

tache ronde à limites peu marquées

Sphinx pygmée
Thyris fenestrella (thyrididés)
E 12–15 mm, mai-août

accouplement

Ce petit papillon a des motifs brun-noir, jaunâtre et brun-rouge clair sur les ailes et deux fenêtres transparentes en leur milieu. Le bord d'attaque des ailes antérieures est nettement recourbé vers l'avant. La chenille est rougeâtre ou vert olive et atteint jusqu'à 10 mm. Elle vit sur la clématite et se construit un habitacle sur la face inférieure d'une feuille : elle roule d'abord un ruban de feuille étroit, puis l'ensemble de la foliole. Dans les régions fraîches, il n'y a qu'une seule génération par an ; deux dans les régions plus chaudes.

feuilles de clématite roulées par la chenille

bord antérieur de l'aile arqué vers l'avant
fenêtre transparente

Répartition Surtout lisières forestières un peu humides et chaudes, en particulier dans les vallées alluviales. Plus commune vers le sud.

> Ailes avec une fenêtre transparente.
> Aile antérieure un peu recourbée vers l'avant.
> Chenille sur clématite.

chenille de sphinx pygmée

197

Zygénule des genêts
Heterogynis penella (hétérogénidés)
E 24–27 mm, juin-juillet

femelle sur son cocon

Le mâle, normalement développé, est brun-noir avec des antennes nettement pectinées et de longues franges sur le bord de l'aile. La femelle, quant à elle, ressemble à une chenille trapue, sans ailes et sans véritables pattes. Elle ne peut se fixer au cocon qu'avec des pattes minuscules. Sa couleur rappelle celle de la chenille à motifs jaunes et gris qui s'alimente de préférence sur des genêts poilus. L'accouplement, entre des partenaires si différents, a lieu sur le cocon dont est sortie la femelle. Peu après, elle y retourne pour pondre et meurt.

antennes pectinées
Mâle
aile brun-noir

Répartition Lieux très chauds et secs, avec végétation steppique. Plus commune au sud. Photo ci-dessus : accouplement

> Mâle brun-noir et ailé.
> Femelle jaune et allure de chenille.
> Chenille sur genêts.

chenille de zygénule des genêts

Zygène du sainfoin
Zygaena carniolica (zygénidés)
E 25–32 mm, mai-août

rassemblement en dortoir sur un pied de sainfoin

Répartition Surtout en montagne dans les lieux chauds, telles que les prairies maigres. Localement commune, devenue rare ailleurs.

> **Taches rouges cerclées de clair.**
> **Forme souvent des groupes pour dormir.**
> **Chenille le plus souvent sur le sainfoin.**

La zygène du sainfoin (ou zygène de la Carniole) porte cinq ou six taches rouges cerclées de pâle sur les ailes antérieures foncées. Le soir, plusieurs individus se réunissent sur l'extrémité d'une plante dominante, pour y passer la nuit ensemble. Les seules autres espèces à constituer de tels dortoirs nocturnes sont la zygène pourpre (ci-dessous) et la zygène diaphane non traitée ici. La chenille vert jaunâtre, qui atteint jusqu'à 20 mm de long, porte deux paires de taches noires sur chaque segment du corps. Elle vit sur le sainfoin et aussi sur les lotiers.

bout des antennes recourbé vers l'arrière

chenille de zygène du sainfoin

tache alaire cerclée de blanchâtre

Zygène pourpre
Zygaena purpuralis (zygénidés)
E 28–35 mm, mai-août

Répartition Surtout sur des pelouses sèches calcaires. Localement commune au sud, plus rare au nord.

> **Ailes avec 3 bandes rouges.**
> **Bande du milieu comme une hachette élargie.**
> **Chenille sur thym faux-pouliot.**

Cette zygène a trois grandes marques rouges sur les ailes antérieures, dont la médiane s'élargit en hachette à l'extrémité. Il existe des individus chez qui ces bandes colorées fusionnent plus ou moins. La chenille, jaune-gris, vert olive ou brunâtre, porte sur les côtés de chaque segment du corps un point jaune surmonté d'un point noir. Elle vit exclusivement sur le thym faux-pouliot, mais mange aussi du thym commun. Les chenilles passent l'hiver en diapause, puis effectuent la nymphose au printemps dans un cocon en forme de fuseau, de couleur blanchâtre à brunâtre clair et installé sur les plantes nourricières.

3 bandes rouges sur l'aile

chenille de zygène pourpre

Zygène de la coronille

Zygaena ephialtes (zygénidés)
E 30–40 mm, juin–août

variante à taches blanches

Cette zygène a en général six taches rouges ou jaunes sur les ailes antérieures et un anneau abdominal de même couleur. Chez une autre forme, répandue surtout dans le sud, les quatre taches situées vers le bout de l'aile sont blanches et les autres sont de la couleur de l'anneau abdominal. Comme toutes les zygènes, elle possède de l'acide cyanhydrique dans son liquide sanguin, ce qui la rend très toxique. Ses couleurs vives en sont un message d'avertissement. La chenille jaune a une fine ligne noire sur le dos et une tache noire sur chaque segment.

Répartition Pelouses sèches, mais aussi gravières et haies. Régions chaudes surtout, rare au nord. Photo ci-dessus : variante noir et jaune.

> Ailes tachées de rouge, blanc ou jaune.
> Anneau sur l'abdomen de même couleur que les taches alaires.
> Chenille le plus souvent sur des coronilles bigarrées.

6 taches alaires rouges
anneau rouge sur l'abdomen

La zygène de la filipendule (*Zygaena filipendulae*), qui a également 6 taches alaires rouges, n'a pas d'anneau rouge sur l'abdomen. Sa chenille ne se nourrit pas sur les filipendules, mais sur les lotiers.

chenille de zygène de la coronille

Procris de l'hélianthème

Adscita geryon (zygénidés)
E ca. 20 mm, juin–août

Cette petite zygène a des ailes vert doré brillant. Les antennes du mâle sont pectinées. La larve de 12 mm de long est très poilue. Elle a une raie gris clair encadrée de noir sur le dos et une ligne longitudinale de taches blanchâtres ou jaunâtres sur chaque côté. Elle se nourrit sur les hélianthèmes. Les chenilles creusent d'abord des galeries dans les feuilles, puis à leur troisième stade de développement, elles les rongent en surface. Plus tard encore, elles les mangent entièrement. Après l'hiver, elles effectuent leur nymphose dans un cocon blanc lâche sur la plante nourricière.

Répartition Pelouses sèches ensoleillées, aussi landes herbeuses dans les Alpes. Pas rare localement.

> Ailes vert métallisé.
> Antennes pectinées chez le mâle.
> Chenille sur des hélianthèmes.

antennes de la femelle entières
antennes du mâle pectinées
ailes entièrement vert métallisé
mâle et femelle sur un aster des Alpes

chenille de procris de l'hélianthème

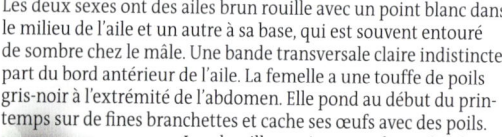

Laineuse du cerisier

Eriogaster lanestris (lasiocampidés)
E 30–35 mm, février-avril

Répartition Lisières de forêts et allées arborées. Devenue rare presque partout.
Photo ci-dessus : mâle.

> - Ailes brun rouille avec 2 taches blanches.
> - Bande indistincte sur la bordure d'aile.
> - Chenille dans un nid en filaments de soie.

Les deux sexes ont des ailes brun rouille avec un point blanc dans le milieu de l'aile et un autre à sa base, qui est souvent entouré de sombre chez le mâle. Une bande transversale claire indistincte part du bord antérieur de l'aile. La femelle a une touffe de poils gris-noir à l'extrémité de l'abdomen. Elle pond au début du printemps sur de fines branchettes et cache ses œufs avec des poils. Les chenilles, noires avec des taches brun rouille sur le dos et munies de longs poils blancs, se nourrissent sur divers arbres à feuilles caduques et se tiennent dans de gros nids de soie atteignant 30 cm de diamètre.

2 taches alaires blanches

étroite bande blanche

Femelle

nid de soie sur un prunellier

chenille de laineuse du cerisier

200

Livrée des arbres

Malacosoma neustria (lasiocampidés)
E 23–39 mm, juin-août

Répartition Lisières de forêts, arbustes et vergers. Pas rare dans l'ensemble.
Photo ci-dessus : mâle.

> - Ailes jaune ocre à brun foncé.
> - Bande transversale au milieu de l'aile.
> - Chenille très bariolée.

Ce papillon de couleur variable porte sur ses ailes brunâtre clair ou foncé deux barres transversales claires qui encadrent une zone souvent plus foncée que le reste de l'aile. La femelle dépose ses œufs en anneaux serrés autour d'un fin rameau de la plante nourricière (différents feuillus). La larve très bariolée, d'une longueur de 60 mm, a une couleur générale gris-bleu, deux taches noires sur la tête, une ligne blanchâtre sur le dos et sur les côtés de celui-ci, des raies longitudinales orange et noires. Cette espèce était autrefois considérée comme un nuisible pour les arbres fruitiers, mais elle s'est raréfiée depuis.

2 bandes blanches sur les ailes

Femelle

chenilles de livrée des arbres

anneaux d'œufs de livrée des arbres

Bombyx du chêne

Lasiocampa quercus (lasiocampidés)
E 48–75 mm, juin–août

Chez cette espèce de coloration très variable, le mâle est le plus souvent brun marron, avec une bande alaire jaune et un point blanc sur chaque aile antérieure. La femelle, généralement bien plus claire que le mâle, a une coloration plus ocre avec des marques claires plus indistinctes. La chenille, qui atteint jusqu'à 80 mm, est noire avec des taches orange en losange sur le dos dans les premiers stades, puis elle acquiert un capitonnage de poils brun-gris sur le dos. Elle consomme une grande variété de plantes, tels que des pruneliers et des ronces, mais pas de feuilles de chênes.

Mâle

large barre alaire jaune

point blanc cerclé de noir

Femelle

étroite barre alaire claire

Répartition Surtout forêts claires et tourbières ; régulier dans les Alpes. Pas rare dans l'ensemble. Photo ci-dessus : mâle.

> Chez le mâle, ailes brun foncé.
> Femelle bien plus claire.
> Chenille sur différents buissons.

chenille de bombyx du chêne

Feuille-morte du chêne

Gastropacha quercifolia (lasiocampidés)
E 52–65 mm, juin–août

La feuille-morte du chêne a des ailes brun rouille, rehaussées d'une nette teinte violette. Elles sont dentelées sur leur bordure et traversées par de fines lignes ondulantes noires. Au repos, elle replie les ailes postérieures sous les ailes antérieures, mais en les laissant dépasser vers le bas, ce qui imite à la perfection les deux limbes d'une feuille morte. Il donne ainsi un exemple classique de mimétisme : soit l'imitation d'objets environnants pour se camoufler. La chenille nettement aplatie, de 100 mm de long, est grise et porte des franges de longs poils sur les côtés. Elle vit sur différents feuillus et buissons, par exemple le prunellier.

Répartition Surtout dans les bocages. Devenue rare presque partout.

> Bordure de l'aile dentée.
> Ressemble à une feuille morte.
> Chenille volontiers sur prunellier.

bord de l'aile denté

lignes sombres ondulées

aile antérieure pendante

chenille de feuille-morte du chêne

Petit paon de nuit
Saturnia pavonia (saturniidés)
E 60–85 mm, mars-mai

portrait du mâle

Répartition Surtout sur les landes et les pelouses sèches. Commun presque partout. Photo ci-dessus : mâle.

> Un ocelle sur chaque aile.
> Ailes postérieures orange chez le mâle.
> Chenille surtout sur des rosiers.

Le petit paon de nuit a un ocelle bien visible sur chaque aile. Les deux paires d'ailes sont grises chez la femelle, alors que chez le mâle, la paire postérieure est orange. La femelle a un vol assez lent et elle attire les mâles en émettant une phéromone spécifique. Ceux-ci, grâce à leurs antennes pectinées, peuvent percevoir cette odeur à plusieurs kilomètres de distance. La chenille, d'abord noire puis verte, ponctuée de rose ou de jaune, se nourrit sur de nombreuses plantes, mais avec une certaine préférence pour le prunellier et la bruyère. La nymphose a lieu dans un cocon en forme de nasse ovoïde, empêchant la pénétration d'intrus.

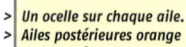
antennes pectinées

chenille de petit paon de nuit

Mâle
ocelle sur les ailes antérieures et postérieures
aile postérieure orange

même coloration pour chaque aile

Femelle

Sphinx demi-paon
Smerinthus ocellata (sphingidés)
E 70–80 mm, mai-juillet

Répartition Le plus souvent sur les berges de cours d'eau et dans les forêts humides. Assez commun.

> Aile antérieure brun-gris, marbrée de foncé.
> Ocelle sur les ailes postérieures.
> Chenille le plus souvent sur peupliers et saules.

En tant qu'excellent voilier, le sphinx demi-paon a de longues ailes postérieures et antérieures, un corps fuselé. L'extrémité des ailes antérieures est un peu ondulée et présente des marques brunes, ce qui offre au papillon une bonne protection lorsqu'il est posé sur le tronc d'un arbre. S'il est dérangé, il écarte ses ailes antérieures et révèle les ocelles et la couleur rose des ailes postérieures. La chenille verte, à raies latérales obliques jaunâtres, porte une corne bleutée à l'extrémité de son abdomen. Elle vit le plus souvent sur les peupliers et les saules.

chenille de sphinx demi-paon

adulte au repos
adulte en posture de menace
pointe de l'aile légèrement ondulée
ocelle sur l'aile postérieure

Sphinx du liseron
Agrius convolvuli (sphingidés)
E 80–120 mm, juin–octobre

Ce très grand sphinx est gris-brun terne, avec des rayures foncées sur les ailes antérieures et des bandes foncées sur les ailes postérieures. L'abdomen est barré de rouge, noir et blanc. De tous les sphinx européens, c'est celui qui a la plus longue trompe : jusqu'à 16 cm. Cela lui permet de butiner en vol des fleurs dont les calices à nectar sont très profonds, comme le tabac ou le datura. Sa chenille verte ou brune, avec des raies latérales obliques foncées, a une queue jaune ou noire à l'extrémité de l'abdomen. Elle vit sur les liserons.

sphinx du liseron mimétique sur un tronc de pin

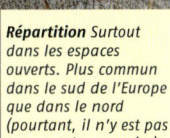

Répartition Surtout dans les espaces ouverts. Plus commun dans le sud de l'Europe que dans le nord (pourtant, il n'y est pas rare certaines années).

> Ailes grises avec des motifs foncés.
> Abdomen rayé de rouge, noir et blanc.
> Chenille sur des liserons.

chenille de sphinx du liseron

taches blanches, rouges et noires sur l'abdomen

nymphe de sphinx du liseron

adulte avec les ailes un peu écartées

Sphinx tête de mort
Acherontia atropos (sphingidés)
E 80–120 mm, mai–octobre

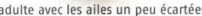
gros plan sur la « tête de mort »

Ce sphinx également assez grand a les ailes antérieures presque toutes noires, un peu barrées de blanchâtre et les ailes postérieures jaunes. Sur le pronotum, il porte une marque qui évoque une tête de mort. Lors des années chaudes, il migre d'Afrique du Nord et du sud de l'Europe, ses contrées d'origine, vers l'Europe centrale pour y pondre ses œufs dans les champs de pommes de terre. La chenille de coloration variable, jaune, verte ou brunâtre, se nourrit sur les plants de pommes de terre, parfois sur les troènes. Les imagos qui émergent en automne chez nous meurent souvent peu après.

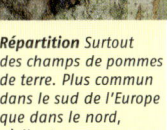

Répartition Surtout des champs de pommes de terre. Plus commun dans le sud de l'Europe que dans le nord, où il est rare.

> Dessin de tête de mort.
> Papillon migrateur.
> Chenille surtout sur des pommes de terre.

dessin de tête de mort

sphinx tête de mort dans une ruche

ailes postérieures jaunes

chenille de sphinx tête de mort

Sphinx du troène
Sphinx ligustri (sphingidés)
E 90-12 mm, mai-août

Répartition Autrefois régulier autour des habitations dans les haies de troène ; devenu rare dans beaucoup de régions et plutôt sur les lisières et bords de chemins.

> *Ailes postérieures roses avec des bandes noires.*
> *Abdomen taché de noir et de rose.*
> *Chenille surtout sur les troènes.*

Les ailes antérieures de ce sphinx assez grand sont brunâtres, avec une bande longitudinale foncée qui s'amincit à l'extrémité de l'aile. Les ailes postérieures sont roses avec trois bandes noires. L'abdomen est marqué de rose et de noir sur les côtés. La chenille vert vif a des rayures latérales rouge carmin et blanches, ainsi qu'une corne jaune noirâtre ou noire à l'extrémité de l'abdomen. Au repos, elle adopte une position arquée tête redressée, comme un « sphinx ». Elle se nourrit principalement de troènes, mais aussi de frênes. La nymphose a lieu dans le sol, dans un trou ovale. L'hiver est passé à l'état de nymphe.

pronotum tout noir

ailes postérieures rougeâtres avec des bandes foncées

taches latérales rouges et noires à l'abdomen

chenille de sphinx du troène

204

Moro-sphinx
Macroglossum stellatarum (sphingidés)
E 36-50 mm, toute l'année

Répartition Zones ouvertes de toutes sortes, y compris dans les jardins. Assez commun certaines années.

> *Ailes postérieures orangées.*
> *Taches blanches poilues sur l'abdomen.*
> *Rappelle un colibri.*

Ce petit sphinx a les ailes antérieures grises et les postérieures orangées, ainsi que des poils blancs sur les côtés de l'abdomen. Migrateur, il arrive chez nous en nombre variable selon les années, à partir de ses fiefs du sud de l'Europe, pour pondre en Europe centrale et parfois même, jusque dans le sud de la Scandinavie. La chenille verte, rarement brunâtre, longue de 45 mm, a des raies longitudinales claires et une corne abdominale bleu jaunâtre. Elle se nourrit de gaillets. Une partie des adultes nés chez nous migrent vers le sud, les autres tentent d'hiverner sur place, ce qui arrive surtout lors d'hivers doux.

moro-sphinx visitant une fleur

tache blanche sur les côtés de l'abdomen

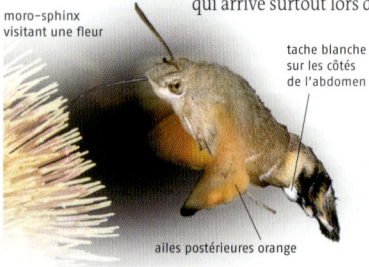

ailes postérieures orange

bout de l'abdomen rappelant une queue de pigeon

chenille de moro-sphinx

Sphinx de l'euphorbe

Hyles euphorbiae (sphingidés)
E 55–75 mm, mai–août

Ce beau sphinx a les ailes antérieures brun clair avec des marques plus foncées et les ailes postérieures roses avec une bande noire courbe. En cas de dérangement, il ouvre complètement ses ailes pour rendre visibles les ailes postérieures bariolées et replie l'abdomen vers l'avant. De cette façon, il prévient que son corps contient des matières toxiques, accumulées à partir de la plante très toxique dont il s'est nourri pendant son développement. En effet, sa chenille, qui est marquée de rouge, noir et blanc dans son dernier stade de développement, se nourrit presque exclusivement d'euphorbe petit-cyprès en Europe tempérée.

Répartition Lieux chauds et secs, par exemple les prairies maigres et les dunes sableuses. Peu fréquent.

> Ailes postérieures rouges avec bordures noires.
> Posture de menace impressionnante.
> Chenille surtout sur l'euphorbe petit-cyprès.

taches brunes sur le bord de l'aile

adulte en posture de menace

aile postérieure rouge marquée de noir et blanc

côtés de l'abdomen blancs

adulte au repos

chenille de sphinx de l'euphorbe

205

Petit sphinx de la vigne

Deilephila porcellus (sphingidés)
E 40–45 mm, mai–août

Ce petit sphinx a les ailes antérieures vert olive, bordées de rouge. Son abdomen est également vert olive avec des anneaux rouges, mais sans taches rouges au milieu. Actif au crépuscule et la nuit, comme tous les sphinx, il visite les fleurs avec assiduité, plongeant sa longue trompe dans les calices tout en volant sur place. La chenille verte ou brune, jusqu'à 70 mm de long, porte deux paires d'ocelles sur les deuxième et troisième segments, qu'elle présente en redressant la tête en cas de danger, évidemment pour effrayer l'agresseur. La corne abdominale est réduite à un minuscule crochet. Elle se nourrit de gaillets.

Répartition Lieux ouverts ensoleillés, tels que les pelouses sèches, les buissons des bords de route et les ponts en pierre. Assez commun.

> Vert olive avec des marques roses.
> Ocelles sur la partie antérieure de la chenille.
> Consomme des gaillets.

dessus de l'abdomen vert olive

bande postérieure rouge de l'aile échancrée

Chez le grand sphinx de la vigne (*Deilephila elpenor*), de même taille, le dessus de l'abdomen présente une ligne de taches rouges. Sa chenille vit surtout sur des épilobes et des fuchsias.

chenille de petit sphinx de la vigne

Grisette
Carcharodes alceae (hespériidés)
E 23–30 mm, mars–septembre

Répartition Lieux ouverts chauds, tels que les gravières et les pelouses sèches. Pas rare certaines années ; commune dans le sud de l'Europe.

> Ailes avec des taches carrées de différentes couleurs.
> Chenille dans les massifs de mauves.
> Jusqu'à 5 générations par an.

chenille de grisette

Le dessus de cette hespérie est caractérisé par un motif assez composite de taches quadrangulaires foncées et claires, ainsi que de courtes lignes blanches. Sa chenille grise à tête noire possède trois taches jaune vif derrière la tête, séparées l'une de l'autre par des rigidités noires. La chenille vit exclusivement sur les mauves. Elle se construit un habitacle en rabattant une partie de feuille vers le haut et en la filant solidement avec de la soie. Lorsque les conditions sont bonnes, il peut y avoir jusqu'à cinq générations par an.

rayures blanches sur l'aile antérieure

taches quadrangulaires noir, brun et jaunâtre

Hespérie de l'ormière
Pyrgus malvae (hespériidés)
E 18–22 mm, avril–juillet

Répartition Surfaces à végétation rase, tant chaudes et sèches qu'humides. Assez commune localement.

> Ailes avec des taches blanches.
> Franges de taches noires et blanches aux ailes.
> Chenilles sur rosacées herbacées.

chenille d'hespérie de l'ormière

Cette hespérie a le dessus des ailes brun foncé, parsemé de taches blanches quadrangulaires. On l'appelle également « hespérie de la mauve », bien qu'elle n'ait aucun lien avec cette plante. La chenille vert-jaune, à tête brune, vit exclusivement sur des rosacées, tels que les potentielles et les aigremoines. Elle édifie un habitacle sur les plantes nourricières, à partir des bords de feuilles très relevés. Elle l'agrandit au fur et à mesure de son développement. La nymphose a lieu au pied des plantes dans un cocon fait de résidus de plantes et de soie.

taches blanches quadrangulaires

franges noires et blanches en bordure de l'aile

Hespérie du brome

Carterocephalus palaemon (hespériidés)
E 22–28 mm, avril–juillet

La face supérieure des ailes est brun foncé, avec des taches quadrangulaires jaunes dont une partie est disposée en lignes régulières. La face inférieure de l'aile postérieure est brun-jaune, avec des taches jaunâtres entourées de foncé. La chenille, qui atteint jusqu'à 23 mm, est étonnamment fine pour une chenille d'hespérie. Elle est vert clair, avec une tache noire au bout de l'abdomen, une tête noire et des bandes longitudinales foncées et claires à l'extrémité du corps. Elle mange diverses graminées, dont elle enroule les feuilles pour former un tube à demi ouvert. De cette cachette, elle ronge la feuille jusqu'à la nervure centrale.

taches jaunes quadrangulaires

Répartition Lisières forestières semi-ombragées, prairies fleuries et pelouses sèches. Localement pas rare, en particulier en montagne.

> Ailes brunes avec taches jaunes.
> Chenille dans les graminées.
> Se tient dans une feuille enroulée.

chenille d'hespérie du brome

207

Hespérie sylvaine

Ochlodes sylvanus (hespériidés)
E 25–32 mm, juin–août

Cette hespérie possède des ailes antérieures brun orangé, indistinctement tachées de clair près de leur extrémité. Il en est de même des ailes postérieures, dont les taches claires sont indistinctes. Le mâle se reconnaît à une ligne foncée oblique d'écailles odorantes sur l'aile. Au repos, cette espèce tient les ailes à plat, tandis que les ailes antérieures sont relevées et forment un angle d'environ 45 degrés. La chenille vert clair a une tête brun foncé et consomme différentes graminées. Elle tisse des feuilles pour faire un tube allongé dans lequel elle se réfugie. La nymphose a lieu au printemps dans un cocon posé au sol, entre les herbes.

Répartition Prairies et forêts claires. Assez commune. Photo ci-dessus : femelle.

> Ailes brun orangé.
> Mâle avec bande d'écailles odorantes.
> Chenilles sur graminées.

ligne d'écailles odorantes

Mâle

aile postérieure à plat, aile antérieure relevée

mâle aspirant du nectar

chenille d'hespérie sylvaine

Apollon
Parnassius apollo (papilionidés)
E 65–75 mm, mai–septembre

dessous de l'aile

Répartition Dans les Alpes, versants pierreux ou rocheux. Le plus souvent rare (très rare en dehors des Alpes).

> Ailes transparentes à leur extrémité.
> Ailes postérieures avec un ocelle rouge.
> Chenille sur orpin blanc.

Ce beau papillon assez grand possède des ailes blanches marquées de noir, transparentes par endroits, surtout à la pointe des ailes antérieures. Sur le dessus des ailes postérieures se trouvent deux ocelles rouges et, sur le dessous, plusieurs autres. La chenille noire, qui atteint jusqu'à 50 mm, a deux rangées de taches orange de tailles différentes. Elle se nourrit presque exclusivement sur l'orpin blanc. La chrysalide se trouve au sol, dans un cocon lâche. Cette espèce, autrefois beaucoup plus répandue, est aujourd'hui menacée de disparition imminente sur ses dernières stations en dehors des Alpes. Mais dans le centre et le sud de cette chaîne de montagne, sa population est encore assez stable.

chenille d'apollon

ocelle rouge
bord de l'aile transparent
détail d'un ocelle

208

Diane
Zerynthia polyxena (papilionidés)
E 45–55 mm, avril–juillet

Répartition Lieux ouverts ensoleillés. Localement pas rare dans les régions méditerranéennes de l'est; vers le nord, isolé jusqu'au sud des Alpes et l'est de l'Autriche.

> Motifs noirs onduleux sur le bord externe des ailes.
> Ailes postérieures tachées de rouge et bleu.
> Chenille sur aristoloches.

Ce papilionidé relativement petit a, dessus comme dessous, une coloration bariolée de jaune, rouge et bleu sur les ailes. Le motif noir et jaune qui les borde est particulièrement marquant. La chenille grise ou brunâtre, de 35 mm de long, a six rangées de verrues orange velues sur le corps. Elle se nourrit presque exclusivement sur des aristoloches. Contrairement à l'apollon, la chrysalide est libre et se fixe par deux épines céphaliques.

chenille de diane

dessous des ailes
rangée de taches rouges
lignes onduleuses noires et jaunes

Machaon

Papilio machaon (papilionidés)
E 50–75 mm, avril-septembre

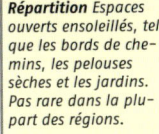

chrysalide de machaon

Ce grand papillon a des ailes d'un jaune intense, marquées de noir, avec des ocelles bleus à l'avant et rouges à l'arrière, ainsi que deux queues légèrement arquées. La chenille vert clair, d'une longueur de 45 mm, est ponctuée transversalement de noir et de rouge orangé. Elle se nourrit de préférence sur différentes ombellifères, telles que la carotte sauvage et les boucages. En cas de danger, une protubérance bifide d'un jaune vif saille de l'arrière de la tête. Il s'en dégage une intense odeur désagréable. La nymphe est une chrysalide typique. Il y a deux-trois générations par an.

Répartition Espaces ouverts ensoleillés, tels que les bords de chemins, les pelouses sèches et les jardins. Pas rare dans la plupart des régions.

> **Ailes jaune intense, prolongées en queue.**
> **Ocelle bleu à l'avant, rouge à l'arrière.**
> **Chenille sur des ombellifères.**

détail d'un ocelle

queue un peu arquée

ocelle bleu à l'avant et rouge à l'arrière

chenille de machaon

209

Flambé

Iphiclides podalirius (papilionidés)
E 50–70 mm, avril-août

Le flambé se distingue du machaon par ses ailes jaunâtres, pourvues de rayures régulières, des ocelles rouges à l'avant et bleus à l'arrière, ainsi que par ses longues queues droites qui prolongent les ailes postérieures. Sa chenille très dodue est nettement plus haute à l'avant qu'à l'arrière, sa couleur est verte ou jaunâtre, elle est ponctuée de rouge et ses flancs portent une fine raie longitudinale jaune. En Europe centrale, elle se nourrit de préférence sur le prunellier, mais aussi sur d'autres rosacées ligneuses. Il y a deux générations dans les régions chaudes, une seule dans les régions froides.

Répartition Espaces ouverts très chauds. Commun en région méditerranéenne, rare plus au nord et en forte régression.

> **Couleur générale jaune délavé.**
> **Ocelle rouge à l'avant, bleu à l'arrière.**
> **Chenille sur rosacées ligneuses.**

rayures de l'aile parallèles et droites

ocelle rouge à l'avant et bleu à l'arrière

queue de l'aile postérieure longue et droite

chenille de flambé

Piéride du chou
Pieris brassicae (piéridés)
E 50–65 mm, avril-octobre

Répartition *Espaces cultivés, mais aussi pelouses sèches. Très commune par le passé, devenue plus rare aujourd'hui.*

> Aile antérieure avec une large bordure noire.
> Dessous de l'aile blanc jaunâtre.
> Chenille sur les brassicacées.

Ce papillon a une large bordure noire à l'extrémité du dessus des ailes antérieures. En outre, chez la femelle, il y a deux points noirs assez gros. Le dessous des ailes est jaunâtre sans marque nette. La chenille jaune verdâtre, longue de 40 mm, ponctuée de noir et pourvue d'une ligne dorsale jaune, se développe surtout sur des brassicacées, telles que le chou ou le colza, mais régulièrement aussi sur les capucines. Il peut en résulter des dégâts considérables dans les champs de choux, d'autant plus qu'il y a souvent trois générations successives de papillons dans l'année.

Femelle — large bordure noire à la pointe de l'aile

chenille de piéride du chou

2 gros points noirs

Chez la piéride de la rave (*Pieris rapae*), la bordure noire du bout de l'aile est plus étroite et le mâle (photo) a un petit point sur chaque aile.

210

Gazé
Aporia crataegi (piéridés)
E 50–65 mm, mai-juillet

nid d'hivernage sur une feuille de sorbier

Répartition *Surtout espaces ouverts parsemés de buissons, par exemple les pelouses sèches enfrichées ou les bordures de tourbières. Devenu rare dans beaucoup de régions.*

> Aile blanche avec réseau de nervures noires.
> Chenilles sur des rosacées ligneuses.
> La jeune chenille hiverne.

Ce papillon est facile à distinguer des autres piérides par le réseau très contrasté de nervures noires sur les ailes. On le différencie du semi-Apollon, non illustré ici, par le bout de ses ailes non transparent. La chenille très poilue, de 45 mm de long, a une couleur générale gris argenté et un dos noir orné de deux bandes longitudinales orange ou brun-jaune. Elle vit le plus souvent sur des rosacées ligneuses. L'hiver est passé à l'état de jeune chenille : plusieurs se regroupent dans un sac de soie accroché à un rameau de la plante hôte.

chenille de gazé

ponte sur une feuille d'aubépine

pointe de l'aile non transparente

nervures alaires noires

accouplement

Aurore

Anthocaris cardamines (piéridés)
E 35–45 mm, mars–juin

chrysalide sur l'alliaire

Le mâle de cette piéride est facile à reconnaître grâce à la couleur orange vif du bout de ses ailes. Les deux sexes ont le dessous des ailes marbré de vert. La chenille, de 30 mm de long, a un dos vert bleuté avec de larges bandes latérales blanches, clairement délimitées en bas, mais se fondant progressivement dans le vert du dos. Elle vit sur différentes brassicacées, de préférence sur les alliaires et les cardamines. La chrysalide brun-gris, très mince, porte une longue corne arquée vers l'arrière sur la tête. Elle est très difficile à découvrir sur une tige de plante sèche.

Répartition Prairies humides et forêts humides claires. Répandue et presque partout assez commune.

> Pointe de l'aile orange chez le mâle.
> Face inférieure de l'aile postérieure marbrée de vert.
> Chenille sur les brassicacées.

Mâle

bout de l'aile orange

dessous des ailes d'un mâle

marbrures vertes sous l'aile postérieure

chenille d'aurore

Soufré

Colias hyale (piéridés)
E 35–45 mm, mai–octobre

adulte sur une sauge des prés

Le dessus des ailes est jaune chez le mâle, jaune blanchâtre chez la femelle. Sous l'aile antérieure, se trouve une marque rouge en forme de « 8 ». La chenille est vert uni, avec une étroite ligne latérale jaunâtre. Elle vit sur diverses légumineuses, comme la luzerne, les lotiers, les trèfles et les vesces. Alors que le papillon adulte ne peut être distingué avec certitude du fluoré (*Colias alfacariensis*) très proche, la chenille de ce dernier, qui comporte quatre lignes jaunes et rangées de points noirs, est facile à différencier de celle du soufré.

Répartition Pelouses sèches, prairies, jachères, champs de luzerne. Répandu et presque partout assez commun.

> Un « 8 » rouge sous l'aile postérieure.
> Dessus de l'aile jaunâtre clair.
> Chenille sur la luzerne et le trèfle.

« 8 » rouge sous l'aile postérieure

couleur du dessus de l'aile visible par transparence

bordure rouge aux ailes

Chez le souci (*Colias crocea*), très semblable de dessous et migrateur abondant certaines années, les parties supérieures du mâle sont orange vif. Cette couleur se voit du dessous également.

Citron
Gonepteryx rhamni (piéridés)
E 50–55 mm, juillet–octobre et février–juillet

Répartition Forêts claires, lisières de forêts et espaces ouverts. Partout assez commun. Photo ci-dessus : femelle.

> - Aile en forme de feuille.
> - Mâle jaune, femelle verdâtre.
> - Chenille sur bourdaine et nerprun.

Le bout des ailes antérieures et postérieures est découpé en une petite pointe. Chez le mâle, les ailes sont jaunes, et chez la femelle, verdâtre clair. La chenille, qui a une ligne latérale blanche indistincte, se nourrit de bourdaine et de nerprun. Lors de ses phases de repos, elle se tient dans l'axe de la nervure centrale d'une feuille, où sa couleur verdâtre la rend presque invisible. Les adultes qui émergent surtout en juillet, hivernent dans la végétation à l'air libre. Le plus souvent, ils se tiennent près du sol et se laissent facilement enneiger. Au printemps suivant, ils s'accouplent et effectuent la ponte.

mâle en hibernation

Mâle

angles pointus aux ailes antérieures et postérieures — 2 points foncés

chenille sur une feuille de bourdaine

212

Cuivré commun
Lycaena phlaeas (lycénidés)
E 22–27 mm, avril–octobre/novembre

Répartition Lieux ouverts à végétation éparse, en particulier sur les sols sablonneux. Commun dans la plupart des régions, sauf sur les sols calcaires. Photo ci-dessus : femelle.

> - Aile antérieure orange avec des taches foncées.
> - Aile postérieure avec une bordure orange.
> - Chenille sur oseille.

Chez ce lycène, les deux sexes se ressemblent beaucoup. Tous deux ont une bordure orange sur l'aile postérieure brun foncé et souvent, une rangée de points bleus. Il y a jusqu'à quatre générations de papillons à la suite. La chenille vit souvent sur des exemplaires rachitiques de petite oseille, mais elle fréquente aussi d'autres espèces d'oseilles. L'hiver est passé à l'état de jeune chenille. La chrysalide est installée entre deux feuilles tissées ensemble.

dessous de l'aile

points bleus parfois absents — bordure orange

base de l'aile postérieure très foncée

bordure noire — Mâle

chenille avec ou sans marques rouges

Thécla du bouleau
Thecla betulae (lycénidés)
E 32–37 mm, juin–octobre

Les ailes postérieures de ce lycène assez grand, se terminent par une fine pointe légèrement arquée vers l'extérieur. La femelle a de grosses taches orange sur la partie supérieure de ses ailes antérieures de coloration brun foncé, tandis qu'elles sont très peu marquées chez le mâle. La face inférieure est orange ou jaunâtre. La chenille en forme de cloporte, vert clair avec des lignes jaunes, vit sur les prunelliers et les pruniers. Elle naît au printemps, à partir des œufs de couleur blanche qui ont passé l'hiver, et se transforme plus tard en une chrysalide brune, simplement posée au sol.

Répartition *Lisières de forêts et bocages, aussi dans les jardins. Répandue et commune dans beaucoup de régions.*

> Taches sur l'aile antérieure de la femelle.
> Dessous de l'aile rouge rouille clair.
> Chenille sur prunelliers et pruniers.

tache orange réniforme

dessous des ailes

légère queue à l'aile postérieure

Femelle **Mâle**

chenille de thécla du bouleau

Thécla du chêne
Quercusia quercus (lycénidés)
E 28–33 mm, juin–août

Ce lycène porte une petite pointe au bord postérieur des ailes, la couleur est bleu vif avec une bordure noire autour des ailes chez le mâle. Chez la femelle, la couleur bleue est divisée en deux longues taches sur les ailes antérieures. La face inférieure est grise. La chenille brun clair a des rayures obliques foncées et blanchâtres sur le dos. Elle vit exclusivement sur les chênes. L'hiver est passé à l'état d'œuf et la larve éclôt au printemps, au moment du débourrage des chênes et elle ne se nourrit d'abord que des chatons de cet arbre. Lorsque la floraison est terminée, elle se rabat sur les feuilles. La métamorphose a lieu au sol, entre les mousses et la litière.

Répartition *Lisières forestières ensoleillées et chênaies claires; aussi sur les chênes isolés en milieu ouvert. Localement commune. Photo ci-dessus : femelle.*

> Ailes bleues dessus, grises dessous.
> Ailes postérieures munies d'une courte pointe.
> Chenille sur chênes.

dessous de l'aile

pointe à l'aile postérieure

bordure noire aux ailes **Mâle**

chenille de thécla du chêne

Argus bleu
Polyommatus icarus (lycénidés)
E 25–30 mm, mai-octobre

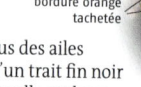
bordure orange tachetée

Femelle

Répartition *Régions ensoleillées, pas trop humides. Dans la plupart des régions, lycène le plus commun.*

> *Dessous, taches noires cerclées.*
> *Dessus bleu ciel chez le mâle.*
> *Chenille sur les légumineuses.*

Le mâle de ce lycène a le dessus des ailes d'un bleu clair lustré, bordé d'un trait fin noir et d'une frange blanche. La femelle est brun foncé, avec une bordure orange tachetée aux ailes, mais elle peut aussi être plus ou moins teintée de bleu. Au milieu du dessous de l'aile postérieure, se trouve une marque transversale noire en forme de cœur ou lancéolée, cerclée de blanc. La chenille vert clair, rayée longitudinalement et obliquement de jaunâtre, vit exclusivement sur des légumineuses, principalement des lotiers.

chenille d'argus bleu

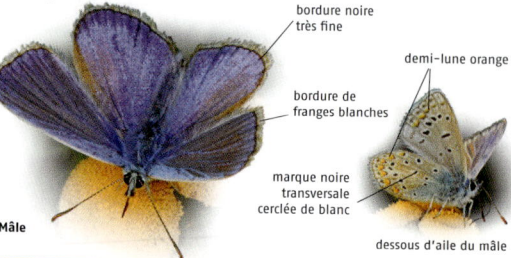

bordure noire très fine
demi-lune orange
bordure de franges blanches
marque noire transversale cerclée de blanc

Mâle

dessous d'aile du mâle

214

Argus bleu-nacré
Polyommatus coridon (lycénidés)
E 30–35 mm, juillet-septembre

Répartition *Pelouses sèches et jachères sèches et ensoleillées, seulement sur des sols calcaires. Assez commun, plus rare au nord. Photo ci-dessus : accouplement (femelle à gauche).*

> *Dessus de l'aile du mâle bleu argenté.*
> *Chenille sur Hippocrepis.*
> *Toujours près des fourmis.*

Chez le mâle de ce lycène, le dessus des ailes est d'un bleu très clair, avec des reflets argentés qui tire souvent vers le vert. Chez la femelle, elles sont brun foncé avec des taches orange sur la bordure des ailes postérieures. Le dessous des ailes est aussi nettement plus foncé que chez le mâle. La chenille vert clair, de 16 mm de long, possède quatre rangées régulières de taches jaunes sur le dos et les côtés. Elle consomme presque exclusivement des *Hippocrepis*. Elle est toujours entourée de fourmis, qui sont attirées par ses phéromones. Elles sont récompensées de leur rôle de gardiennes par une sécrétion mielleuse sucrée.

chenille visitée par des fourmis

tache blanche en forme de goutte
large bordure noire
frange blanche ponctuée de noir
dortoir nocturne
rangée de points noirs

Mâle

Azuré des mouillères

Maculinea alcon (lycénidés)
E 32–36 mm, juin-août

œufs sur une gentiane

Alors que cette espèce ne peut guère être distinguée des autres par le bleu du dessus des ailes, la face inférieure des ailes est entièrement grise sans aucune trace de rouge, avec des taches noires cerclées de blanc. La femelle ne pond ses œufs que sur les bourgeons floraux de gentiane pneumonanthe ou asclépiade. La chenille rougeâtre clair ou jaunâtre commence par s'en nourrir, puis se laisse tomber au sol. Là, elle attire des fourmis myrmicinés très spécifiques, dont elles imitent les phéromones et se laissent emmener dans leur fourmilière, où elle se nourrira de leurs larves.

Répartition Zones humides, marécages, landes humides. Partout assez rare et déjà disparu de beaucoup de régions.

> **Dessous gris avec taches noires cerclées de clair.**
> **Chenille d'abord sur des fleurs de gentianes. Poursuivent leur développement dans une fourmilière.**

dessus d'aile du mâle

femelle en train de pondre

bordure sombre indistincte

frange à peine ponctuée

chenilles dans un bourgeon floral

Azuré de la sarriette

Pseudophilotes baton (lycénidés)
E 20–25 mm, avril-août

Le mâle de ce lycène assez petit a le dessus des ailes bleu clair, avec une étroite bordure noire et une courte virgule noire au milieu de l'aile. Chez la femelle, les ailes ne sont bleues qu'à leur base. Les deux ont une frange nettement tachée de blanc et noir et de gros points noirs sur le dessous des ailes. La chenille verte, de 15 mm de long, est très bariolée avec ses trois bandes longitudinales rouges, ainsi que ses rayures obliques rouges et blanches. Elle vit surtout sur le thym faux-pouliot et plus rarement, sur d'autres labiées.

Répartition Surtout en montagne, dans les lieux rocheux ou avec falaises, et les éboulis. Partout assez rare. Photo ci-dessus : femelle.

> **Dessous avec de grandes taches noires.**
> **Bord des ailes ponctué de noir et blanc.**
> **Chenille sur le thym faux-pouliot.**

Mâle

une virgule noire sur chaque aile

dessous des ailes

gros points noirs

ligne orange encadrée de points noirs

frange blanche tachée de noir

chenille sur du thym

Tabac d'Espagne
Argynnis paphia (nymphalidés)
E 55–65 mm, juin–septembre

dessous des ailes

Répartition Lisières forestières et bords des chemins, en particulier les clairières humides fleuries. Assez commun.

> **Dessous verdâtre rayé d'argenté.**
> **Mâle muni de 4 bandes d'écailles à phéromones.**
> **Chenilles sur des violettes.**

Le dessus des ailes de ce nymphalidé assez grand est brun orange vif, avec des rayures et points brun-noir. Le mâle a des rangées d'écailles à phéromones sur les quatre nervures postérieures de l'aile antérieure. La femelle peut aussi présenter une forme gris verdâtre. Le dessous verdâtre des ailes postérieures est rayé de blanc argenté chez les deux sexes. La chenille brun foncé, de 38 mm de long, possède deux raies jaunes sur le dos et une paire de longues épines noires derrière la tête. Elle se nourrit de différentes espèces de violettes.

rayures argentées

longues épines derrière la tête

chenille de tabac d'Espagne

lignes d'écailles à phéromones

Femelle

Mâle

Petit Nacré
Issoria lathonia (nymphalidés)
E 35–45 mm, mars–septembre

Répartition Espaces ouverts peu végétalisés, tels que les pelouses sèches, les friches et les cultures extensives. Pas rare dans la plupart des régions.

> **Taches noires rondes dessus.**
> **Grandes taches blanches dessous.**
> **Chenilles le plus souvent sur la pensée des champs.**

Ce papillon à partie supérieure orange possède un motif assez régulier de taches noires arrondies. Le dessous des ailes postérieures est marqué de nombreuses grandes taches blanc perlé. La chenille brun-gris, de 35 mm de long, possède une assez courte corne brune à pointe blanche, ainsi qu'une double rangée de courtes rayures blanches sur le dos. Elle se nourrit de préférence sur la pensée des champs. Le papillon vole chaque année pendant une période assez longue. Il y a deux ou trois générations par an, parfois jusqu'à quatre.

grandes taches blanc perlé

accouplement

motif régulier de taches rondes noires

Nacré de la sanguisorbe

Brenthis ino (nymphalidés)
E 32–40 mm, juin–août

Le dessus des ailes est orange avec une large bordure noire, surlignée de deux rangées de points noirs dont la rangée interne est de plus grande taille que l'externe. Le dessous des ailes postérieures est rayé de violet et présente une tache blanche sur le bord antérieur, qui attire l'œil. La chenille blanchâtre, longue de 25 mm, présente des rayures longitudinales brunes et grises, ainsi que des épines brun clair à pointes blanches. Elle se nourrit surtout sur la reine des prés, plus rarement sur des grandes sanguisorbes. La chrysalide est brun clair, avec des taches à reflets métallisés.

Répartition *Prairies humides et lisières forestières humides, avec des massifs de filipendules ; aussi les lieux secs, mais en petit nombre. Devenu rare en beaucoup d'endroits.*

> ailes bordées de 2 lignes parallèles de points.
> Dessous des ailes avec des rayures violettes.
> Chenilles sur filipendules.

dessous des ailes — taches perlées blanc argenté

marques violettes

bordure noire — 2 lignes de points noirs sur les ailes

ligne dorsale blanche

chenille de nacré de la sanguisorbe

217

Mélitée orangée

Melitaea didyma (nymphalidés)
E 30–40 mm, juin–août

portrait de mélitée orangée

Le mâle est rouge orangé vif dessus, avec des lignes de taches noires quadrangulaires. Chez la femelle, les ailes antérieures sont le plus souvent brun-gris et contrastent ainsi fortement avec les ailes postérieures. Chez les deux sexes, le dessous des ailes postérieures est blanc crème, avec deux bandes transversales orange et des taches noires. La chenille blanche, de 28 mm de long, possède deux rangées épineuses ponctuée d'orange et une fine ligne foncée. Elle se nourrit, entre autres, sur des molènes, linaires et véroniques. La chrysalide a les mêmes motifs bariolés que la chenille.

Répartition *Lieux ouverts chauds et secs, tels que les rocailles herbeuses et les pelouses sèches. Assez commune en zone méditerranéenne. Photo ci-dessus : femelle.*

> Dessus orange chez le mâle.
> Aile antérieure surtout grise chez la femelle.
> Chenille blanche, tachetée d'orange.

Mâle — accouplement — 2 bandes orange sous les ailes postérieures

taches noires anguleuses

chenille de mélitée orangée

Paon du jour
Inachis io (nymphalidés)
E 50–55 mm, février–octobre

Répartition *Surtout près des forêts, mais aussi autour des habitations et différents autres biotopes. Commun partout.*

> **Ailes rouge rouille avec ocelles.**
> **Dessous marbré de gris et noir.**
> **Chenille uniquement sur des orties.**

Ce papillon connu de tous est facilement reconnaissable à ses ailes rouge rouille, ornées d'un ocelle bariolé sur chaque aile. L'imago qui a hiverné pond au printemps sur le dessous des feuilles d'ortie, qui constitue l'unique alimentation de la chenille. Celle-ci est noire avec des points blancs. Elle se transforme en une chrysalide vert-gris ou brune. Les papillons de nouvelle génération qui émergent en été recherchent, jusqu'en automne, un site favorable pour l'hivernage (par exemple dans une cavité ou une cave) ou bien ils se reproduisent une seconde fois au cours de la même année et produisent une seconde génération.

chrysalide de paon du jour

3 chenilles sur une ortie

ponte sur une ortie
œufs

un ocelle sur chaque aile

218

Petite tortue
Aglais urticae (nymphalidés)
E 40–50 mm, février–octobre

Répartition *Espaces ouverts. Commune partout. Un des papillons diurnes les plus communs.*

> **Taches bleues sur la bordure de l'aile.**
> **Base des ailes postérieures noire.**
> **Chenille uniquement sur des orties.**

La petite tortue a une couleur générale brun orangé, avec des taches jaunes et noires, ainsi qu'une rangée de taches bleues au bord des ailes. La moitié basale des ailes postérieures est noire. La chenille noire possède des rayures longitudinales et de nombreux points jaunes. Elle vit exclusivement sur des orties. Les papillons qui émergent des chrysalides issues de cette première génération de chenilles produisent une deuxième génération de chenilles. Il est exceptionnel qu'il y ait une troisième génération la même année.

2 chenilles sur une ortie

base de l'aile postérieure noire
ponte sur ortie
œufs

Vulcain

Vanessa atalanta (nymphalidés)
E 50-60 mm, avril-octobre

Ce beau papillon présente une bande orange oblique sur les ailes antérieure et des taches blanches au bout de l'aile. La chenille, qui atteint jusqu'à 40 mm, est gris jaunâtre, certains individus étant très foncés et arborant une ligne de taches latérales jaune blanchâtre très contrastée. La larve vit toujours seule sur les orties et se construit un abri dans une feuille : elle ronge chaque côté du pétiole, puis elle relie les bords de la feuille avec de la soie, le tout pendant vers le bas. Cette espèce est migratrice : chaque année, elle se dirige vers le nord depuis les régions méditerranéennes et y retourne en automne.

loge de chenille dans une feuille d'ortie

barre orange oblique sur l'aile antérieure

dessous des ailes

bordure orange ponctuée de noir

Répartition Surtout lisières de forêts, vergers et jardins, ainsi que dans d'autres biotopes. Commun partout.

> Ailes antérieures avec une bande rouge.
> Chenille uniquement sur l'ortie.
> Papillon migrateur.

chenille de vulcain

Belle-dame

Vanessa cardui (nymphalidés)
E 45-60 mm, avril-septembre

La belle-dame a le même dessin au bout des ailes que le vulcain, mais la base des ailes est brun-jaune et orange. La chenille est jaunâtre clair à brun verdâtre, avec des marques variables. Elle vit de préférence sur les chardons, mais elle peut aussi fréquenter d'autres plantes, telles que les orties et les mauves. Elle est solitaire et elle se cache souvent dans un cocon lâche. Sa principale patrie est l'Afrique, à partir de laquelle des individus migrent presque chaque année jusqu'en Europe centrale. En automne, les papillons de la génération suivante tentent de retourner vers leur lieu d'origine, car ils ne peuvent pas résister à l'hiver de nos contrées.

ailes antérieures et postérieures orange sans bandes

ocelles sous les ailes postérieures

dessous des ailes

Répartition Espaces ouverts et secs, par exemple les prairies sèches et gravières. Assez commune certaines années.

> Ailes brun-jaune tachées de noir.
> Chenille surtout sur les chardons.
> Ne peut pas hiverner chez nous.

chenille de belle-dame

Grande tortue
Nymphalis polychloros (nymphalidés)
E 50–55 mm, juin–octobre et février–juin

ponte de grande tortue

Répartition Espèce thermophile. Forêts claires et bords de chemins ; aussi dans les jardins. Assez rare dans la plupart des régions. Photo ci-dessus : adulte sur une main.

> **Taches noires sur l'avant des ailes postérieures.**
> **Souvent sur des arbres en fleurs.**
> **Chenille surtout sur le saule marsault.**

Ce nymphalidé ressemble à la petite tortue, mais il n'a qu'une seule tache noire sur le bord d'attaque des ailes postérieures. La chenille gris foncé, de 45 mm de long, a le dos et une bande latérale rouge rouille, ainsi qu'une corne de même couleur. Elle vit surtout sur le saule marsault, mais on peut aussi la trouver sur le tremble, divers arbres fruitiers et d'autres arbres feuillus. Les œufs sont pondus par paquets de cent-deux cents en demi-cercle ouvert sur de fins rameaux des arbres nourriciers. Les chenilles sociables mangent à plusieurs sur le même rameau.

2 chenilles sur un saule

dessous des ailes

tache noire sur le bord d'attaque des ailes postérieures

220

Morio
Nymphalis antiopa (nymphalidés)
E 55–75 mm, juillet–octobre et février–juin

Répartition Surtout forêts de feuillus claires et humides (par exemple, les forêts alluviales), mais aussi vergers, allées d'arbres et carrières. Devenu rare presque partout.

> **Ailes brun foncé à bordure jaune.**
> **Ligne subterminale de taches bleues.**
> **Chenille sur les bouleaux et les saules.**

Ce beau papillon diurne, un des plus grands, est brun foncé sur le dessus des ailes, avec une large bordure jaune, précédée d'une ligne de taches bleues. La chenille noire, de 54 mm de long, est très finement ponctuée de blanc et possède une ligne de taches rouges sur le dos. Elle vit sur les bouleaux ou différents saules à larges feuilles. Comme dans le cas de la grande tortue, les chenilles d'une ponte restent ensemble jusqu'à leur dernière mue larvaire et dénudent les rameaux les uns après les autres. Cela trahit souvent leur présence, déjà à une certaine distance. Plus tard, elles se séparent et forment de plus petits groupes.

chenille de morio

dessous des ailes

ligne de points bleus

bordure blanc jaunâtre

Robert-le-diable
Polygonia c-album (nymphalidés)
E 42–50 mm, février–octobre

Le robert-le-diable ressemble un peu à la petite tortue, mais il s'en distingue par le bord postérieur très découpé de ses ailes. Sur le dessous de ses ailes postérieures, il a une marque blanche en forme de « C » qui attire l'œil. La chenille, qui atteint jusqu'à 300 mm, est vivement colorée : sa couleur générale est brun orangé, tandis que la moitié postérieure du dos est blanc neige. Elle vit de préférence sur le saule marsault et les orties, mais aussi sur le houblon sauvage et les ormes. Comme la femelle pond ses œufs isolément, les chenilles sont solitaires. Il y a le plus souvent deux générations par an.

Répartition Surtout forêts claires, lisières et vergers. Assez commun dans la plupart des régions.

> Bord des ailes dentelé.
> « C » blanc dessous.
> Chenille notamment sur les orties et le saule marsault.

dessous des ailes

bord des ailes profondément découpé

« C » blanc

chenille de robert-le-diable

Carte géographique
Araschnia levana (nymphalidés)
E 28–40 mm, avril–septembre

ponte de carte géographique

Les deux générations annuelles ont des colorations différentes. Chez celle du printemps, les parties supérieures sont brun orangé avec des marques noires et sur l'avant de l'extrémité de l'aile, une tache blanche. Chez celle de l'été, en revanche, le dessus est noir avec des bandes blanches et des lignes de taches rouges. Les fines marques linéaires du dessous des ailes évoquent une carte géographique. La chenille, qui peut être brune ou noire, porte une paire de cornes noires sur la tête et vit sur les orties. Parfois, une troisième génération est produite en fin d'été, qui est de même coloration que la deuxième. L'hiver est passé au stade chrysalide.

Répartition Surtout lisières de forêts et bords de chemins, aussi en des lieux un peu ombragés. Presque partout assez commune.

> Génération printanière brun orangé.
> Génération estivale noire.
> Chenille sur les orties.

forme estivale

bande alaire blanche

taches orangées

forme printanière

taches noires carrées

taches bleutées

cornes sur la tête

2 chenilles de carte géographique

Petit sylvain
Limenitis camilla (nymphalidés)
E 45–52 mm, juin–août

Répartition Forêts humides, surtout forêts alluviales, et montagnes. Largement réparti et localement commun.

> **Bandes blanches sur le dessus des ailes.**
> **Bande blanche et bordure rouge dessous.**
> **Chenille surtout sur le camérisier à balai.**

Ce papillon a le dessus des ailes brun-noir, avec une bande de taches blanches. Le dessous des ailes est marqué de rouge et de blanc, avec deux rangées de points foncés. La chenille verte a la tête brune, une corne dorsale brune et une ligne latérale blanchâtre. Elle se nourrit surtout sur le camérisier à balai et hiverne à l'état de jeune chenille dans un « hibernarium », construit à partir d'une feuille de l'arbuste nourricier : la chenille la fixe d'abord à un rameau avec de la soie, puis elle découpe en diagonale la plus grande partie du limbe, puis réunit les restes triangulaires de la feuille en une poche tubiforme qu'elle maintient avec de la soie.

dessous des ailes

rouge avec taches noires et blanches

bande de taches blanches

chenille de petit sylvain

Grand sylvain
Limenitis populi (nymphalidés)
E 65–80 mm, juin–août

Répartition En particulier, forêts de feuillus chaudes et humides riches en trembles. Devenu rare presque partout en Europe centrale.

> **Marques des ailes fortement obscurcies chez le mâle.**
> **Bordure de taches rouges aux ailes postérieures.**
> **Chenille surtout sur le tremble.**

La femelle est le plus grand papillon d'Europe centrale. Comme le petit sylvain, elle a des ailes brun foncé avec des bandes de taches blanches, mais aussi des lignes de taches rouges et bleues en bordure d'ailes. Le mâle, plus petit, diffère par sa coloration très foncée sur le dessus des ailes. La chenille vert clair ou vert olive, de 50 mm de long, est tachée de foncé et de blanc. Par ailleurs, elle a deux excroissances en forme de doigts derrière la tête. Elle se nourrit surtout sur le tremble, plus rarement sur d'autres peupliers. Elle passe l'hiver dans un « hibernarium » en forme de tube, maintenu avec de la soie dans l'axe longitudinal d'un rameau.

Femelle

Mâle

chenille de grand sylvain

bande de taches blanches

1 ligne de taches rouges et 2 de taches bleues

Grand mars changeant

Apatura iris (nymphalidés)
E 55–65 mm, juin–juillet

dessous des ailes

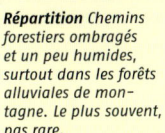

Ce nymphalidé est brun foncé dessus, avec des lignes de taches blanches. Seules les ailes postérieures ont un ocelle noir cerclé de jaune. Avec la réflexion de la lumière sur les écailles du dessus des ailes, cette couleur terne prend des reflets couleur arc-en-ciel. La chenille verte porte deux longues cornes sur la tête. Elle vit uniquement sur des espèces de saules à larges feuilles. Elle passe l'hiver à l'air libre, posée sur un rameau de l'arbre nourricier et se fie à sa couleur de camouflage.

Répartition Chemins forestiers ombragés et un peu humides, surtout dans les forêts alluviales de montagne. Le plus souvent, pas rare.

> *Bandes des ailes toujours blanches.*
> *Ailes antérieures sans taches noires nettes.*
> *Chenille sur des saules à feuilles larges.*

ailes irisées bleues

Mâle

un seul ocelle

Le petit mars changeant *(Apatura ilia)*, de taille semblable, a 2 ocelles et souvent des marques orangées sur les ailes.

chenille sur un saule marsault

223

Nymphale de l'arbousier

Charaxes jasius (nymphalidés)
E 75–85 mm, mai-juillet et août-septembre

chrysalide de la nymphale de l'arbousier

Ce papillon diurne, le plus grand d'Europe, évoque une espèce tropicale avec les spectaculaires couleurs bariolées du dessous de ses ailes. Le dessus, brun foncé à bordure jaune et orange, est en revanche nettement moins exubérant. Les ailes postérieures ont chacune deux prolongements en forme de queue. La chenille verte, de 60 mm de long, porte quatre cornes brunes dressées sur la tête. Dans son aire de présence principale, en Méditerranée occidentale, elle se nourrit exclusivement sur l'arbousier et en Méditerranée orientale, sur l'arbousier grec. L'espèce produit deux générations par an.

Répartition Surtout régions peu boisées riches en arbustes ; aussi aux alentours des habitations. Commune en zone méditerranéenne ouest, absente d'Europe centrale. Photo ci-dessus : adulte sur une figue mûre.

> *Ailes postérieures avec 2 queues chacune.*
> *Dessous des ailes très bariolé.*
> *Chenille sur l'arbousier.*

dessous des ailes

bordure orangée

deux queues à chaque aile postérieure

4 cornes sur la tête

chenille de nymphale de l'arbousier

Demi-deuil
Melanargia galathea (nymphalidés)
E 37–52 mm, juin–août

Répartition *Prairies, clairières forestières, sablières et beaucoup d'autres lieux herbeux ; absent des lieux humides. Presque partout assez abondant.*

> *Motif d'échiquier sur le dessus des ailes.*
> *Petits ocelles dessous.*
> *Chenille sur des graminées.*

chenille de demi-deuil

Ce papillon présente un motif d'échiquier noir et blanc sur le dessus des ailes. Le dessous des ailes est beaucoup moins contrasté, mais avec une rangée de petits ocelles en bordure postérieure. La chenille verte ou brun-jaune peut atteindre 28 mm de long. Elle possède une raie dorsale foncée et deux raies latérales, une claire et une sombre, de chaque côté. De plus, elle porte deux appendices rayés à l'extrémité de son corps. Comme toutes les chenilles des papillons à ocelles (ceux des pages 224 à 228 qui forment une sous-famille des nymphalidés), elle se nourrit dans les herbes.

motif d'échiquier noir et blanc

dessous des ailes

ocelles

Tircis
Pararge aegeria (nymphalidés)
E 32–42 mm, avril–septembre

Répartition *Forêts claires et lisières. Assez commun dans la plupart des régions.*

> *Brun foncé avec des taches crème.*
> *3-4 ocelles sur chaque aile postérieure.*
> *Se tient volontiers sur des petites taches de soleil en forêt.*

Le dessus des ailes est brun foncé, taché de jaunâtre clair. Les ailes postérieures ont trois-quatre ocelles et les antérieures, un seul. Chez la sous-espèce du sud de l'Europe, les taches sont jaune orangé au lieu de jaune clair. Les mâles de ce papillon ont un comportement territorial : ils se tiennent volontiers en position d'attente sur des buissons, dans un rai de lumière, et observent les environs ; que survienne un autre mâle, ils s'envolent immédiatement pour un court « combat aérien ». La chenille vert clair est assez mince, elle a une raie dorsale sombre encadrée de clair et une pilosité assez courte.

tache alaire jaunâtre clair

un ocelle sur l'aile antérieure

dessous des ailes

points pâles

3-4 ocelles sur l'aile postérieure

Mégère

Lasiommata megera (nymphalidés)
E 35-45 mm, avril-octobre

Le dessus des ailes, de couleur générale brun orangé, est rayé de brun foncé et pourvu d'ocelles : une sur l'aile antérieure et quatre sur la postérieure. On reconnaît le mâle à la large bande d'écailles à phéromones qui barre l'aile antérieure. Le dessous de l'aile postérieure est marbré de gris, avec une bordure de sept ocelles jaunes cerclés de noir. Il y a deux-trois générations de papillons par an. Ils se tiennent volontiers au sol ailes fermées où leurs couleurs leur procurent un bon camouflage. La larve vert clair a une nette raie latérale blanche.

Répartition *Lieux ouverts chauds, surtout à sol sablonneux, pierreux ou rocheux ; par exemple, sablières, rocailles herbeuses et pelouses sèches. Peu commune. Photo ci-dessus : mâle.*

bande foncée d'écailles à phéromones

Femelle   Mâle   ocelles sur fond brun orangé

> Brun orangé dessus avec une bande foncée.
> Larges écailles à phéromones chez le mâle.
> Dessous des ailes marbré de gris.

Céphale

Coenonympha arcania (nymphalidés)
E 28-35 mm, mai-août

accouplement

De ce papillon, on ne voit pratiquement que le dessous des ailes. Une bande blanche coupe l'arrière de l'aile postérieure, doublée par quatre-cinq ocelles cerclés de noir et de jaune. Le papillon se tient au sol ailes fermées et les oriente vers le soleil pour profiter de ses rayons. À cette occasion, il adopte souvent une position très inclinée du corps, presque penché sur le côté. La chenille verte a une raie latérale blanche et une autre plus étroite, ainsi que deux courtes pointes à extrémité rose au bout de l'abdomen.

Répartition *Surtout lisières ensoleillées, forêts claires et pelouses sèches un peu enfrichées. Largement réparti, mais localement en forte régression.*

> Dessous des ailes postérieures avec une bande blanche.
> À cet endroit, 5-6 ocelles.
> Toujours ailes fermées au repos.

large tache blanchâtre

Le fadet commun (*Coenonympha pamphilus*), plus fréquent, n'a pas de grands ocelles, ni de bande blanche sur le dessous de l'aile.

ocelles de tailles différentes

Tristan
Aphantopus hyperanthus (nymphalidés)
E 35–42 mm, juin-août

Répartition Lieux semi-ombragés à ouverts, par exemple forêts claires, lisières et pelouses sèches. Assez commun.

> *Dessus des ailes avec de très petits ocelles.*
> *Dessous des ailes avec de grands ocelles.*
> *N'ouvre les ailes que par temps frais.*

Ce papillon a le dessus des ailes brun foncé, seulement rehaussé de minuscules ocelles chez le mâle. Le dessous des ailes postérieures possède cinq gros ocelles noirs cerclés de jaune. Le papillon se tient le plus souvent les ailes fermées, mais par temps un peu frais, il ouvre les ailes pour capter la chaleur du soleil. La chenille gris-brun ou brun rougeâtre pâle, de 25 mm de long, est finement ponctuée de foncé et présente une ligne dorsale foncée qui est un peu élargie et plus sombre à la limite de chaque segment.

gros ocelles cerclés de jaune

dessous des ailes

point noir

très petits ocelles

chenille de tristan

Myrtil
Maniola jurtina (nymphalidés)
E 40–48 mm, juin-septembre

Répartition Surtout régions ouvertes sèches ou humides, telles que lisières de forêts, prairies sèches et bordures de tourbières. Partout assez commun.

> *Mâle avec des écailles à phéromones foncées.*
> *Bande grise sous les ailes postérieures.*
> *Chenille avec des poils recourbés.*

Sur le dessus brun des ailes antérieures, se trouvent une tache d'écailles foncées à phéromones et un petit ocelle entouré de clair chez le mâle, tandis que la femelle présente un net ocelle cerclé de blanc inséré dans une grande tache orange. Le dessous des ailes postérieures est traversé par une bande claire. La chenille vert clair, de 25 mm de long, a une fine ligne latérale claire et des poils assez longs, dont la pointe est recourbée. Elle est d'abord diurne, puis devient nocturne après l'hivernage. La chrysalide est fixée à une fine tige de plante, près du sol.

chenille de myrtil

Femelle
tache orange clair
ocelle
accouplement
2 points blancs dans l'ocelle (femelle)
bande gris jaunâtre
1 point blanc dans un petit ocelle (mâle)

Moiré franconien

Erebia medusa (nymphalidés)
E 32–40 mm, mai–juillet

Ce papillon présente de trois à cinq ocelles blancs cerclés de noir sur chaque aile, insérés chacun dans une tache brun orangé. Ces taches sont en majorité bien séparées les unes des autres. Les couleurs et les dessins du dessous et du dessus de l'aile sont très semblables. Les dessins des ailes, c'est-à-dire l'étendue des taches claires et le nombre d'ocelles, peuvent beaucoup varier. Les papillons qui vivent en altitude ont des taches claires plus étendues que ceux qui vivent en plaine. La chenille beige brunâtre ou vert clair, de 20 mm de long, a une ligne dorsale foncée soulignée de clair.

ocelles entourés de brun orangé

bordure brune aux ailes

Les ocelles du moiré blanc-fescié (*Erebia ligea*) se trouvent dans une bande orange et la bordure des ailes est tachée de blanc. De plus, le dessous des ailes postérieures est traversé par une bande blanche.

Répartition Surtout sur lisières ensoleillées et forêts claires ; aussi prairies de montagne et prairies à litière en bordure de tourbières. Localement pas rare en montagne.

> 3-5 ocelles entourés de brun orangé sur les ailes.
> Zones brun orangé en majorité non fusionnées.
> Ailes presque identiques dessus et dessous.

Grand nègre des bois

Minois dryas (nymphalidés)
E 45–60 mm, juillet–septembre

Les ailes antérieures de ce papillon, brun foncé dessus, a deux ocelles à centre bleu, qui sont bien plus grands chez la femelle que chez le mâle. Le dessous des ailes postérieures est traversé par une bande grise à bords non tranchés. Contrairement aux autres grandes espèces à ocelles, ce papillon prend le soleil avec les ailes écartées et mises à plat. La chenille brun-gris clair, de 30 mm de long, est finement marbrée de blanc et porte une bande dorsale foncée qui s'estompe à chaque limite de segment, ainsi qu'une bande latérale un peu plus marquée. Elle hiverne au premier stade larvaire et elle creuse une cavité dans le sol pour se métamorphoser.

Répartition Surtout zones ouvertes humides, plus rarement sèches ; en particulier prairies à litières au bord des tourbières. Devenu rare presque partout.

> 2 ocelles à centre bleu sur l'aile antérieure.
> dessus brun foncé uni.
> Espèce typique des tourbières.

dessous des ailes

bande gris clair

petits ocelles

ocelles centrés de bleu

Femelle

chenille de grand nègre des bois

Agreste
Hipparchia semele (nymphalidés)
E 48–55 mm, juin–septembre

papillon parfaitement camouflé au sol

Répartition *Espaces ouverts sableux ou rocheux, tels que les prairies maigres sablonneuses et les rocailles herbeuses. Presque partout assez rare.*

> *2 ocelles sur les ailes antérieures.*
> *Marques brun-jaune dessus.*
> *Se tient le plus souvent bien caché sur le sol.*

Ce papillon se tient presque toujours au sol, ailes fermées. Juste après l'atterrissage, on peut encore voir le dessous jaunâtre des ailes antérieures et leurs deux ocelles, avant qu'il ne les replie complètement sous les ailes postérieures et qu'il ne laisse plus apparaître que les couleurs de camouflage du dessous des ailes postérieures. On ne voit pratiquement jamais cette espèce écarter les ailes. La chenille brun-jaune clair, de 30 mm de long, possède une ligne dorsale de taches foncées et deux bandes latérales. L'hiver est passé à l'état de jeune chenille. La métamorphose a lieu dans un trou du sol.

butinage sur une bruyère

2 ocelles noirs dans une tache alaire claire

228

Sylvandre
Hipparchia fagi (nymphalidés)
E 60–70 mm, juin–septembre

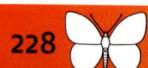

individu avec une bande blanche prononcée

Répartition *Lieux ouverts très chauds, mais aussi ombragés tels que des chênaies claires. Presque disparu en Europe centrale; encore commun en zone méditerranéenne.*

> *2 larges bandes blanches dessus.*
> *Dessous avec une bande blanche délimitée de noir à l'avant.*
> *Se pose volontiers sur le tronc des arbres.*

Ce grand papillon à ocelles a des ailes brun foncé dessus, avec une large bande blanche tachetée, qui s'estompe à l'arrière. Mais en général, on ne voit que les couleurs cryptiques du dessous de ses ailes postérieures qui sont aussi traversées par une bande blanche qui est délimitée à l'avant par une ligne noire sinueuse. On voit rarement cette espèce visiter des fleurs. Par contre, elle suce les exsudats de sève des arbres, notamment des merisiers et des chênes. La chenille, atteignant 36 mm, a une ligne dorsale de taches foncées, qui s'estompe progressivement vers l'avant. Elle hiverne au troisième stade et se métamorphose dans un trou du sol.

adulte posé sur un tronc de chêne

bande supplémentaire

ligne noire irrégulière

ocelle presque caché

Très proche, le **silène** *(Brintesia circe)* a une étroite bande blanche supplémentaire sous l'aile antérieure.

Noctuelle batis

Thyatira batis (drépanidés)
E 32–38 mm, avril–septembre

Les ailes antérieures de cet étonnant papillon brun-gris foncé sont pourvues chacune de cinq taches blanches ou rosées, dont certaines sont centrées de brun. Les ailes postérieures brun-gris clair sont plus foncées sur leur bordure extérieure. Cette espèce nocturne est souvent attirée par la lumière des fenêtres. Le plus souvent, deux générations sont produites par an. La chenille, brun-roux foncé et marquée de triangles plus clairs, a des protubérances sur le dos et adopte souvent une position arquée. Elle se nourrit de préférence sur les ronces et les framboisiers.

Répartition *Forêts de feuillus et de conifères, avec ronces et framboisiers; aussi lisières forestières, prairies humides et jardins. Assez commune.*

> **Taches rosées rondes sur les ailes.**
> **Chenille en position arquée au repos.**
> **Se nourrit sur les ronces et framboisiers.**

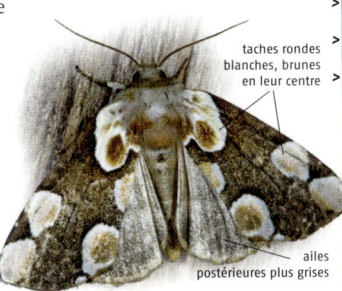

taches rondes blanches, brunes en leur centre

ailes postérieures plus grises

chenille de noctuelle batis

229

Faucille

Drepana falcataria (drépanidés)
E 27–35 mm, avril–août

L'extrémité des ailes antérieures est arquée en arrière en forme de faux et leur bord postérieur est marqué de violet. De plus, un ocelle foncé se trouve au milieu de l'aile. Ce papillon surtout nocturne a généralement deux générations par an. En journée, il se repose ailes étalées, mais il se laisse facilement effrayer. La chenille vert clair, d'environ 20 mm de long, possède une large bande dorsale brune et l'extrémité de son abdomen est pointue. Elle se nourrit sur les aulnes et les bouleaux. Elle se construit un habitacle en forme de tube aplati, à partir de feuilles dont elle replie les bords et qu'elle fixe avec de la soie.

Répartition *Surtout dans les forêts alluviales claires et un peu humides; aussi jardins et parcs. Pas rare dans la plupart des régions.*

> **Ailes antérieures en forme de faux.**
> **Marque violette sur le bord postérieur.**
> **Chenille sur les bouleaux et les aulnes.**

extrémité de l'abdomen pointue

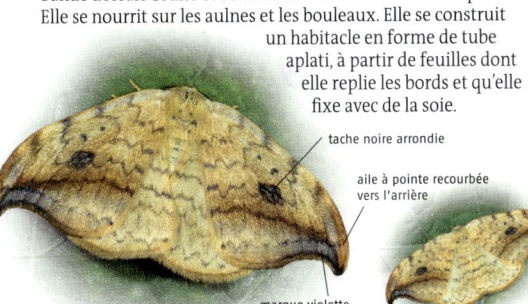

tache noire arrondie

aile à pointe recourbée vers l'arrière

marque violette

chenille de faucille

Zérène du groseillier
Abraxas grossulariata (géométridés)
E 35–40 mm, juin–août

Répartition *Forêts humides avec stations de groseilliers ; aussi dans les jardins. En régression et devenue rare dans les jardins.*

> *Ailes blanches avec des taches noires.*
> *Chenille de même couleur que le papillon.*
> *Se nourrit surtout sur les groseilliers.*

Ce géométridé typique présente des points noirs assez régulièrement répartis sur les ailes et deux bandes jaunes sur les ailes antérieures. Une seule génération est produite par an. Papillon et chenille ont une coloration très semblable : la seconde a aussi une couleur générale blanche avec des taches noires et une bande dorsale jaune. Comme toutes les chenilles arpenteuses, elle a une seule paire de pattes au bout de l'abdomen, si l'on excepte la paire de ventouses terminale. Elle vit surtout sur les groseilliers, plus rarement sur d'autres feuillus. Elle était autrefois considérée comme nuisible dans les jardins.

chenille de zérène du groseillier

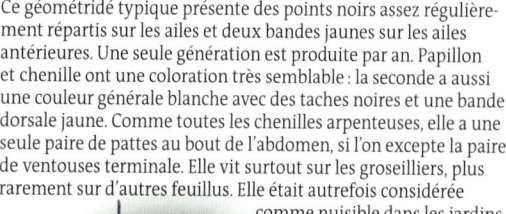

2 bandes alaires jaunes

bordure de taches noires

La zérène de l'orme (*Abraxas sylvata*), très proche, présente, à l'angle interne des ailes antérieures, une tache sombre arrondie bordée de jaune à l'avant.

230

Phalène du sureau
Ourapteryx sambucaria (géométridés)
E 40–50 mm, juin–août

Répartition *Forêts claires, buissons ; aussi dans les jardins. Répandue et assez commune dans de nombreuses régions.*

> *Ailes vert clair avec 2 rayures obliques.*
> *Petite pointe aux ailes postérieures.*
> *Chenille sur différents arbustes.*

Ce grand géométridé jaunâtre clair possède une courte pointe triangulaire sur ses ailes postérieures qui lui donne un air de ressemblance avec le papillon diurne flambé. De plus, les ailes ont de fines rayures obliques brun-jaune. Ce papillon nocturne n'a qu'une génération par an. Sa chenille d'environ 50 mm de long, particulièrement fine, est vert olive ou brunâtre. Elle se nourrit sur différents ligneux, par exemple des sureaux, des lilas et du lierre. Au repos, elle est tendue obliquement à partir d'un rameau et donne la nette impression d'en être le prolongement.

chenille de phalène du sureau

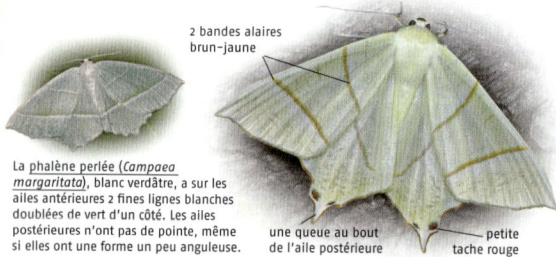

2 bandes alaires brun-jaune

La phalène perlée (*Campaea margaritata*), blanc verdâtre, a sur les ailes antérieures 2 fines lignes blanches doublées de vert d'un côté. Les ailes postérieures n'ont pas de pointe, même si elles ont une forme un peu anguleuse.

une queue au bout de l'aile postérieure

petite tache rouge

Phalène brumeuse

Operophthera brumata (géométridés)
E♂ 22–28 mm, L♀ 6–8 mm, octobre–décembre

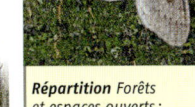
accouplement
(femelle en haut)

Le mâle a des ailes brun clair normalement développées, avec des rayures indistinctes, mais celles de la femelle, un peu plus petite, sont réduites à des moignons. Ce papillon de nuit n'apparaît le plus souvent qu'après les premières gelées. L'hiver est passé à l'état d'œuf. La chenille vert clair, d'environ 20 mm de long, présente deux fines lignes longitudinales blanchâtres. À ce jour, elle a été répertoriée sur environ cinquante espèces d'arbres et arbustes différents, dont le noisetier, le pommier, le prunellier et le saule marsault. L'espèce peut parfois pulluler et occasionner de réels dégâts dans les vergers.

Répartition Forêts et espaces ouverts ; aussi dans les jardins. Commune partout.

> Ailes brun clair ou grises chez le mâle.
> Moignons d'ailes chez la femelle.
> Chenille volontiers sur les arbres fruitiers.

Femelle

moignons d'ailes

rayures sombres indistinctes sur les ailes

Mâle

chenille de phalène brumeuse

Hibernie défeuillante

Erannis defoliaria (géométridés)
E♂ 30–40 mm, L♀ 10–13 mm, septembre–décembre

Les ailes du mâle ont une coloration et des motifs très variables. Le plus souvent, elles sont brun clair ou blanchâtres, avec deux barres transversales sombres. Mais elles sont aussi assez souvent d'un jaunâtre uni ou brunes, avec un point sombre en leur centre. La femelle, quant à elle, est totalement aptère. Elle est gris clair, mouchetée de noir. La chenille brun rouille ou jaunâtre, d'environ 32 mm de long, a une coloration souvent assez contrastée. Elle se nourrit sur de nombreux arbres et arbustes différents, tels que les chênes, bouleaux, prunelliers et pommiers. Mais, en général, elle n'occasionne pas de dégâts.

Répartition Forêts et espaces ouverts ; aussi dans les jardins. Commune partout.

> Ailes ponctuées de noir chez le mâle.
> Pas de ponctuation chez la femelle.
> Chenille sur différents feuillus.

point noir

variante unie

femelle aptère

bande alaire sombre

deux variantes de couleur du mâle

chenille d'hibernie défeuillante

Phalène du bouleau
Biston betularia (géométridés)
E 35–60 mm, mai–juillet

Répartition Surtout forêts claires et périphérie des tourbières. Pas rare dans la plupart des régions.

> Ailes longues et étroites.
> Adulte clair avec des taches noires.
> Chenille sur différents arbres feuillus.

Ce géométridé a de fines ailes blanches, densément chinées de noir, avec quelques taches plus grosses. Le mâle a des antennes pectinées. Occasionnellement, on observe des individus très sombres à côté de ceux à coloration normale. Les individus clairs sont très difficiles à repérer sur les troncs blancs des bouleaux, alors que les individus foncés sont bien camouflés sur l'écorce sombre des peupliers. La chenille verte ou brune, d'environ 60 mm de long, possède deux verrues arrondies sur la tête. Elle se nourrit sur de nombreux arbres et arbustes différents, tels que les chênes, bouleaux, aulnes et saules.

chenille de phalène du bouleau

fines chinures noires

La phalène précoce (*Biston strataria*) est de teinte sombre, avec des marques blanches et brun-rouge sur les ailes.

Grande naïade
Geometra papilionaria (géométridés)
E 40–50 mm, juin–août

Répartition Forêts humides, landes et jardins. Localement, pas rare.

> Ailes vertes pointillées de blanc.
> Chenille dodue pour un géométridé.
> Se nourrit surtout sur des bouleaux.

Ce papillon assez grand a des ailes vertes, avec trois rangées de pointillés blancs sur les ailes antérieures et deux sur les ailes postérieures. La chenille vert clair ou brunâtre, d'environ 30 mm de long, est étonnamment dodue et bossue pour une espèce de cette famille. Elle a plusieurs verrues en partie rouges sur le dos et rappelle un chaton de bouleau. Les jeunes chenilles passent l'hiver à l'air libre, sur un rameau. Elles se nourrissent sur les bouleaux, plus rarement sur les hêtres ou d'autres feuillus. La métamorphose a lieu au sol. Il n'y a qu'une génération de papillons par an.

chenille de grande naïade

bord des ailes onduleux

L'herbacée (*Chlorissa viridata*), vert clair, a le bord d'attaque des ailes antérieures jaune et 2 fines lignes blanches sur ces ailes.

2 lignes parallèles de points blancs

Ennomos du lilas

Apeira syringaria (géométridés)
E 30–40 mm, mai–septembre

Ce géométridé a des ailes gris rougeâtre ou brunâtre clair, avec une bordure jaune, de fines bandes foncées et des marques blanchâtres et foncées. Au repos, il adopte une position très remarquable, durant laquelle la partie avant des ailes antérieures est relevée, tandis que la partie arrière est pliée vers l'avant. Cela conduit à effacer la perception du corps, ce qui fait que le papillon est difficile à découvrir. La chenille est également très bien camouflée grâce aux teintes brunes de sa coloration. Elle possède deux longues excroissances sur le dos, ainsi que deux paires de verrues, et elle se tient souvent de façon anguleuse, ce qui fait qu'on n'imagine pas qu'il s'agisse d'une chenille. Elle se nourrit sur les chèvrefeuilles et lilas.

Répartition Surtout lieux ombragés, souvent humides, tels que forêts de ravin et chemins forestiers ; mais aussi jardins et parcs. Peu commune.

> Ailes antérieures bizarrement pliées.
> Chenille avec de longues excroissances sur le dos.
> Se nourrit entre autres sur des chèvrefeuilles et du lilas.

adulte vu de face

pli sur l'aile antérieure

fines rayures transversales sur les ailes

chenille d'ennomos du lilas

Processionnaire du pin

Thaumetopoea pityocampa (notodontidés)
E 35–45 mm, juin–août

Ce papillon très poilu a des ailes antérieures gris clair, pourvues de fines barres transversales foncées. Les chenilles sont noires sur le dos, gris clair ailleurs, avec de longs poils roux sur le dos et blanchâtres sur les flancs. Elles se nourrissent sur différentes espèces de conifères et lors des pauses alimentaires, elles se rassemblent dans un gros cocon de soie sphérique. En cas de danger, elles dispersent dans les airs des poils urticants microscopiques, qui provoquent de fortes allergies. Au terme de leur développement, elles migrent en de longues processions jusqu'à un lieu favorable pour la métamorphose. Là, elles s'enterrent ensemble.

Répartition Forêts de pins chaudes et sèches. Commune en région méditerranéenne ; vers le nord, jusque dans le sud de la Suisse et du Tyrol.

> Ailes grises indistinctement barrées de foncé.
> Chenilles se déplaçant en « processions ».
> Se nourrit sur des conifères.

nid de chenilles sur une branche de pin

3 barres transversales foncées indistinctes

procession d'une colonne de chenilles

chenilles de processionnaire du pin

Queue fourchue
Cerura vinula (notodontidés)
E 58–75 mm, avril–juillet

Répartition Surtout lisières forestières humides et rives des cours d'eau. Assez commune dans beaucoup de régions.

> Ailes blanches avec des lignes courbes noires.
> Chenille surtout sur le tremble.
> Prend une spectaculaire posture de menace.

Les ailes antérieures gris clair de ce papillon de nuit assez grand sont parcourues par de nombreuses fines lignes courbes noires parallèles. La chenille vert clair, d'environ 80 mm de long, est l'une des plus spectaculaires du monde des insectes. Elle a une bande brun-noir sur le dos, bordée de blanc, qui s'élargit en triangle de chaque côté du milieu du corps. En cas de danger, elle rétracte la tête, ce qui fait apparaître un anneau rouge pourvu de deux points noirs qui simulent des yeux. En même temps, deux longs filaments caudaux fourchus sont exhibés et agités de tremblements. Par ailleurs, elle peut projeter une sécrétion jusqu'à 50 cm. Elle vit sur les peupliers et saules.

— fines lignes noires courbes

chenille de queue fourchue

La petite queue fourchue (*Furcula bifida*) a une large bande transversale sombre au centre des ailes antérieures. Elle vit sur les peupliers et les saules.

Bois veiné
Notodonta ziczac (notodontidés)
E 37–48 mm, avril–septembre

Répartition Lieux humides, semi-ombragés, où poussent des buissons de peupliers et de saules, par exemple les chemins forestiers ou les abords des tourbières. Assez commun.

> Ailes antérieures brun cannelle à tache grise.
> Chenille prenant une posture en «Z».
> Se nourrit surtout sur les saules et peupliers.

Ce papillon a des ailes gris clair et brun cannelle, avec une plage grise arrondie, délimitée par une raie foncée courbe. La chenille vert-gris, violet-rose ou brun-jaune clair, d'environ 40 mm de long, porte des excroissances recourbées vers l'arrière sur les cinquième et sixième segments de l'abdomen, et une autre, dressée, sur le onzième segment. Elle se nourrit de préférence sur le tremble et le saule marsault, plus rarement sur d'autres feuillus. En position de repos, elle casse l'arrière du corps vers le haut, redresse l'avant et arque le milieu, de sorte qu'on ne reconnaît pas la forme d'une chenille.

couleur cannelle
tache gris clair
raie noire arquée

chenille de bois veiné

Chez le chameau (*Notodonta dromedaria*), les ailes grises sont marquées de bandes foncées et de petites taches jaunâtres et rouges.

Bombyx du hêtre
Stauropus fagi (notodontidés)
E 45–64 mm, avril–août

Ce bombyx a des ailes antérieures brun-gris, plus claires à la base. Elles sont parsemées de taches claires en chevron et cachent les ailes postérieures au repos. La chenille, d'environ 60 mm de long, est étrange : elle a de longues pattes pectorales, un peu comme une araignée, en particulier les deuxième et troisième paires. Les trois derniers segments de l'abdomen sont transformés en une excroissance en forme de massue qui porte elle-même deux extensions ressemblant à des antennes. Elle se nourrit sur des essences feuillues, tels que le hêtre et les chênes. Elle prend une posture de menace impressionnante qui fait oublier qu'il s'agit d'une chenille.

Répartition Forêts de feuillus et mixtes, aussi dans les parcs. Assez commun presque partout.

> Ailes brun-gris, plus claires à la base.
> Replie les ailes postérieures sous les antérieures.
> Chenille bizarre à très longues pattes.

aile postérieure cachée sous l'antérieure

mâle vu de face

chevrons clairs

chenille de bombyx du hêtre

Bucéphale
Phalera bucephala (notodontidés)
E 48–65 mm, mai–août

La partie avant du thorax proéminent, sous laquelle est cachée la tête, est colorée en jaune. Il en est de même de la partie arrière du corps, où se trouve une tache jaune arrondie à l'extrémité des ailes qui sont gris clair par ailleurs. Ce papillon nocturne imite ainsi parfaitement son environnement, tant dans sa couleur que dans sa structure, lorsqu'il est posé sur une branchette. La femelle pond ses œufs blancs hémisphériques sous les feuilles, en amas réguliers. Chaque œuf a un point noir sur le dessus. Les chenilles jaunes, d'environ 70 mm de long, sont rayées longitudinalement de foncé. Elles se nourrissent en groupes sur des feuillus, bouleaux, chênes et saules entre autres.

Répartition Lieux ensoleillés ou semi-ombragés où poussent des arbres et arbustes feuillus, tels que les forêts claires, gravières et jardins. Commun presque partout.

> Tache jaune arrondie au bout des ailes.
> Ressemble à une branchette coupée.
> Chenille surtout sur les bouleaux et les chênes.

avant du corps jaune

tache jaune arrondie au bout des ailes

ponte

chenilles sur une feuille de chêne

Psi
Acronicta psi (noctuidés)
E 30–40 mm, avril–septembre

Répartition Lisières de forêts, gravières, jardins et beaucoup d'autres endroits avec des arbustes. Commun presque partout.

> **Taches en flèches sur les ailes.**
> **Chenille bariolée.**
> **Surtout sur saules.**

Les ailes antérieures gris clair ou brunâtres portent des lignes branchues longitudinales, dont certaines évoquent des pointes de flèches. La chenille bariolée, d'environ 38 mm de long, possède sur le dessus du quatrième segment abdominal une corne noire dressée, en forme de doigt, ainsi qu'une autre nettement plus petite sur le onzième segment. Elle est noire avec une bande dorsale jaune et des bandes latérales blanchâtres, séparées par des rayures transversales rouges. Elle se nourrit sur différents arbres et arbustes feuillus, tels que les saules, bouleaux et prunelliers. La métamorphose a lieu dans du bois vermoulu ou au sol.

chenille de psi

marques en forme de pointes de flèches

tache blanche en forme de crochet

Assez proche, la noctuelle de la patience (*Acronicta rumicis*) a des marques foncées irrégulières sur ses ailes grises et une tache blanche en forme de crochet.

Fiancée
Catocala sponsa (noctuidés)
E 60–70 mm, juillet–septembre

Répartition Chênaies chaudes. Commune en région méditerranéenne, assez rare plus au nord.

> **Chinures d'écorce sur les ailes antérieures.**
> **Ailes postérieures rouges.**
> **Chenille sur chênes.**

Les ailes antérieures de ce noctuidé assez grand sont tout à fait colorées comme une écorce. Vers le milieu des ailes se trouve une tache blanche arrondie. Les ailes postérieures sont rouge feu et ont deux barres noires. Au repos, ailes fermées, ce papillon nocturne est invisible sur les écorces d'arbres. En cas de danger, il ouvre brusquement ses ailes pour révéler le rouge des ailes postérieures. Il profite du moment de surprise ainsi créé, pour s'échapper et aller se poser plus loin en étant de nouveau invisible. La chenille, un peu aplatie, se confond parfaitement avec un rameau de chêne. Elle se nourrit exclusivement des feuilles de cet arbre.

chenille sur un rameau de chêne

papillon en position d'inquiétude

tache pâle arrondie

chevrons noirs

Découpure

Scoliopteryx libatrix (noctuidés)
E 40–45 mm, juin–octobre et mars–mai

Les ailes antérieures de la découpure sont cannelle, découpées sur leur bordure, et pourvues de taches orangées et de points blancs. Il y a deux générations par an et l'hiver est passé à l'état adulte dans des endroits humides, près de l'ouverture de cavités. Pendant toute cette phase de repos, le papillon est régulièrement recouvert de gouttes d'eau de condensation. La chenille, d'environ 50 mm de long, est allongée. Elle est vert clair avec une ligne latérale blanche et elle vit sur différentes espèces de saules et de peupliers, dont elle consomme les rameaux, le plus souvent à l'extrémité. La métamorphose a lieu sur la plante hôte, dans un abri de feuilles réunies avec de la soie, ou au sol.

Répartition Forêts de feuillus, gravières et berges de cours d'eau. Assez commune presque partout.

> **Bordure des ailes découpée.**
> **Dessins orange sur les ailes.**
> **Chenille sur saules et peupliers.**

taches orange

bord postérieur des ailes découpé

découpure en hivernage

chenille de découpure

237

Doublure jaune

Euclidia glyphica (noctuidés)
E 25–30 mm, avril–juillet

ponte sur une vesce

Ce noctuidé est actif de jour. Il a des ailes antérieures gris-brun, avec deux barres transversales foncées, une bordure postérieure sombre et une tache triangulaire foncée un peu avant le bout de l'aile. Les ailes postérieures brun foncé portent une zone jaune étendue. La chenille brun-jaune, finement rayée, n'a que trois paires de pattes pectorales, la première étant un peu plus petite. Elle vit sur des légumineuses comme la luzerne, les lotiers, les vesces et les gesses où elle se déplace comme une chenille arpenteuse. De jour, elle se repose sur la plante nourricière. Elle passe l'hiver à l'état de chrysalide, au sol. Il y a deux générations par an.

Répartition Espaces ouverts, humides ou secs, tels que les prairies tourbeuses, celles de montagne riches en fleurs et les pelouses sèches. Répandue et assez commune.

> **Ailes antérieures brunes, ailes postérieures jaunes.**
> **Papillon actif de jour.**
> **Chenille sur des légumineuses.**

taches foncées des ailes antérieures

accouplement

surface jaune des ailes postérieures

chenille de doublure jaune

Gamma
Autographa gamma (noctuidés)
E 35–40 mm, mars–novembre

Gamma sur une fleur de bardane

Répartition *Surtout des espaces ouverts, cultures comme zones non cultivées de toutes sortes. Très commun partout.*

> **Double toupet poilu sur le thorax.**
> **Dessin en forme de « gamma » sur l'aile.**
> **Chenille souvent sur le chou et la laitue.**

L'espèce a un dessin blanc typique en forme de « gamma » sur les ailes antérieures. Sur le thorax, il porte un double toupet de poils. Ce papillon est essentiellement nocturne, mais on le voit parfois visiter les fleurs en journée. Il s'agit d'une espèce qui migre annuellement à partir du sud de l'Europe et traverse les Alpes pour produire une autre génération en Europe centrale. La chenille est vert clair, avec une ligne latérale blanche, et n'a que deux paires de pattes pectorales. Elle se nourrit sur différentes plantes sauvages et cultivées : aussi bien choux et salades que pissenlits et orties. L'hiver est passé le plus souvent à l'état de chenille. Il y a deux ou trois générations par an.

« gamma » blanc — toupets poilus

chenille de gamma

Plusie vert-doré
Diacrysia chrysitis (noctuidés)
E 28–35 mm, mai-juillet et août-octobre

Répartition *Surtout espaces ouverts à semi-ombragés, tels que les lisières forestières, les friches et les jardins. Commune presque partout.*

> **Taches vert doré sur les ailes.**
> **Toupet poilu sur le thorax.**
> **Chenille en particulier sur les orties.**

Les ailes antérieures brun-rouge de ce noctuidé ont deux grandes taches dorées, à reflet vert métallisé, qui sont souvent réunies entre elles par un étroit pont. Sur le dessus du thorax, il porte un long toupet poilu. Ce papillon est surtout actif au crépuscule, parfois aussi de jour. La chenille vert clair ressemble beaucoup à celle du gamma, mais elle possède des taches anguleuses sur le dos, pas toujours très nettes. Elle se nourrit de préférence sur les orties, mais aussi sur les lamiers, les vipérines et autres plantes. Il y a habituellement deux générations par an.

toupet poilu — tache dorée métallisée — toupet poilu

plusie vue de face

Brèche
Shargacucullia verbasci (noctuidés)
E 45–50 mm, avril–juin

Les ailes antérieures de ce noctuidé sont brun foncé sur leur bord antérieur et brun clair ou blanchâtres en arrière. Sur le thorax, il porte un toupet poilu conique et dirigé obliquement vers l'avant. La chenille, d'environ 50 mm de long, a trois taches transversales jaunes sur chaque segment, toutes délimitées par plusieurs points noirs. Elle vit de préférence sur les molènes, plus rarement sur les scrofulaires. Pour la nymphose, elle s'enterre dans le sol et tisse un cocon très solide. L'hiver est passé sous forme de nymphe.

Répartition Lisières de forêts et espaces ouverts secs. Presque partout assez commune.

> Long toupet poilu sur le thorax.
> Aile foncée à l'avant, claire à l'arrière.
> Chenille souvent sur les molènes.

toupet poilu clair

bord antérieur de l'aile clair

chenille sur une molène

Noctuelle-sphinx
Asteroscopus sphinx (noctuidés)
E jusqu'à 45 mm, octobre–décembre

Ce noctuidé nettement velu a des ailes antérieures brun-gris, rayées de brun foncé et de noir. Comme la phalène brumeuse, ce papillon nocturne ne vole qu'après les premières gelées et on peut en observer jusqu'en décembre. L'hiver est passé sous forme d'œuf. La chenille vert-jaune, d'environ 50 mm, possède une fine ligne jaunâtre sur le côté et une bosse prononcée sur le onzième segment de l'abdomen. Elle est aussi bien diurne que nocturne. Lors des pauses, elle se tient le plus souvent sous un rameau, en recourbant l'avant du corps en arc de cercle et en relevant les pattes, ce qui évoque une position de sphinx. Elle se nourrit de divers arbres et arbustes feuillus.

Répartition Forêts et arbustes, aussi dans les vergers. Répandue et pas rare dans l'ensemble.

> Rayures foncées sur les ailes antérieures.
> Posture de sphinx chez la chenille.
> Sur de nombreuses essences feuillues.

rayures longitudinales noires

chenille de noctuelle-sphinx

Méticuleuse
Phlogophora meticulosa (noctuidés)
E 45–50 mm, avril–novembre

Répartition En forêt comme dans les espaces ouverts. Partout assez commune.

> *Ailes à bordure postérieure découpée.*
> *Dessins triangulaires.*
> *Au repos, ailes un peu pliées.*

Les ailes antérieures de ce noctuidé, qu'on ne peut confondre avec aucun autre, présentent un dessin très caractéristique constitué de plusieurs triangles assemblés. De plus, en position de repos, les ailes sont un peu pliées dans le sens de la longueur. Elles semblent alors particulièrement étroites et rappellent une feuille sèche. Il y a deux générations par an, la deuxième étant beaucoup plus abondante. La chenille vert clair ou brunâtre, d'environ 45 mm de long, a une bande dorsale foncée ponctuée de blanchâtre et des rayures obliques foncées. Elle se nourrit sur différentes plantes, surtout herbacées, mais aussi des orties, saules, oseilles et fougères.

taches foncées allongées

dessins triangulaires sur l'aile

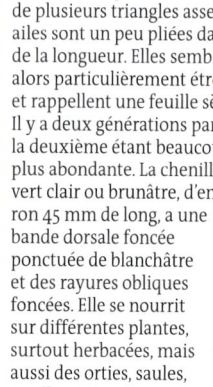

chenille de méticuleuse

240

Triphène fiancée
Noctua pronuba (noctuidés)
E 45–55 mm, juin–octobre

Répartition En forêt et dans les espaces ouverts, aussi dans les jardins. Partout commune.

> *Taches réniformes et arrondies sur les ailes.*
> *Ailes postérieures jaunes barrées de noir.*
> *Chenille avec des lignes de taches noires.*

Les ailes antérieures de ce noctuidé sont de couleur très variable, mais possède en général une tache claire arrondie encadrée par deux petites taches foncées. Les ailes postérieures, le plus souvent cachées, sont jaunes avec des bandes noires près du bord postérieur. Ce papillon surtout nocturne a une période de vol assez longue. En été, les pauses qu'il effectue durent plus longtemps. Il n'y a qu'une seule génération par an. La chenille verte ou brun clair, d'environ 50 mm, a une fine ligne dorsale claire et deux rangées de taches allongées noires à l'arrière du corps. Elle se nourrit sur des ligneux et des herbacées, tels que trembles, orties et pissenlits.

tache claire arrondie

2 petites taches noires

La frangée (*Noctua fimbriata*), proche parente, a une tache triangulaire foncée avant l'extrémité de l'aile et deux étroites bandes claires parallèles.

chenille de triphène fiancée

Bombyx disparate

Lymantria dispar (lymantriidés)
E 32–60 mm, juin–août

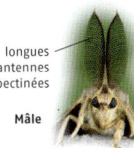

longues antennes pectinées

Mâle

Les ailes antérieures sont brunes, parcourues de lignes festonnées foncées chez le mâle, blanches avec des marques foncées moins nettes chez la femelle, nettement plus grosse. Les antennes du mâle sont pectinées, celles de la femelle sont filiformes. Après l'accouplement, la femelle pond un amas d'œufs ovale d'environ 60 mm de long, sur l'écorce d'un arbre, et recouvre le tout d'une épaisse couche de laine brun-jaune. La chenille, d'environ 70 mm de long, est assez variable mais le plus souvent grise. Elle a des verrues bleu et rouge sur le dos, tandis que sa tête brun-jaune clair a deux rayures noires. Elle se nourrit sur des arbres et arbustes, tels que les chênes, saules et peupliers. En cas de pullulation, elle peut totalement défeuiller une forêt.

Femelle

fins dessins foncés

Chez la nonne (*Lymantria monacha*), proche, les deux sexes ont des ailes blanches parcourues de lignes festonnées noires. Les chenilles peuvent aussi dégarnir des arbres, en particulier des conifères.

Répartition *Forêts claires de feuillus, en particulier chênaies. Assez abondante tous les ans dans le sud de l'Europe ; rare plus au nord. Photo ci-dessus : mâle.*

> **Ailes blanches chez la femelle.**
> **Ailes brunes chez le mâle.**
> **Les chenilles peuvent défeuiller une forêt.**

chenille de bombyx disparate

241

Pudibonde

Calliteara pudibunda (lymantriidés)
E 37–47 mm, avril–juillet

Ce papillon gris a quatre bandes festonnées foncées sur les ailes antérieures et souvent, un champ foncé au milieu de l'aile. Les pattes avant sont longues et densément poilues. Au repos, elles sont souvent tendues vers l'avant. La chenille est très bariolée : elle porte quatre touffes de poils en forme de pinceaux ras sur le dos et un fin pinceau rouge ou noir sur le onzième segment de l'abdomen. Le reste des poils a une couleur qui varie entre le jaune, le blanc et le brun rosé. La chenille se nourrit sur différents arbres et arbustes, tels que les saules, le hêtre et les chênes.

Répartition *Surtout des forêts de feuillus, mais aussi des haies et des bords de route arborés, parcs et jardins. Pas rare dans la plupart des régions.*

> **Ailes grises avec des festons foncés.**
> **Ailes antérieures allongées.**
> **Chenille avec des pinceaux poilus bariolés.**

pattes antérieures souvent tendues vers l'avant

2 étroites bandes festonnées parallèles

mâle vu de face

base de l'aile pâle

chenille de pudibonde en posture d'intimidation

Étoilée
Orgyia antiqua (lymantriidés)
E 25–30 mm, juin-octobre

ponte dans le cocon de la femelle

Répartition *En forêt comme en milieux ouverts, régulièrement aussi dans les jardins. Presque partout commune.*

> Ailes brunes chez le mâle.
> Ailes atrophiées chez la femelle.
> Chenille bariolée avec des pinceaux de poils.

Le mâle possède des ailes brun rouille, normalement développées et tachées de blanc sur l'angle interne des ailes antérieures. La femelle, de corpulence dodue, est grise avec de minuscules moignons d'ailes. Après son éclosion, elle reste à l'abri dans son cocon et attire un mâle avec une phéromone, pour l'accouplement. Puis, elle pond ses œufs dans le cocon et meurt. La chenille, très bariolée, est décorée de touffes de poils de différentes couleurs ; c'est probablement la plus belle chenille indigène. Elle se nourrit de ligneux et d'herbacées très variés, tels que prunellier, saules et orties.

cocon de la femelle

accouplement

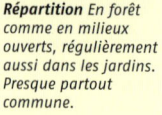
chenille d'étoilée

tache alaire blanche du mâle

femelle à ailes atrophiées

242

Cul-brun
Euproctis chrysorrhoea (lymantriidés)
E 28–38 mm, juin-août

Répartition *Surtout lisières de forêts, allées et vergers. Autrefois répandu ; de nos jours, devenu assez rare presque partout.*

> Papillon blanc neigeux.
> Touffe de poils brun doré à l'abdomen.
> Les chenilles peuvent défeuiller un verger.

Ce papillon blanc neigeux a une touffe de poils bruns doré à l'extrémité de l'abdomen, qui est particulièrement développée chez la femelle. En cas de danger, il s'immobilise comme mort et replie son abdomen vers le bas pour rendre cette partie brun doré visible. La femelle pond ses œufs en une longue ligne sur un rameau ou une feuille de la plante nourricière. Elle les recouvre avec les poils du bout de l'abdomen. La chenille brun-gris, d'environ 45 mm de long, a des lignes de points blancs par paires sur les flancs et un point rouge sur les neuvième et dixième segments de l'abdomen. Elle se nourrit sur des feuillus, souvent les pommiers et poiriers, qui peuvent être défeuillés en cas de pullulation.

papillon en posture d'intimidation

ailes blanc neigeux

ponte recouverte des poils de l'extrémité de l'abdomen

chenille de cul-brun

zone de poils brun-jaune à l'abdomen

Sphinx du pissenlit
Amata phegea (arctiidés)
E 30-45 mm, juin-août

Avec ses ailes étroites tachetées de blanc, le sphinx du pissenlit rappelle une zygène mais il appartient à une famille différente. La chenille brun-noir est densément poilue, avec une tête rouge et une longueur d'environ 30 mm. Elle se nourrit sur un grand nombre de plantes herbacées, telles que les plantains, pissenlits et oseilles, mais elle préfère les parties fanées aux fraîches. À la différence des vraies zygènes, cette espèce diurne tient les ailes largement écartées au repos.

Répartition Lisières forestières chaudes, jachères et pelouses sèches. Commun au sud des Alpes et en zone méditerranéenne ; plus au nord, uniquement dans les régions chaudes.

> Ailes noires tachetées de blanc.
> 2 anneaux jaunes sur le corps.
> Chenille noire à tête rouge.

ailes toujours tenues écartées
taches blanches sur toutes les ailes
accouplement
2 anneaux jaunes sur le corps

chenille de sphinx du pissenlit

243

Écaille du plantain
Parasemia plantaginis (arctiidés)
E 32-38 mm, mai-août

Cette espèce présente une très grande gamme de couleurs et de dessins sur les ailes. Les ailes antérieures noires sont marquées de rayures claires, qui forment une croix ou un « 4 » près de la pointe de l'aile. Chez le mâle, les ailes postérieures sont blanches, jaunes ou toutes noires. Chez la femelle, elles sont souvent rouge vif. La chenille est noir et gris à l'avant, puis rouge fuchsia à partir du troisième segment de l'abdomen, et enfin, de nouveau grise à l'extrémité du corps. Elle se nourrit sur diverses plantes herbacées, comme les épervières et les pissenlits.

Répartition Entre autres, clairières forestières et prairies humides. Peu commune, mais régulière dans les Alpes.

> Ailes antérieures avec une croix ou un «4» blanc.
> Ailes postérieures jaunes, blanches ou rouges.
> En particulier dans les Alpes.

adulte à ailes postérieures jaunes
dessin jaune sur l'aile postérieure
croix claire

chenille d'écaille du plantain

Écaille tigrée
Spilosoma lubricipeda (arctiidés)
E 30–42 mm, mai-septembre

Répartition *Lieux ouverts à semi-ombragés, par exemple les forêts claires, les prairies, cultures agricoles et les jardins. Assez commune partout.*

> *Ailes blanches pointillées de noir.*
> *Chenille avec une raie dorsale claire.*
> *Sur les orties et diverses autres plantes.*

Ce papillon a des ailes blanc neige, rarement jaunâtre pâle, avec de nombreuses mouchetures noires régulièrement réparties. Il est nocturne et n'a qu'une génération par an, bien qu'il puisse en produire une deuxième incomplète dans les régions où les conditions climatiques sont les plus favorables. Les œufs sont pondus en grand amas, le plus souvent sous une feuille de la plante nourricière. La chenille brun foncé et poilue a une bande dorsale blanchâtre ou rougeâtre clair. Elle peut marcher très vite. Elle se nourrit, par exemple, d'orties, de pissenlits et de genêts.

ailes blanches mouchetées de noir

Chez l'écaille lièvre (*Spilosoma lutea*), les ailes sont jaune clair et les points noirs sont réunis en une ligne oblique à l'arrière de l'aile antérieure.

chenille d'écaille tigrée

Écaille martre
Arctia caja (arctiidés)
E 45–65 mm, juin-septembre

adulte au repos

Répartition *Lieux ouverts à semi-ombragés, souvent un peu humides, tels que les forêts alluviales et les bords des tourbières; aussi dans les jardins. Assez commune.*

> *Ailes antérieures brun foncé réticulées de blanc.*
> *Ailes postérieures rouges.*
> *Dérangée, ouvre les ailes antérieures.*

Les ailes antérieures de cette belle écaille sont brun foncé, parcourues par un réseau de bandes blanches. Elles cachent les ailes postérieures, rouge clair avec des taches bleu-noir arrondies. Ce papillon nocturne ne commence à voler qu'au milieu de la nuit, ce qui fait qu'en dépit de son abondance, on le voit rarement. Posé sur un tronc d'arbre, il tient le plus souvent les ailes fermées. En cas de danger, il arbore ses ailes postérieures colorées, ainsi que l'anneau rouge autour du cou. La chenille noir et rouge est poilue et se nourrit sur différentes plantes, saules, framboisiers et orties, entre autres.

adulte en posture d'intimidation

chenille d'écaille martre

collier rouge

taches bleues cerclées de noir

L'écaille fermière (*Arctia villica*) a les ailes antérieures noires tachées de blanc et les postérieures noir et jaune.

Écaille chinée

Euplagia quadripunctaria (arctiidés)
E 45–55 mm, juillet-septembre

groupe d'adultes sur une eupatoire

Cette écaille, à peine velue et assez mince, a des ailes antérieures noires rayées de blanchâtre et des ailes postérieures rouge vif avec trois-quatre taches noires. À l'inverse de presque toutes les espèces de sa famille, elle est active de jour et elle possède une trompe suceuse bien développée. Aussi, on l'observe souvent sur les fleurs, par exemple les eupatoires.
La chenille brun-noir, d'environ 50 mm de long, a une ligne dorsale jaunâtre, une rangée latérale de taches blanches et des verrues rouges qui portent chacune une touffe de poils. Elle se nourrit sur de nombreux arbustes et herbacées, comme les framboisiers, séneçons et vipérines.

rayures noires et blanches sur le thorax

«V» blanc

Répartition *Lisières forestières chaudes et pelouses sèches un peu enfrichées. Pas commune, mais localement abondante certaines années.*

> Ailes antérieures avec un «V» blanc.
> Ailes postérieures rouges tachées de noir.
> Adulte diurne.

chenille d'écaille chinée

Écaille du séneçon

Tyria jacobaeae (arctiidés)
E 32–42 mm, mai-août

Cette écaille typique a des ailes antérieures noir bleuté, pourvues d'une bande rouge sur le bord antérieur et de 2 points rouges à l'arrière. Les ailes postérieures sont également rouges. Elle est surtout nocturne, mais on peut aussi la voir de jour. La chenille, d'environ 30 mm de long, est noire, annelée de jaune. Contrairement aux autres chenilles d'écailles, elle est liée à quelques espèces végétales nourricières seulement : elle se nourrit principalement sur le séneçon de Jacob et, dans les vallées alpines, sur les tussilages et les pétasites. Elle se tient souvent en vue sur les plantes nourricières, sans crainte des prédateurs, car ses couleurs vives indiquent qu'elle est toxique.

2 ronds rouges

étroite bande rouge

Répartition *Lieux ouverts très humides ou secs, riches en plantes nourricières; pelouses sèches, prairies tourbeuses et berges des cours d'eau alpins.*

> Aile antérieure avec une rayure et 2 points rouges.
> Chenille noire annelée de jaune.
> Sur séneçons, tussilages et pétasites.

3 chenilles sur une pétasite

Index

A

Abax parallélépipède 96
— *parallelepipedus* 96
Abeille domestique 189
— masquée 182
Abraxas grossulariata 230
— *sylvata* 230
Acanthocine charpentier 134
Acanthocinus aedilis 134
Acherontia atropos 203
Acheta domesticus 48
Acilie sillonné 101
Acilius sulcatus 101
Acrida ungarica 53
Acronicta psi 236
— *rumiccis* 236
Adalia bipunctata 116
Adela reaumurella 192
Adèle verdoyante 192
Adelges abietis 85
Adélocère des potagers 110
Adscita geryon 199
Aedes 148
Æschne bleue 30
— isocèle 30
— velue 31
Aeshna cyanea 30
— *grandis* 30
— *isoceles* 30
Aglais urticae 218
Agreste 228
Agrile bleuâtre 115
— du chêne 115
Agrilus biguttatus 115
— *cyanescens* 115
Agrion à larges pattes 26
— au corps de feu 27
— élégant 27
— exclamatif 28
— jouvencelle 28
— porte-coupe 28
Agriotype armé 169
Agriotypus armatus 169
Agrius convolvuli 203
Agrypnus murinus 110
Aleurochiton aceris 86
Aleurode de l'érable 86
— des serres 86
Allantus scrophulariae 166
Amata phegea 243
Ameles decolor 40

Ameles spallanziana 40
Ammophila pubescens 179
Ammophile pubescente 179
Ampedus sanguineus 111
— *sanguinolentus* 111
Amphimallon solstitiale 127
Anabolia nervosa 190
Anacridium aegypticum 50
Anax empereur 31
— napolitain 31
Anax imperator 31
— *parthenope* 31
Andrena vaga 183
Andrène vague 183
Anophèle 148
Anopheles maculipennis 148
Anoplius viaticus 178
Anoplotrupes stercorosus 125
Anthaxia nitidula 115
— *salicis* 115
Anthaxie brillante 115
— du saule 115
Anthidie cotonnière 186
Anthidium manicatum 186
Anthocaris cardamines 211
Anthocoris nemorum 66
Anthophora plumipes 186
Anthophore plumeux 186
Anthracine morio 155
— noire 155
Anthrax morio 155
Anthrène des tapis 119
— du bouillon blanc 119
Anthrenus scrophulariae 119
— *verbasci* 119
Apatura iris 223
Apeira syringaria 233
Aphantopus hyperanthus 226
Aphelocheirus aestivalis 63
Aphrophora salicina 81
Aphrophore du saule 81
Apis mellifera 189
Apodère du noisetier 143
Apoderus coryli 143
Apollon 208
Aporia crataegi 210
Apterygida media 39
Aquarius paludum 64
Aradus cinnamomeus 72
— *depressus* 72
Araignée d'eau 64

Araschnia levana 221
Archéognathe 19
Arctia caja 244
— *villica* 244
Arcyptera fusca 55
Argus bleu 214
— bleu-nacré 214
— bronzé 213
Argynnis paphia 221
Aromia moschata 130
Aromie musquée 130
Asaphidion caraboides 98
Ascalaphe commun 91
— soufré 91
Asteroscopus sphinx 239
Atherix ibis 154
Attelabe du chêne 143
Attelabus nitens 143
Auplopus carbonarius 178
Aurore 211
Autographa gamma 238
Azuré de la bugrane 214
— de la pulmonaire 215
— de la sarriette 215
— des mouillères 215

B

Bacillus rossius 41
Baetis rhodani 21
Balanin des noisettes 142
Barbitiste des bois 43
— des conifères 43
Barbitistes constrictus 43
— *serricauda* 43
Batelier d'eau 64
Belle-Dame 219
Bembex à rostre 181
Bembix rostrata 181
Bête à bon Dieu 116
Bibio sp. 151
Biston betularia 232
— *strataria* 232
Bittacus 145
Bittacus italicus 145
Blaps sp. 120
Blaps sp. 120
Blatta orientalis 38
Blatte forestière ambrée 38
— germanique 38
— orientale 38
— sylvestre 38

Blattella germanica 38
Bois veiné 234
Bolitophage réticulé 121
Bolitophagus reticulatus 121
Bombardier commun 99
Bombus pascuorum 188
— *terrestris* 189
Bombylius major 155
Bombyx disparate 241
— du chêne 201
— du hêtre 235
Borée des neiges 145
Boreus hyemalis 145
Bostrichus capucinus 119
Bostryche typographe 140
Bourdon des champs 188
— terrestre 189
Brachinus crepitans 99
Brachytron pratense 31
Brèche 239
Brenthis ino 217
Broscus cephalotes 96
Brunette hivernale 26
Bucéphale 235
Bupreste à huit taches 114
— bleu 115
Buprestis octoguttata 114

C

Caecilius flavidus 60
Cafard 38
Calliphora vicina 164
Calliptamus italicus 50
Calliteara pudibunda 241
Calocoris roseomaculatus 67
Caloptène italien 50
Caloptéryx éclatant 24
— méditerranéen 24
— vierge 24
Calopteryx splendens 24
— *haemorrhoidalis* 24
— *virgo* 24
Calosoma inquisitor 93
— *sycophanta* 93
Calosome doré 93
— inquisiteur 93
Cameraria ochridella 192
Campaea margaritata 230
Campanulotes bidentatus 61
Campodea sp. 18
Camponotus ligniperda 172

Cantharide commune 109
— officinale 122
Mouche d'Espagne 122
Cantharis fusca 109
Capnode des arbres 114
Capnodis tenebrionis 114
Capricorne du chêne 131
— musqué 130
Capucin 119
Carabe à reflets d'or 94
— à treillis 95
— chagriné 94
— des jardins 95
— doré 94
— embrouillé 94
— granuleux 95
— irrégulier 95
Carabus auratus 94
— *auronitens* 94
— *cancellatus* 95
— *coriaceus* 94
— *granulatus* 95
— *hortensis* 95
— *intricatus* 94
— *irregularis* 95
Carcharodes alceae 206
Cardinal 124
— à tête rouge 124
Carpocapse des pommes 196
Carte géographique 221
Carterocephalus palaemon 207
Cassida viridis 137
Casside de la menthe 137
— dorée 138
— verte 137
Catajapyx confusus 18
Catocala sponsa 236
Cécidomyie du hêtre 151
Centrotus cornutus 79
Céphale 225
Céphalote commun 96
Cerambyx cerdo 131
— *scopolii* 131
Ceratophyllus sp. 166
Cerceris arenaria 181
Cerceris de sable 181
Cercope commun 81
— des prés 81
— sanguinolant 81
Cercopis sanguinolenta 81
Cercopis vulnerata 81

Cériagrion délicat 27
Ceriagrion tenellum 27
Cerura vinula 234
Cétoine cuivrée 128
— dorée 128
Cetonia aurata 128
Chalcophora mariana 113
Chameau 234
Chaobore sp. 149
Chaoborus sp. 149
Charançon de la pétasite 140
— du bouleau 143
— du hêtre 141
— du noisetier 143
— du sapin 141
Charaxes jasius 223
Chionea belgica 147
Chironome sp. 150
Chironomus sp. 150
Chlorissa viridata 232
Chlorocordulie à taches jaunes 33
Chorthippus biguttulus 59
— *brunneus* 59
— *parallelus* 59
Chryside bleue 171
— trimaculée 171
Chrysis cyanea 171
— *trimaculata* 171
Chrysobothris affinis 114
Chrysochraon brachyptera 56
Chrysomèle du peuplier 137
— noire 136
Chrysope verte 89
Chrysoperla carnea 89
Chrysops aux yeux verts 153
Chrysops relictus 153
Cicadella viridis 83
Cicadelle bison 79
— du rhododendron 72
— écumeuse 81
— verte 83
Cicadetta montana 78
Cicindela campestris 92
— *hybrida* 92
Cicindèle champêtre 92
— germanique 92
— hybride 92
Cigale bossue 80
— commune 78
— des montagnes 78

Index

Cigale épineuse 79
— rouge 78
Cigales sp. 82
Cigarier 143
Cimbex du bouleau 167
Cimbex femorata 167
Cimex lectularius 66
Cixius sp. 82
Citron 212
Clairon des abeilles 112
— des fourmis 113
— des ruches 112
Clerus mutillarius 112
Clyte arqué 133
— bélier 133
Clytra laeviuscula 138
Clytre du saule 138
Clytus arietis 133
Coccinella septempunctata 116
Coccinelle à deux points 116
— à sept points 116
— à vingt-deux points 117
— asiatique 117
Cochenille australienne 87
— cotonneuse de la vigne 87
— cotonneuse du citron 87
Coenagrion puella 28
— *pulchellum* 28
Coenonympha arcania 225
— *pamphilus* 225
Colias crocea 211
— *hyale* 211
Collembole aquatique noir 18
Collembole de neige 18
Collète commune 182
Colletes daviesanus 182
Columbicula columbae 61
Colymbetes fuscus 101
Conocéphale bigarré 47
— gracieux 47
Conocephalus discolor 47
Conops flavipède 157
Conops flavipes 157
Copris commun 74
Coptosoma scutellatum 74
Coquille d'or 192
Cordulegaster bidentatus 32
— *boltonii* 32
Cordulégastre annelé 32
Cordulégastre bidenté 32
Cordulia aenea 33

Cordulie bronzée 33
Corée épineuse 73
— marginée 73
Coreus marginatus 73
Corise ponctuée 64
Corixa punctata 64
Corizus hyoscyami 70
Corymbia rubra 132
Corythucha ciliata 72
Cossus cossus 196
Cossus gâte-bois 196
Courtilière commune 49
Crache-sang 136
Criquet à long corselet 52
— à long nez 53
— bariolé 55
— d'eau 65
— de la palène 57
— des genévriers 56
— des pâtures 59
— duettiste 59
— égyptien 50
— ensanglanté 55
— hérisson 52
— italien 50
— mélodieux 59
— migrateur 53
— noir-ébène 58
— verdelet 58
Crocothémis écarlate 35
Crocothemis erythraea 35
Croesus septentrionalis 167
Cryptocéphale sp. 138
Cryptocephalus sp. 138
Ctenicera sp. 110
Cténophore jaune 157
Cuculie du bouillon blanc 239
Cuivré commun 213
Cul-brun 242
Culex pipiens 148
Curculio nucum 142
Cybister à côtés bordés 100
Cybister lateralimarginatus 100
Cychre commun 93
Cychrus caraboides 93
Cydia pomonella 196
Cylindera germanica 92
Cynips de l'églantier 170
— de la feuille de chêne 170
Cynips quercusfolii 170

D

Dasylabris maura 171
Découpure 237
Decticelle bariolée 45
— cendrée 45
Decticus verrucivorus 44
Dectique verte 44
Déesse précieuse 29
Deilephila elpenor 205
— *porcellus* 205
Demi-deuil 224
Demi-diable 79
Deporaus betulae 143
Deraeocoris ruber 67
Dermeste des peaux 118
— du lard 118
Dermestes lardarius 118
— *maculatus* 118
Diable 104
Diacrysia chrysitis 238
Diane 208
Dictyophara europaea 80
Dinocras cephalotes 22
Diplolepis rosae 170
Diploure 18
Dipsophecia ichneumoniformis 195
Diura bicaudata 22
Dolichopode sp. 160
Dolichopus sp. 160
Dolycoris baccarum 77
Donacia sp. 139
Donacie 139
Dorcus parallelopipedus 129
Doryphore 136
Doublure jaune 237
Drepana falcataria 229
Drepanepteryx phalaenoides 89
Drosophila melanogaster 161
Drosophile 161
Dytique abeille 101
— bordé 100
— noir 101
— sillonné 101
Dytiscus marginalis 100

E

Écaille chinée 245
— du plantain 243
— du séneçon 245

Écaille fermière 244
— lièvre 244
— martre 244
— tigrée 244
Ecdyonurus sp. 21
Échiquier 207
Ectobius sylvestris 38
— *vittiventris* 38
Élaphre des rives 98
Elaphrus riparius 98
Elasmucha grisea 74
Elophila nymphaeata 194
Embia tyrrhenica 41
Embioptère 41
Empis marqueté 156
Empis tesselata 156
Enallagma cyathigerum 28
Ennomos du lilas 233
Enoicyla reichenbachi 191
Enoplops scapha 73
Epeorus sylvicola 21
Ephemera danica 20
Éphémère 20, 21
— jaune 20
Ephippiger discoidalis 46
Ephippigera ephippiger 46
Ephippigère des vignes 46
— des Balkans 46
Epicauta rufidorsum 122
Episyrphus balteatus 157
Erannis defoliaria 231
Erebia ligea 227
— *medusa* 227
Ergate forgeron 130
Ergates faber 130
Eriogaster lanestris 200
Éristale gluante 159
Eristalis tenax 159
Erythromma najas 29
Escarbot 107
Étoilée 242
Eucera nigrescens 187
Eucère noircissante 187
Euclidia glyphica 237
Eumenes sp. 177
Euplagia quadripuncta-ria 245
Euproctis chrysorrhoea 242
Eurydema oleracea 77
— *ornata* 77
Eurygaster maura 75

F

Fadet commun 225
Faucille 229
Feuille-morte du chêne 201
Fiancée 236
Flambé 209
Fluoré 211
Forficula auricularia 39
Forficule 39
— à courtes ailes 39
Formica rufa 172
Fourmi charpentière 172
— des trottoirs 173
— gâte-bois 172
— jaune 173
— moissonneuse 174
— rouge 174
— rousse 172
Fourmilion commun 90
Frangée 240
Frelon européen 176
Fulgore d'Europe 80
Furcula bifida 234

G

Gamma (Robert-le-diable) 221
Gamma 238
Gaphosoma semipunctatum 75
Gargara genistae 79
Gastropacha quercifolia 201
Gazé 210
Gendarme 70
Geometra papilionaria 232
Géotrupe des bois 125
— printanier 125
Gerris lacustre 64
Gerris lacustris 64
Gibbium psylloides 118
Glyphotaelius pellucidus 190
Gomphe à pattes noires 32
— à pinces 33
Gomphocère roux 56
— tacheté 57
Gomphocerippus rufus 56
Gomphus vulgatissimus 32
Gonepteryx rhamni 212
Goutte-de-sang 245
Grand Bombyle 155
Grand Bupreste du pin 113
Grand Calomose 93
Grand Capricorne 131

Grand Charançon du pin 141
Grand Clairon 112
Grand Diable 82
Grand Hydrophile 102
Grand Mars changeant 223
Grand Nègre des bois 227
Grand Sphinx de la vigne 205
Grand Sylvain 222
Grande Æschne 30
Grande Naïade 232
Grande Sauterelle verte 44
Grande Tortue 220
Graphocephala fennahi 83
Graphopsocus cruciatus 60
Graphosoma lineatum 75
Grillon champêtre 48
— d'Italie 49
— domestique 48
Grisette 206
Gryllotalpa gryllotalpa 49
Gryllus campestris 48
Guêpe commune 175
— coucou 171
— de sable 181
— fouisseuse 179
— germanique 175
— maçonne 177
Gyrin commun 102
— de rivière 102
Gyrinus substriatus 102

H

Haematopota pluvialis 153
Halicte cylindrique 183
Hanneton commun 126
— de juin 127
— des jardins 127
— forestier 126
Harmonia axyridis 117
Helochares obscurus 103
Hémérobe chrysops 90
— phalène 89
Hemipenthes morio 155
Herbacée 232
Hespérie de l'ormière 206
— du brome 207
— sylvaine 207
Heterogynis penella 197
Hibernie défeuillante 231
Himacerus mirmecoides 69
Hipparchia fagi 228

Index

Hipparchia semele 228
Hippobosca equina 165
Hippobosque du cheval 165
Hispa testacea 139
Hispe hirsute 139
— jaune 139
Hispella atra 139
Hister à quatre taches 107
— unicolore 107
Hister quadrimaculatus 107
— *unicolor* 107
Hyalopterus pruni 84
Hydrobius fuscipes 103
Hydrocampe du potamot 194
Hydrochara caraboides 103
Hydrometra stagnorum 65
Hydromètre des étangs 65
— stagnant 65
Hydrophile sombre 103
Hydrophilus piceus 102
Hydropsyche sp. 191
Hygrobia hermanni 101
Hygrobie d'Hermann 101
Hylaeus sp. 182
Hyles euphorbiae 205
Hylobe du pin 141
Hylobius abietis 141
Hypogastrura sigillata 18
Hyponomeute du fusain 193

I

Ilyocoris cimicoides 63
Inachis io 218
Iphiclides podalirius 209
Ips typographus 140
Ischnura elegans 27
— *pumilio* 27
Ischnure élégante 27
— naine 27
Isoperla sp. 22
Issoria lathonia 216
Issus coleoptratus 80

J

Jardinière 94
Jason 223

L

Lachnaea sexpunctata 138
Lagria hirta 123
Lagrie hérissée 123

Laineuse du cerisier 200
Lamia textor 134
Lamie tisserand 134
Lamprohiza splendidula 108
Lampyre 108
Lampyris noctiluca 108
Laphria flava 156
Lapurie jaune 156
Lasiocampa quercus 201
Lasioglossum pauxillum 183
Lasiommata megera 225
Lasius flavus 173
Le Tacheté 206
Lebia crux-minor 98
Lébie petite-croix 98
Ledra aurita 82
Lepisma saccharina 19
Lepismachilis y-notata 19
Lépisme des boulangers 19
Leptinotarsa decemlineata 136
Leptophye ponctuée 42
Leptophyes punctatissima 42
Leptura maculata 133
— *quadrifasciata* 133
Lepture à quatre bandes 133
— rouge 132
— tacheté 133
Leste brun 26
— fiancé 25
— vert 25
Lestes sponsa 25
— *viridis* 25
Leucorrhine douteuse 36
Leucorrhinia dubia 36
Leuctra sp. 23
Libelloides coccaius 91
— *longicornis* 91
Libellula depressa 34
— *quadrimaculata* 34
Libellule à quatre taches 34
— déprimée 34
— écarlate 35
Limenitis camilla 222
— *populi* 222
Lina du peuplier 137
Lipara lucens 161
Liparus glabrirostris 140
Liponeura sp. 147
Liponeure sp. 147
Lipoptena cervi 165
Livrée des arbres 200

Locusta migratoria 53
Lophyre roux 168
Lucane cerf-volant 128
Lucanus cervus 128
Lucilia caesar 164
Lycaena phlaeas 212
Lygaeus equestris 71
Lymantria dispar 241
— *monacha* 241
Lyristes plebeja 78
Lytta vesicatoria 122

M

Machaon 209
Macroglossum stellatarum 204
Macrosiphum rosae 84
Maculinea alcon 215
Magicienne dentelée 46
Malachie à deux points 111
Malachius bipustulatus 111
Malacosoma neustria 200
Mallophage 61
Maniola jurtina 226
Mante décolorée 40
— religieuse 40
Mantis religiosa 40
Mantispa styriaca 91
Mantispe commun 91
Meconema meridionale 42
— *thalassinum* 42
Méconème fragile 42
— tambourinaire 42
Mégachile de Willoughby 184
— des murailles 184
Megachile parietina 184
— *willoughbiella* 184
Mégère 225
Melanargia galathea 224
Melanoplus frigidus 51
Melasoma populi 137
Melitaea didyma 217
Mélitée orangée 217
Méloé printanier 122
Meloe proscarabaeus 122
Melolontha hippocastani 126
— *melolontha* 126
Membracide bison 79
Messor sp. 174
Méticuleuse 240
Metrioptera roeseli 45
Micromus variegatus 89

Mikiola fagi 151
Mineuse du marronnier 192
Minois dryas 227
Minotaure thyphée 125
Miramella alpina 51
Miramelle alpestre 51
— des frimas 51
— des moraines 51
Miris striatus 67
Mite des fourrures 194
— des vêtements 194
Moine 109
Moiré blanc-fascié 227
— franconien 227
Morio 220
Moro-Sphinx 204
Mouche à damier 163
— à fruits 161
— à merde 163
— armée 152
— blanche 86
— bleue 164
— charbonneuse 162
— de la Saint-Marc 151
— de mai 20
— domestique 162
— dorée 164
— du cerf 165
— du chardon 160
— du vinaigre 161
— grise de la viande 163
— ibis 154
— pourceau 159
— stercoraire 163
— verte 164
Mouche-scorpion 144
Moustique commun 148
— de neige 147
Musca domestica 162
Mutilla europaea 171
Mutille européenne 171
Mylabre à quatre points 123
— inconstant 123
Mylabris variabilis 123
Myrmeleon formicarius 90
Myrmeleotettix maculatus 57
Myrmica sp. 174
Myrtil 226

N
Nacré de la sanguisorbe 217
Naïade aux yeux rouges 29
Naucore 63
Nécrophore fossoyeur 106
Nehalennia speciosa 29
Néhalennie précieuse 29
Nemophora degeerella 192
Nemoura cinerea 23
Neodiprion sertifer 168
Nepa cinerea 62
Nèpe 62
Nicrophorus vespilloides 106
Noctua fimbriata 240
— *pronuba* 240
Noctuelle batis 229
— de la patience 236
— sphinx 239
Nomada lathburiana 188
Nomade rousse 188
Nonne 241
Notiophile à deux taches 97
Notiophilus biguttatus 97
Notodonta dromedaria 234
— *ziczac* 234
Notonecta glauca 63
— *obliqua* 63
Notonecte 63
— rayée 63
Nymphale de l'arbousier 223
Nymphalis antiopa 220
— *polychloros* 220
Nymphe au corps de feu 27

O
Oberea oculata 135
— *pupillata* 135
Obérée oculée 135
— pupillée 135
Ochlodes sylvanus 207
Ocypus olens 104
Odontomyia hydroleon 152
Odontotarsus purpureo-lineatus 75
Odynère 177
Odynerus spinipes 177
Oecanthus pellucens 49
Oeceoptoma thoracium 107
Oeciacus hirudinis 66
Oedemera nobilis 124
Œdémère noble 124
Oedipoda caerulescens 54
Œdipode stridulante 54
Œdipode turquoise 54
Omocestus ventralis 58
— *viridulus* 58
Omophron bordé 97
Omophron limbatum 97
Ontholestes tessellatus 105
Onychogomphe à pinces 33
Onychogomphus forcipatus 33
Opâtre des sables 121
Opatrum sabulosum 121
Operophthera brumata 231
Orchestre du hêtre 141
Orectochilus villosus 102
Orgyia antiqua 242
Orthétrum brun 35
— réticulé 35
Orthetrum brunneum 35
— *cancellatum* 35
Oryctes nasicornis 127
Osmia bicolor 185
— *bicornis* 185
Osmie bicolore 185
— bicorne 185
Osmylus chrysops 90
Ourapteryx sambucaria 230

P
Pacha à deux queues 223
Palomena prasina 76
Panagaeus bipustulatus 99
Panagée à deux points 99
Panorpa communis 144
Panorpe commune 144
Paon du jour 218
Papilio machaon 209
Papillon frelon 195
Pararge aegeria 224
Parasemia plantaginis 243
Parnassius apollo 208
Parthenothrips dracenae 60
Pediculus capitis 61
Pélobée tourneur 180
Pélopée courbée 180
Pennipatte bleuâtre 26
Pentatoma rufipes 76
Pentatome rayé 75
— semiponctué 75
Perce-oreille 39
Pericerya purchasi 87
Pericoma sp. 150
Perle 22, 23

Index

Petit Capricorne 131
Petit Hydrophile 103
Petit Mars changeant 223
Petit Nacré 216
Petit Paon de nuit 202
Petit Sphinx de la vigne 205
Petit Sylphe noir 106
Petit Sylvain 222
Petit Taon aveuglant 153
Petit Ver luisant 108
Petite Biche 129
Petite queue fourchue 234
Petite Tortue 218
Phaeostigma notata 88
Phalène brumeuse 231
— du bouleau 232
— du nénuphar 194
— du sureau 230
— perlée 230
— précoce 232
Phalera bucephala 235
Phaneroptera falcata 43
Phanéroptère commun 43
Phasme de Rossi 41
Philaenus spumarius 81
Philanthe apivore 180
Philanthus triangulum 180
Phlogophora meticulosa 240
Pholidoptera griseoaptera 45
Phosphuga atrata 106
Phrygane sp. 190, 191
Phyllobie sp. 142
Phyllobius sp. 142
Phyllomorpha laciniata 73
Phyllopertha horticola 127
Phymata crassipes 69
Piéride de la rave 210
— du chou 210
Pieris brassicae 210
— *rapae* 210
Pissodes piceae 141
Plagionotus arcuatus 133
Platycnemis pennipes 26
Platynus dorsalis 99
Plusie vert-doré 238
Podisma pedestris 51
Podura aquatica 18
Poecilobothrus nobiitatus 160
Pointu européen 80
Poisson d'argent 19
Poliste gaulois 176

Polistes dominulus 176
Polygonia c-album 221
Polyommatus coridon 214
— *icarus* 214
Pompile charbonneux 178
— des chemins 178
Portecoupe holarctique 28
Potamanthus luteus 20
Potosia cuprea 128
Pou de pigeon 61
— de tête 61
Prionotropis hystrix 52
Processionnaire du pin 233
Procris de l'hélianthème 199
Procruste chagriné 94
Pseudococcus citri 87
Pseudophilotes baton 215
Psi 236
Psophus stridulus 54
Psoque 60
Psyche casta 195
Psyché lustrée 195
Psychodide sp. 150
Psylle du chêne 86
Ptérophore blanc 193
Pterophorus pentadactylus 193
Pterostichus niger 96
Pterotopteryx dodeca-dactyla 193
Ptine bigarré 118
— bombé 118
Ptinus fur 118
Ptosima flavoguttata 114
Puce aviaire sp. 166
— des neiges 145
Puceron de l'épicéa 85
— de l'orme 85
— farineux du prunier 84
— vert du rosier 84
Pudibonde 241
Pulvinaire de la vigne 87
Pulvinaria vitis 87
Punaise à damier 71
— à pattes de crabe 69
— à pattes rousses 76
— à taches rouges 67
— arlequin 75
— brune 73
— d'eau 62
— de l'asclépiade 71
— de la jusquiame 70

Punaise de lits 66
— de rivière 63
— des baies 77
— des bois 76
— des céréales 75
— des fleurs 66
— des hirondelles 66
— des pins 72
— du bouleau 74
— écuyère 71
— grisâtre 74
— myrmécomorphe 69
— nébuleuse 77
— ornée 77
— pilule 74
— potagère 77
— rayée 67
— réticulée du platane 72
— verte 76
Pyrgus malvae 206
Pyrochroa coccinea 124
— *serraticornis* 124
Pyrochore écarlate 124
Pyrrhocoris apterus 70
Pyrrhosoma nymphula 27

Q

Quercusia quercus 213
Queue fourchue 234

R

Raghie inquisitrice 132
Raghion ver-lion 154
Ranatra linearis 62
Ranâtre 62
Raphidie sp. 88
Réduve irascible 68
— masquée 68
Reduvius personatus 68
Reticulitermes lucifugus 39
Rhagie mordante 132
Rhagium inquisitor 132
— *mordax* 132
Rhagonycha fulva 109
Rhaphigaster nebulosa 77
Rhingia campestris 158
Rhingie champêtre 158
Rhychaenus fagi 141
Rhynchite du bouleau 143
Rhynochoris iracundus 68
Rhyssa persuasoria 169

Rhysse persuasive 169
Robert-le-diable 221
Rosalia alpina 131
Rosalie des Alpes 131
Ruspolia nitidula 47

S

Saga pedo 46
Saperda populnea 135
Saperde noire du peuplier 135
Sarcophaga carnaria 163
Saturnia pavonia 202
Satyre 225
Sauterelle cavernicole 47
— cymbalière 44
— des chênes 42
— des serres 47
— ponctuée 42
— verte 44
Scaeva pyrastri 158
Scarabaeus rugosus 126
Scarabée rhinocéros européen 127
Scatophaga stercoraria 163
Scatophage du fumier 163
Sceliphron curvatum 180
— *spirifex* 180
Scoliopteryx libatrix 237
Scolyte typographe 140
Scorpion d'eau 62
Sesia apiformis 195
Sésie apiforme 195
— du lotier 195
Shargacucullia verbasci 239
Sialis sp. 88
Sialis sp. 88
Silène 228
Silphe à corselet rouge 107
Simulie sp. 149
Simulium sp. 149
Sinodendron cylindricum 129
Sirex géant 168
Sisyphe de Schaeffer 126
Sisyphus schaefferi 126
Smerinthus ocellata 202
Soldat 70
Somatochlora flavomaculata 33
Souci 211
Soufré 211
Sphex funéraire 179

Sphex funerarius 179
Sphinx du pissenlit 243
Sphinx de l'euphorbe 205
— demi-paon 202
— du liseron 203
— du troène 204
— pygmée 197
— tête de mort 203
Sphinx ligustri 204
Spilosoma lubricipeda 244
— *lutea* 244
Spilostethus saxatilis 71
Staphylin à gros yeux 105
— à raies d'or 104
— fossoyeur 104
— noir 104
— odorant 104
— tesselé 105
Staphylinus caesareus 104
— *fossor* 104
Stauropus fagi 235
Stenobothrus lineatus 57
Stenus bimaculatus 105
Stephanitis rhododendri 72
Stethophyma grossum 55
Stictocephala bisonia 79
Stomoxys calcitrans 162
Stratiome caméléon 152
Stratiomys chamaeleon 152
Stylops 144
Stylops melittae 144
Suisse 70
Suvodendre cylindrique 129
Sylvaine 207
Sylvandre 228
Sympecma fusca 26
Sympétrum commun 36
— du Piémont 37
— noir 37
— sanguin 36
Sympetrum danae 37
— *pedemontanum* 37
— *sanguineum* 36
— *vulgatum* 36
Syrphe ceinturé 157
— du poirier 158

T

Tabac d'Espagne 216
Tabanus tropicus 152
Tachina fera 165

Tachinaire sauvage 165
Tachycines asynamorus 47
Tanyptera atrata 146
Tanyptère noire 146
Taon des pluies 153
— tropique 152
Taupin gris-de-souris 110
— rouge sang 111
— sanguinolent 111
Taupins sp. 110
Teigne des pelleteries 194
Téléphone sombre 109
Téléphore fauve 109
Tenebrio molitor 120
Ténébrion meunier 120
Tenthrède de la scrophulaire 166
— du bouleau 167
— du chèvrefeuille 167
— du pin sylvestre 168
Termite 39
Tetramorium caespitum 173
Tetraneura ulmi 85
Tétrix forestier 52
— riverain 52
Tetrix subulata 52
— *undulata* 52
Tettigonia cantans 44
— *viridissima* 44
Thanasimus formicarius 113
Thaumetopoea pityocampa 233
Thea vigintiduopunctata 117
Thecla betulae 213
Thécla du bouleau 213
— du chêne 213
Thermobia domestica 19
Thrips des Dracaena 60
Thyatira batis 229
Thyris fenestrella 197
Tibicina haematodes 78
Tigre du platane 72
— du rhododendron 72
Tille unifascié 113
Tilloidea unifasciata 113
Timarcha tenebricosa 136
Timarque noire 136
Tinea pellionella 194
Tineola bisselliella 194
Tipula sp. 146
Tipules 146
Tircis 224

Index

Tourniquet 102
Tremex fuscicornis 168
Trialeurodes vaporariorum 86
Trichode des ruches 112
Trichodes alvearius 112
— *apiarius* 112
Trioza remota 86
Triphène fiancée 240
Tristan 226
Troglophilus sp. 47
Tropidothorax leucopterus 71
Trypocopris vernalis 125
Typhoeus typhoeus 125
Tyria jacobaeae 245

U
Urocerus gigas 168
Urophora cardui 160

V
Vanessa atalanta 219
— *cardui* 219
Vanesse du chardon 219
Velia caprai 65

Vélie 65
Ver luisant 108
Vermileo vermileo 154
Vespa crabro 176
Vespula germanica 175
— *vulgaris* 175
Vinaigrier 94
Volucella bombylans 159
— *pellucens* 159
Volucelle bourdon 159
— transparente 159
Vulcain 219

X
Xylocopa violacea 187
Xylocope violet 187

Y
Yponomeuta evonymella 193

Z
Zaraea fasciata 167
Zérène de l'orme 230
— du groseillier 230

Zerynthia polyxena 208
Zonabris quadripunctata 123
Zygaena carniolica 198
— *ephialtes* 199
— *filipendulae* 199
— *purpuralis* 198
Zygène de Carniole 198
— de la coronille 199
— de la filipendule 199
— du sainfoin 198
— du serpolet 198
— pourpre 198
Zygénule des genêts 197

Chez le même éditeur, dans la collection
« *Les Indispensables Delachaux* »

450 fleurs
Spohn M. et Spohn R.
450 fleurs classées
par la couleur, puis
par le nombre et la
disposition des pétales.

300 roches
et minéraux
Hochleitner R.
300 roches et minéraux
classés par la couleur
de trait. Photographies
et schémas du système
cristallo-chimique.

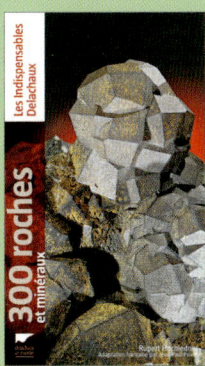

440 oiseaux
Dierschke V.
440 oiseaux classés
en six couleurs selon
les familles auxquelles
ils appartiennent.

350 arbres
et arbustes
Spohn M. et Spohn R.
350 arbres et arbustes
classés (conifères,
feuillus, arbustes et
lianes) et identifiés par
la forme de leurs feuilles
et de leurs aiguilles.

350 plantes
médicinales
Hensel W.
350 plantes médicinales
classées par la couleur,
puis selon le nombre
et la disposition
des pétales.

450 champignons
Gminder A. et Böhning T.
450 champignons classés
en trois couleurs selon la
structure de leur chapeau :
à tubes, à lames, autres.

Portrait de l'auteur et mentions légales

L'auteur

Heiko Bellmann est né en 1950. Il est diplômé de biologie et occupe la chaire de zoologie à l'université d'Ulm.

Spécialiste des insectes et des araignées, il a écrit de nombreux ouvrages de vulgarisation sur ces thèmes. Il transmet également ses connaissances sur la faune et les plantes indigènes.

Heiko Bellmann est par ailleurs un photographe naturaliste passionné qui dispose d'une photothèque exceptionnelle, qu'il met régulièrement à disposition d'autres auteurs pour leurs publications.

Crédits

Sur les 1969 photos en couleur, toutes sont de l'auteur, sauf : Hecker p. 220 (thème principal du bas et image de chenille du bas), p. 200 (thème secondaire du bas) ; Eckehard Wachmann : p. 66 (thème principal du bas), p. 66 (en bas, photo du haut de la colonne latérale), p. 67 (thème secondaire du haut), p. 67 (en haut, photo du haut de la colonne latérale), p. 116 (thème principal du bas) ; Hansruedi Wildermuth : p. 30 (thème principal du bas).

Les 31 dessins sont de Wolfgang Lang.

Malgré le soin apporté à la rédaction de cet ouvrage, il n'est pas exclu qu'il puisse subsister quelques erreurs. La responsabilité des auteurs, des éditeurs et des personnes qu'elles ont mandatées ne peuvent en aucune façon être engagées.

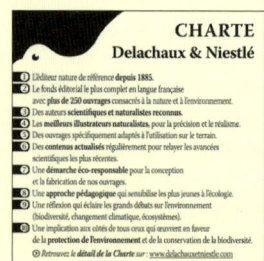

Édition originale :
Titre : *Welches Insekt ist das ?*
© 2014, Franckh-Kosmos Verlags-GmbH & Co. KG, Stuttgart

Édition française :
© Delachaux et Niestlé, Paris, 2015
ISBN : 978-2-603-02155-2
Dépôt légal : mars 2015
Imprimé en Espagne en août 2016

Traduction : Christian Dronneau
Réalisation : Marc Duquet
Couverture : Nicolas Hubert
Photogravure : Nord Compo